U0382453

新时代青年生态文明教育教程

陈丽鸿　主编

Xinshidai Qingnian
Shengtai Wenming
Jiaoyu Jiaocheng

中国社会科学出版社

图书在版编目（CIP）数据

新时代青年生态文明教育教程／陈丽鸿主编 . —北京：中国社会科学出版社，2023.9

ISBN 978 – 7 – 5227 – 2011 – 1

Ⅰ.①新…　Ⅱ.①陈…　Ⅲ.①生态环境—环境教育—教材

Ⅳ.①X171.1

中国国家版本馆 CIP 数据核字（2023）第 106123 号

出　版　人	赵剑英	
责任编辑	田　文	
特约编辑	钱法文	
责任校对	刘　坤	
责任印制	王　超	

出　　版	中国社会科学出版社	
社　　址	北京鼓楼西大街甲 158 号	
邮　　编	100720	
网　　址	http://www.csspw.cn	
发 行 部	010 – 84083685	
门 市 部	010 – 84029450	
经　　销	新华书店及其他书店	

印刷装订	北京君升印刷有限公司	
版　　次	2023 年 9 月第 1 版	
印　　次	2023 年 9 月第 1 次印刷	

开　　本	710 × 1000　1/16	
印　　张	21.5	
字　　数	342 千字	
定　　价	118.00 元	

编 委 会

目　　录

第 一 章

生态文明建设历史溯源

　　我国是全球生态文明建设的重要参与者、贡献者、引领者。2012 年 11 月，党的十八大报告中明确提出"建设生态文明，是关系人民福祉、关乎民族未来的长远大计"，作出了"大力推进生态文明建设"的战略决策，并从十个方面描绘出生态文明建设的宏伟蓝图。经过 10 年的努力，我国生态文明建设取得了重大进展和积极成效，"美丽中国建设迈出重大步伐，我国生态环境保护发生历史性、转折性、全局性变化"①。党的二十大报告进一步提出要推动绿色发展，促进人与自然和谐共生，对我国生态文明建设提出了新目标、新要求和新部署。

　　生态文明是人类文明发展的新阶段，是一场从各个方面进行系统性可持续性的建设。那么，人类为什么要建设生态文明呢？我们要从人类文明的发展历程和发展困境中找寻答案。

第一节　人类文明发展历程

　　人类进入文明的时间已有数千年的历史，在发展过程中形成了四大文明体系及四个发展阶段，沿着人类文明的足迹可以观察到人类对于自然态度的演进。

---

　　① 《中共中央关于党的百年奋斗重大成就和历史经验的决议》，《人民日报》2021 年 11 月 17 日第 7 版。

一　文明的内涵

（一）文明的概念

文明（Civilization）是与野蛮相对应的，是指人类在能动的探索和改造世界的社会实践中所创造的物质财富和精神财富的总和。文明是人类生产实践和社会活动的产物，代表着人类社会的进步和开化状态。

在我国古代汉语中，文明具有文采、开明、明智等意思，对人的行为举止的要求要高于知识与技术。所以汉语中的文明与文化的含义虽有相近之处，但并不全然相同，有文化可以说代表着某种文明，但没文化也并不意味着野蛮。

在 18 世纪，欧洲人对文明的定义比较狭隘，常常会将文明和文化作为同义词使用，指代知识、艺术、法律、风俗习惯等的综合体，认为生产方式先进、知识丰富就是文明，反之则是野蛮，并堂而皇之地将西方对非洲、美洲的侵略定义为"文明战胜了野蛮"，而没有意识到这种侵略行为才是真正的野蛮。

恩格斯指出，文明是实践的事情，是一种社会品质。文明是使人类脱离野蛮状态的所有社会行为和自然行为构成的集合，代表着人类社会发展到了一个新阶段。

（二）文明的分类

从结构成分的维度来看，一般将文明分为物质文明和精神文明。

物质文明是指人类在改造自然的过程中所获得的物质成果，表现为社会生产力的进步和人们物质生活水平的提高。

精神文明是指人类在改造主客观世界的过程中所获得的精神成果，表现为精神生产的进步和精神生活的满足与提高，是在社会物质财富积累到一定程度后产生的。

物质文明为精神文明的形成与发展提供了物质基础，物质文明的发展程度决定着精神文明的高低；同时，精神文明也为物质文明的发展提供了智力支持、思想保证和精神动力，还会在一定程度上影响物质文明的发展方向。虽然有时物质文明和精神文明之间会出现不平衡的状态，但从历史的总体来看，两种文明是互相适应而发展的，二者相互依赖、相互促进，共同贯穿于人类文明演进的每一个阶段。

二　人类文明的足迹

从历史唯物主义的角度看人类文明的演进，迄今为止人类先后经历了原始文明、农业文明、工业文明、生态文明四个阶段，每一个阶段中人类对于自然的态度都不尽相同。

（一）原始文明

在原始文明初期，人类的生存与生活几乎完全依赖大自然的赐予。随着火、石器、弓箭等重要谋生工具的出现，人类的物质生产活动开始向采集渔猎等方式转变，依靠集体的力量生存，通过主动获取一些生活资料而逐渐告别了野蛮时代，形成早期朴素的文明形态。

由于这一时期人口稀少、生产力低下，人类无法抗衡自然界，所以人类最早的生态思想是对自然的敬畏和崇拜。从我国古代的传说女娲补天、后羿射日以及龙图腾、狼图腾等部落图腾文化中，能够看到由于生产力低下，人类对自然充满了敬畏之感。

（二）农业文明

随着生产力的发展，人类先后发明了青铜器、陶器和铁器，改变自然的能力得到了质的提升，同时又学会了畜养家畜和种植稻谷，发明了文字、造纸、印刷术等技术，逐渐进入农业文明时代。在长期的农业生产过程中，人类逐渐形成了一种适应农业生产生活需要的制度，这种制度集合了社会组织管理、礼俗习惯、文化教育等内容。

农业文明时期人与自然关系的特点就是人在依赖自然的同时又能够自给自足。人类的生产活动主要是农耕和畜牧，通过发挥主观能动性创造适当的条件，所需要的物种得到生长和繁衍，不再像原始社会一样依赖自然界提供的现成食物。人对自然的利用后续又扩大到若干可再生能源（畜力、水力等），铁器的诞生更是加速了人类由"赐予接受"变为"主动索取"的进程。这一时期的经济活动开始转向生产力发展的领域，获取更多劳动成果的途径和方法也在不断被开发。

随着人口的激增以及自然资源的匮乏，人类开始大规模地毁林毁草垦荒，甚至为了争夺资源而发动战争，长期粗放耕作和过度放牧造成了生态退化、环境恶化。一些生态环境极度恶化的地区，如历史上灿烂的玛雅文明、古巴比伦文明、中国的西域文明等先后湮灭，人类被迫迁移。

这个时期人类的生态思想是被动适应和顺应自然。

（三）工业文明

1776 年英国人瓦特成功改良研制出世界第一台有实用价值的新型蒸汽机，并且很快得到了广泛应用，标志着人类进入一个全新的时代，即"工业时代"，也被称为"蒸汽时代"。工业时代从根本上变革了农业文明，完成了社会的重大转型。

从农业文明转向工业文明，人类对自然的态度转变为以自然的征服者自居，开始对自然进行"审讯"与"拷问"。科学技术成为人类控制和改造自然的武器，从蒸汽机到电动机再到计算机和原子核反应堆，每一次科技革命都是"人化自然"的新丰碑，人类与自然的抗衡看似取得了空前的胜利。

在工业文明发展的 200 多年中，人类不断地追求生产的高效率、利润的最大化以及资本的无限膨胀，社会生产力得到了极大的发展，创造出前所未有的物质财富和科学文化成果。但是，人类在征服自然的同时也在过度消费着自然，给自然生态和环境带来了毁灭性灾害，直接影响到了人类的可持续发展。

英国作家狄更斯在《艰难时世》中如此描述 19 世纪中期的一座工业城镇："镇上到处都是机器和高大的烟囱，从烟囱里冒出无数条长蛇似的浓烟，永远拖着尾巴，永远在盘旋。镇上有一条黑色的水渠，还有一条留着紫水、散发着染料臭味的河流，河两旁一组组高大的建筑上开满了窗口，从那里整天传出叽叽嘎嘎、颤颤抖抖的声响。"[①] 长期生活在被污染破坏的环境中的人们，越来越意识到保护生态环境的重要性。为了实现可持续发展，人类开始转变对待自然的态度，试图寻求一种人与自然和谐共生的状态。

（四）生态文明

回顾上述三个文明阶段中人类与自然的关系可以发现，原始文明时期人类是依附和崇拜自然的屈从关系，在农业文明时期人类是顺应和利用自然的服从关系，在工业文明时期是控制和支配自然的对立关系。

那么，人类能否在资源约束趋紧、环境污染严重、生态系统退化的

———————

① ［英］查尔斯·狄更斯：《艰难时世》，上海三联书店 2014 年版，第 23 页。

严峻形势下，寻得一种与大自然共生共长的和谐关系呢？答案是肯定的，这种文明就是生态文明。生态文明理念主张的是尊重自然、顺应自然、保护自然，走可持续发展道路，它是人类文明发展的历史趋势。

生态文明是人类遵循人、社会和自然和谐发展的客观规律而取得的物质与精神成果的总和，是人类社会发展到新阶段的文明新形态。它是建立在物质、文化教育和科技高度发达基础上的文明，强调自然是人类生存与发展的基石，人类社会必须与大自然相互作用、共同发展，才能实现经济社会的可持续发展。

生态文明建设就是把可持续发展提升到绿色发展高度，为后人"乘凉"而"种树"，就是不给后人留下遗憾而是留下更多的生态资产。

第二节　生态文明建设提出的背景

生态文明作为一种文明新形态，核心理念是协调人与自然的关系，促进人与自然和谐共生，是人类文明发展的必然趋势。生态文明建设提出的背景与200多年的工业文明密切相关。工业文明时期兴起的三次工业革命，极大地提高了社会生产力水平，丰富了有形的物质文明，但同时人类对于自然的征服态度也使得人与自然的关系出现裂痕，甚至出现一些不可调和的问题，对立关系不断强化。在这样的形势下，以追求人、社会、自然环境协调发展为目标的生态文明应运而生。

一　工业革命引起的世界变化

18世纪中叶以后，依托科技的发展，世界先后进行了三次大的工业革命，这三次工业革命使人类社会的生产、生活发生了翻天覆地的变化。

（一）三次工业革命

第一次工业革命发生在18世纪60年代至19世纪上半期，人类进入以蒸汽机、汽船、蒸汽机车为主要代表的"蒸汽时代"。这次工业革命中的许多发明都来源于工匠的实践经验，极大提升了社会的生产力，创造出数倍于前的社会财富，使社会面貌发生翻天覆地的变化。

第二次工业革命发生在19世纪70年代至20世纪初，人类进入以发电机、电灯、内燃机、飞机为主要代表的"电气时代"。最先发展起来的资本主义国家将科学技术与生产技术紧密结合，后起的一些资本主义国家将两次工业革命交叉进行。这次工业革命促使资本主义国家的生产力得到了突飞猛进的发展，进一步改变了人们的生活，提高了人们生活的质量。

第三次工业革命从 20 世纪 40—50 年代兴起至今，人类在电子计算机、原子能、航天技术、生物工程等领域取得了重大突破，涌现出了大量的科学成果，而且大大加快了科学技术转化为生产力的速度，缩短了知识变为物质财富的过程，使人类进入"信息时代"。这次工业革命又一次从根本上改变了人们的生活方式和思维方式，推动了社会生活的现代化。

人类社会从手工工场走进"蒸汽时代""电气时代"，再到"信息时代"，每一次科技的创新都伴随着社会生产力的飞跃发展，促使社会面貌发生巨大的变化。工业革命对世界的影响体现得越来越明显，世界各地的联系也因此逐步加强，并日益密切。

（二）工业革命带来的巨大变化与负面影响

创造了巨大的社会财富。在 1800 年至 1900 年的 100 年内，世界GDP 增加了 7 倍；在 1900 年至 2000 年的 100 年内，世界 GDP 又增加了18 倍，工业革命以来人类创造的物质财富，比近代之前社会生产的全部总和还要多。随着工业化的发展，商业、交通运输业等行业迎来了新的春天，传统的农业也在欧美等资本主义国家全面展开了变革。生产组织与管理方式在工业化背景下也发生了重大变革，资本主义大工厂制度逐渐形成，科学化的管理日益受到重视。

人们的生活方式发生了巨大变化。以工厂为中心形成的城市在国家社会生活中的地位日益重要；现代工业下的规模化量产为人们提供了大量物美价廉的商品，人们的生活水平有所提高；受教育机会与报刊书籍发行量的增加，很大程度上提高了人们的文化素养；休闲娱乐和体育运动的兴起更是丰富了人们的日常生活。从总体趋势来看，工业文明时期全球人口比农耕时代增加明显。

人类文明发展的步伐加快。轰轰烈烈发展了 200 多年的工业革命，通过飞速提高生产力而造就了繁荣的工业化发展，使人类拥有了高度发达的物质、科技等基础，也极大提高了人类的文明程度和社会发展水平。

工业革命是一把双刃剑，在给人类社会带来发展的同时也为人类的生存和发展埋下了潜在的威胁。环境问题就是其中之一。环境问题主要是指人类在生产过程中给自然环境造成的破坏与污染。当人类傲慢地把自然当作征服的对象时，造成全球性的环境污染与生态危机就成为必然。最早品尝到工业化带来繁荣果实的国家也是最早出现环境污染与生态危机的国家。自20世纪50年代开始，这些国家"环境公害事件"层出不穷，导致成千上万人的生命受到威胁，甚至有不少人丧生。于是人们开始逐渐认识到，在长期被征服与利用的过程中，自然对支持工业文明的继续发展变得越来越力不从心，人们亟须开创一个新的文明形态来延续发展。

拓展阅读

《寂静的春天》：唤醒了人类的环保意识

1962年美国学者蕾切尔·卡逊出版了一本名叫《寂静的春天》的科普读物，以生动而严肃的笔触，描写了因过度使用化学药品和肥料而导致环境污染、生态破坏，最终给人类带来了不堪重负的灾难，阐述了农药对环境的污染，用生态学的原理分析了这些化学杀虫剂对人类赖以生存的生态系统带来的危害，指出人类必须走"另外的路"。诺贝尔和平奖获得者、美国前副总统阿尔·戈尔对这本书评价道："如果没有这本书，环境运动也许会被延误很长时间，或者现在还没有开始。"可以说《寂静的春天》是一本划时代的著作，唤醒了人类的环保意识。

二　环境公害及生态危机的发生

在人类征服自然的傲慢态度达到极致时，环境公害与生态危机的频发为人类敲响了警钟。当代，人类能够正视环境问题，改变与自然相处的态度，从某种程度上说是被生态环境发出的"警报"倒逼形成的。

（一）公害与公害事件

"公害"一词作为法律用语，最早见于日本《河川法》（1896年颁布）中，特指河流侵蚀、妨碍航行等危害；20 世纪 40 年代末被引入环境法，泛指环境污染。1967 年公布的《公害对策基本法》中将"公害"定义为：工业或人类其他活动所造成的大范围内的大气污染、水污染、土壤污染、噪声污染、振动、地面沉降以及恶臭等，致使人体健康和生活环境遭受危害的状况。之后日本又陆续将妨碍日照、通风、光害、电磁辐射、放射性危害等列为公害。

第二次世界大战后，环境污染和生态破坏情况加剧，开始出现了短期内人群大量病亡的事件，称之为公害事件。其中，有八次较严重的轰动世界的公害事件，被称作"八大公害事件"。

1. 比利时马斯河谷烟雾事件

1930 年 12 月 1—5 日，比利时马斯河谷工业区内 13 个大烟囱排放的大量有害废气和粉尘在河谷上空无法扩散，并不断集聚在近地大气层，河谷工业区上千人出现了胸疼、呼吸困难、咳嗽、咽痛等症状。短短一周内死亡病例激增 60 多例，是同期正常死亡人数的 10 多倍，其中心脏病、肺病患者死亡率最高，家畜死亡率也大大增高。这是 20 世纪有关大气污染事件的最早纪录。

2. 美国洛杉矶光化学烟雾事件

20 世纪 40 年代初，美国洛杉矶上空开始出现大范围浅蓝色烟幕，这些烟幕是由汽车、工厂排出的污染物在阳光作用下发生光化学反应形成的，被叫作光化学烟雾。它不仅会强烈刺激人的眼睛、灼伤人的喉咙和肺部等，还导致当地的植物大面积枯死或减产。光化学烟雾的持续蔓延严重影响了当地居民的健康，1955 年洛杉矶城因大气污染引起的呼吸系统衰竭死亡的病例多达 400 余人，洛杉矶也一度被称为"美国的烟雾城"。

3. 美国多诺拉烟雾事件

1948 年 10 月 26—31 日，美国宾夕法尼亚州多诺拉镇持续多天被有害的工业烟雾笼罩。这是由于该镇地处河谷，在大雾弥漫的天气，大部分地区出现反气旋和逆温现象，导致炼铁厂、硫酸厂等大型工厂排出的大量有害气体集聚在河谷无法扩散出去。人们在短时间内大量吸入了二氧化硫等有害气体，致使 5911 人突然发病，出现眼睛痛、喉咙痛、胸闷、呕吐腹泻等不适症状，其中 17 人死亡。

4. 英国伦敦烟雾事件

1952 年 12 月 5—9 日，伦敦上空受反气旋影响几乎全境为浓雾覆盖，连日无风。大量工业燃煤排放，加之当时正值冬季燃煤取暖期，煤烟中的粉尘和湿气大量积聚在空气中，许多城市居民感到呼吸困难、眼睛刺痛，5 天内死亡了 4000 多人，两个月后，又有 8000 多人陆续死于呼吸道疾病引起的并发症。这次公害事件是 20 世纪全球范围内最大的由燃煤引发的城市烟雾事件。

5. 日本水俣病事件

19 世纪 50 年代，日本熊本县水俣镇一家氮肥公司长期将大量含汞的废水排放至当地的水俣湾，这些废水排入海湾后经过某些生物的转化形成了甲基汞。甲基汞是一种具有神经毒性的有机化合物，通过鱼虾等食物进入人体内，会直接侵害人类的大脑和其他部位，引起脑萎缩或破坏小脑平衡系统，危害极大。当时，水俣镇最先发病的是爱吃鱼的猫，中毒后的猫痉挛抽搐，纷纷跳海自杀。1956 年，水俣镇出现了首例与猫的症状相似的病人，之后镇上数千名村民陆续患上此病，多人死亡，严重危害了当地人及后代的健康。

6. 日本富山痛痛病事件

20 世纪 50—70 年代，日本富山县的居民发现当地的农作物普遍生长不良，之后陆续有人出现身体异样，患病者全身关节剧痛、骨骼严重畸形、骨脆易折，因患者疼痛难忍常常大声喊叫"痛死了"，该病被命名为"痛痛病"。后来发现该病是一些金属厂矿将大量工业废水直接排放至当地的饮用水源引起的。这些工业废水中含有对人体有害的重金属镉，通过水、食物等途径进入人体内，当镉的积蓄量达到一定程度时就会造成人镉中毒，罹患"痛痛病"。20 多年间该病造成当地 200 多人死亡、多人致残，世代哺育富山县的神通川也因此被叫作"夺命"水源。

7. 日本四日市哮喘病事件

自 20 世纪 50 年代起，日本四日市重点发展石油工业，在石油冶炼和工业燃油过程中排出的大量工业废气致使当地常年处于烟雾弥漫的状态。空中漂浮的有害气体和金属粉尘被人体吸入后致使多人出现咽喉疼、眼疼、呕吐等症状。从 1960 年起，当地患哮喘病的人数激增，一些患者因不堪忍受疾病折磨而选择自杀。到 1972 年，当地确认因大气污染而患病（包括支气管炎、哮喘、肺气肿、肺癌等典型呼吸系统疾病）的患者人数达 6000 多人。

8. 日本米糠油事件

1968 年日本爱知县一个食用油厂在生产米糠油时，因操作失误致使米糠油中混入致癌物质多氯联苯，大量食物油被污染。最先出问题的是家禽，几十万只家禽吃了用米糠油中的黑油做成的饲料后，出现了突发性集中性的死亡。之后，随着受污染的米糠油被销往各地，陆续出现了多人中毒生病或死亡的情况。病人初期会起皮疹、眼结膜充血，后期会出现肝功能下降、全身肌肉疼痛等症状，病重者会发生急性肝坏死、肝昏迷甚至是死亡。据日本官方统计，截至 1978 年，确诊患者累计达 1684 人，这次事件一度使日本西部陷入恐慌中。

（二）全球六大生态危机

生态危机是指将人类不符合自然生态经济规律的经济行为长期积累，致使自然生态破坏和环境污染程度超过了生态系统的承受极限，导致人类生态环境质量迅速恶化，影响生态安全的状况和后果定义为生态危机。

森林被喻为"地球之肺"，对维持陆地生态平衡起着决定性的作用，是陆地生态系统中的主体。但是，进入 20 世纪以来人类对森林的破坏却十分惊人。联合国发布的《2000 年全球生态环境展望》指出，由于人类对木材和耕地等的需求，全球森林减少了一半，9% 的树种面临灭绝，30% 的森林变成农业用地，热带森林每年消失 13 万平方公里；地球表面覆盖的原始森林 80% 遭到破坏，剩下的原始森林不是支离破碎，就是残次退化，而且分布极为不均，难以支撑人类文明的大厦。由于大量森林被破坏，人类的生存环境出现了比以往任何问题都要难以解决的生态危机。"进入 21 世纪后，由于森林锐减，在全球范围内出现了六大生态危机。"①

1. 土地沙漠化扩大

沙漠化被称为"地球的癌症"，是全球生态危机之首。森林植被被大量破坏是沙漠化形成的最主要原因。据联合国统计，21 世纪初期全球 1/4 的陆地面积受到沙漠化不同程度的影响，并且以每年 5 万—7 万平方公里的速度扩大。土地沙漠化的危害是极其深重的、广泛的和残酷的，

---

① 《森林锐减导致六大生态危机》，《人民日报》（海外版）2001 年 9 月 27 日第 9 版。

不仅会造成耕地减少、粮食减产，还会造成政权衰败和文明转移，更会直接缩小人类的可生存空间，是全球生态系统的"头号杀手"。

2. 水土严重流失

水是生命之源，土是生存之本，林是大地之衣，三者都是人类生存与发展的基础资源。森林对土壤的成土和保护有着非常重要的作用，失去森林就意味着失去肥沃的土地。目前，全球水土流失面积多达30%，每年流失的有生产力的表土达250多亿吨，损失耕地500万—700万公顷。如果土壤以这样的速度继续毁坏的话，每20年丧失掉的耕地就等于今天印度的全部耕地面积（1.4亿公顷）。

3. 严重干旱缺水

森林和土壤组合在一起仿佛形成一块巨大的海绵，可以吸收大量降水，每公顷森林可以涵蓄降水约1000万立方米，是一座"看不见的绿色水库"。一旦森林出现锐减，加之水体受到污染，势必造成全球性水荒。目前，全球60%以上的大陆面临淡水资源不足的问题，20多亿人的饮用水无法保障，粮食安全也受到威胁。科学家们预言，在全球范围内，到21世纪末每12人中就有1人将面临水资源短缺导致的极端干旱，而在20世纪末这一比例是每33人中仅有1人面临干旱缺水。

4. 洪涝灾害频发

水灾与旱灾几乎相生相伴。森林锐减会导致森林的截留降水、调节径流的功能骤降，导致无雨则旱、有雨则涝。裸露的土地受到雨水冲刷后，大量泥沙下泄，江河、湖泊、水库淤积，行洪不畅，一遇暴雨必然洪水泛滥。据联合国统计，1980—1999年20年间全球洪涝灾害次数为1389次，2000—2019年的20年增长到了3254次，洪涝灾害发生的次数是上一个20年的两倍多。[1] 仅2021年一年全球各地就发生了250余次洪涝，是每年国际十大自然灾害事件中发生频次最多的灾害。[2]

5. 物种加速灭绝

地球上的生物物种，有一半以上在森林中栖息繁衍，人类破坏森林等活动导致物种灭绝的速度是自然灭绝速度的1000倍。现在全世界约有

---

[1] 数据源自联合国《灾害造成的人类损失2000—2019》。
[2] 数据源自"全球灾害数据平台"。

25000 种植物和 1000 种脊椎动物处于灭绝的边缘，地球鸟类的 1/4 已濒于灭绝。科学家们预测，到 2100 年，现存物种的 1/3 将消亡，而这种无可挽回的消亡尤为严峻。生物多样性相当于地球的"免疫系统"，物种灭绝速度的加快导致生态系统趋于简化，将会使生态系统失衡。

6. 全球气候变暖

由于近代人类大量使用化石燃料，大气中的二氧化碳等温室气体不断增加，引发了温室效应。温室效应带来的全球变暖导致冰川消退、海平面上升，近百年来，北极地区的冰盖已减少了 42%，海洋面上升了 50 厘米。全球变暖还致使气候带北移，导致气候异常，局部地区在短时间内发生急剧的天气变化，高温、热带风暴、龙卷风等自然灾害加重。在控制二氧化碳排出量和缓解温室效应的途径中，保护和重建森林植被是成本最低的措施。

经历了环境污染与生态退化带来的伤痛后，人们逐渐意识到全球生态恶化已经成为一个不争的事实，需要全世界联手共同拯救地球，才能维系人类的可持续发展。生态文明、环境保护、低碳生活在成为全球性话题的同时也逐渐成为全球性共识。

三　中国生态环境面临的问题

（一）中国生态环境的状况

从原始文明到农业文明再到工业文明，中国作为历经数千年风雨的文明古国，在文明演进的同时生态环境问题也在不断累积着。

1949 年之前，中国的工业化刚刚起步，环境污染问题尚不突出；1949 年新中国成立以后，随着工业化尤其是重工业的大规模展开，环境问题初见端倪，这一时期主要集中在城市地区，危害程度较为有限。1978 年实行改革开放以来，我国经济高速发展，生态环境问题渐呈加剧之势，尤其是随着一大批乡镇企业的兴起，环境问题开始向农村蔓延。长期粗放型经济增长方式致使我国在资源、环境与人口方面都面临着巨大的压力，成为制约国家经济和社会发展的一道难题。

中国首次使用"公害"一词，是在 1978 年重新修订颁布的《中华人民共和国宪法》中，明确规定"国家保护环境和自然资源、防治污染和其他公害"。1979 年颁布的《中华人民共和国环境保护法（试行）》中也有"防治污染和其他公害"的相关规定。现在，人们习惯性把环境污染破坏对公众的健康、安全、生命、财产等造成的危害都叫作公害。

进入 21 世纪后，我国的环境污染仍在加剧，生态不断恶化，环境形势不容乐观。除了面临荒漠化蔓延、水土流失等全球性的生态危机之外，还有新的区域性环境问题不断产生，给人民生活和健康带来很大威胁。根据《2000 年中国环境状况公报》显示，21 世纪初中国生态环境问题主要表现在以下几个方面。

水体污染：2000 年我国七大重点流域地表水有机污染普遍，Ⅳ类至劣Ⅴ类水质①占 42.3%。其中，铜川、沧州、邢台等城市的水体污染比较严重。我国开展水质监测的重要湖泊（水库）富营养化问题严重，90% 以上的湖库处于中、富营养状态，其中尤以太湖、巢湖、滇池等为重。东海、渤海、黄海等海域污染严重，严重超标的氮和磷等污染物导致我国近年赤潮灾害急剧扩大。

大气污染：我国的能源结构长期以煤炭为主，受此影响多数城市的大气污染也是以煤烟型污染为主，总悬浮颗粒物（TSP）或可吸入颗粒物（PM10）是影响城市空气质量的主要污染物；1/5 的城市二氧化硫浓度超标；人口集中、机动车较多的大城市氮氧化物污染较重。我国 338 个地级及以上城市中，221 个城市环境空气质量超标（超过国家空气质量二级标准），占全部城市数的 63.5%，其中严重超标（超过国家空气质量三级标准）的有 112 个城市，石家庄、太原等工业城市的空气污染更为严重。大气污染还导致了大面积的酸雨区，直接影响到土壤质量，还可能诱发植物病虫害，导致农作物大幅减产。

土壤污染：我国约有 1 亿多亩农田遭受工业"三废"的污染，导致粮食持续减产；因使用污水灌溉，每年有上千万吨的粮食质检不合格，而且受污染的土壤很难治理，其危害长期存在。此外，由于沙漠化、盐

---

①　Ⅰ、Ⅱ类水质可用于饮用水源一级保护区、珍稀水生生物栖息地、鱼虾类产卵场、仔稚幼鱼的索饵场等；Ⅲ类水质可用于饮用水源二级保护区、鱼虾类越冬场、洄游通道、水产养殖区、游泳区；Ⅳ类水质可用于一般工业用水和人体非直接接触的娱乐用水；Ⅴ类水质可用于农业用水及一般景观用水；劣Ⅴ类水质除调节局部气候外，几乎无使用功能。

碱化、风蚀等侵害，许多耕地水土流失严重，土壤沙化面积不断扩大，水土流失不仅导致大片宝贵的土地流失，还会造成洪涝灾害的频繁发生，致使人民群众的生命财产安全受到严重威胁。

固体废物污染：我国固体废弃物的产生量每年都在急剧增长，按照来源大致分为工业固体废弃物、生活垃圾和危险废物等，这些垃圾如不加以妥善处理处置，会对水体、大气、土壤等都造成污染。许多城市由于无法及时处理垃圾而被迫面临"垃圾包围城市"的窘境，大量堆积的有毒有害的垃圾对环境造成了严重的二次污染。

环境噪声污染：噪声污染主要来源于建筑施工、车辆鸣笛等，全国有很多城市人口处在较高的噪声污染环境下工作与生活。2000年国家重点监测的城市中，只有一成多的城市低于国家标准70分贝，处于较好的状态，其他重点城市基本处于不同程度的噪声污染环境，并且受影响的范围还在不断扩大。生态环境部门接到的各类公众举报中，噪声扰民问题占比非常高，投诉量长期居高不下，环境噪声防治面临很大的压力和挑战。

（二）中国生态环境问题的特点

在全球面临生态危机的形势下，我国的生态环境也不容乐观。由于地域环境和发生时间等特殊性，我国的生态环境问题呈现出一些区域性特点。

1. 发生时间晚且集中

中国的生态环境问题与西方相比，出现与爆发的时间都比较晚。鸦片战争后的百年间，我国民族工业在内外交迫的形势下缓慢发展。1949年新中国成立后百业待兴，"向大自然全面开战"一度成为发展口号，造成部分城市地区环境的污染与破坏，生态问题开始显现。1978年党的十一届三中全会之后，我国的工业化与城镇化进入高速发展阶段，同时还有一大批乡镇企业异军突起，全国的经济建设如火如荼地推进着，各项经济指标呈齐头并进之势纷纷位居世界前列。不过，这一时期我国的经济增长方式以粗放型为主，造成了大量资源的消耗和浪费，有些地区还存在乱砍滥伐、乱垦滥采的情况，致使生态环境开始失衡，生态破坏和环境污染等问题集中爆发。2010年前后几年，环境问题引发的群体性事件逐年增加。生态环境问题的集中爆发引起了国家的高度重视，加大了对环境问题的防治。

2. 环境污染及生态破坏的影响较大

虽然我国生态问题的出现与爆发时间比较晚，但它的危害程度却比较深。在长期的高能耗、高污染发展中，许多生态环境问题已然演化成为生态危机。由于我国许多企业的发展仍旧依赖资源能源消耗，若不及时解决生态环境问题，势必反向阻碍我国经济发展，造成经济可持续发展的后劲不足。同时，生态环境的破坏还会直接伤害人们的身体健康，人们会长期处于亚健康或不健康的状态，如果不及时加强防治，必将产生更严重的后果。

3. 防治任务艰巨

"当前我国处于爬坡过坎的关键时期，各种矛盾交织复杂，平衡把握难度较大，环境治理结构复杂且面临诸多困难。尤其是在推动产业结构、能源结构的调整升级方面，部分地区仍非常依赖传统产业的存在路径，结构性污染问题突出。"① 生态建设和环境治理需要多部门相互配合、相互协调，也需要企业、社会的广泛参与。目前，政府、企业、社会公众在参与过程中力量仍显分散，整体的协同效应尚未形成。全面治理生态环境问题并取得长期效果，是一项艰巨的任务。

第三节 解决生态环境问题的必由之路

为了避免人类在未来处于极度危险的环境中，寻求一种人类、自然、社会可以和谐共生的新的文明形态是解决人类生态环境问题的必由之路，这个新形态就是生态文明。生态文明不是后工业文明，它和工业文明是相互联系又相互区别的一种新文明形态，未来两种文明形态将会并存很多年，二者需要相互借鉴、共同发展。

我国经过多年探索，走上了新时代生态文明建设之路，形成了习近平生态文明思想。

---

① 生态环境部：《打好污染防治攻坚战面临的挑战和机遇》（https：//baijiahao. baidu. com/s？id＝1624231539543286725&wfr＝spider&for＝pc），2019 年 2 月 1 日。

一　生态文明的内涵

（一）生态与生态文明

"生态文明"（Ecological Civilization）是由"生态"与"文明"两个词构成的，是生态与文明有机结合的统一体。理解生态文明就必须理解生态与文明的科学含义及其内在关系。

1. 生态的概念

生态（Ecology）一词源于古希腊，原意是指房屋、家庭。19 世纪中叶才开始形成现代意义上"生态"的含义，主要是指自然界各系统之间的交错复杂关系。

从系统论的角度来看，生态系统是由植物、动物和微生物群落和它们的无生命环境交互作用形成的一个动态复合体。研究生态系统的科学便构成了现代生态学。1866 年，德国博物学家海克尔（Ernst Haeckel）第一次从现代意义上提出"生态学"这个概念，并把生态学解释为关于有机体与周围环境关系的全部科学。如果把全部生存条件考虑在内，生态就是指生物的生存状态。

从生态学的角度分析，生态具有多种功能，在提供多种产品、维系生命支持系统、保持自然系统的动态平衡方面起着不可替代的作用。首先，它具有供给功能，能为人类提供食物、淡水、燃料、药品等；其次，它具有调节功能，能进行气候调节、水资源调节、污染物自净、有害生物控制等；再次，它具有支持功能，能够维持地球的养分循环、水循环、产生与维持生物多样性等；最后，它具有文化功能，为人类提供文化多样性、知识获取、休闲旅游、美学体验等非物质利益。总之，生态系统对人类的安全、健康、高质量生活和良好的社会关系具有重要作用。

2. 生态文明的概念

最早使用"生态文明"一词的是我国生态学家叶谦吉，他于 1987 年从生态学和生态哲学的角度阐述了人与自然应保持和谐统一的关系。之后，随着加强生态环境保护、有效利用资源的可持续发展理念得到世界各国的普遍承认和接受，联合国环境与发展大会于 1992 年通过了《里约宣言》和《21 世纪议程》，正式提出了可持续发展的新概念。1995 年，美国作家罗伊·莫里森在《生态民主》一书中提出了"生态文明"的概念，并且把生态文明看作继工业文明后一种新的文明形式。

生态文明是指人们在改造客观物质世界的同时，积极主动地改善和优化人与自然、人与人、人与社会的关系，在实现和谐共生、良性循环、全面发展、持续繁荣中所取得的物质成果、精神成果和制度成果的总和。它是贯穿于经济建设、政治建设、文化建设、社会建设全过程和各方面的系统工程，体现了人们尊重自然、利用自然、保护自然，与自然和谐相处的现代文明理念，是人类历史发展到一定阶段的必然产物，反映了一个社会的文明进步状态。

　　我们要建设的生态文明，实质上就是要建设以资源环境承载力为基础、以自然规律为准则、以可持续的社会经济文化政策为手段、以致力于构造一个人与自然和谐发展为目的的文明形态。[1] 建设生态文明不是放弃对物质生活的追求，也不是放弃工业文明回到原始的生活状态，它涵盖人类以前的一切文明成果，其理论与实践基础直接建立在工业文明之上，是对工业文明以牺牲环境为代价获取经济效益进行反思的结果，是传统工业文明发展观向现代生态文明发展观的深刻变革。生态文明建设将超越和扬弃粗放型的发展方式和不合理的消费模式，走生产发展、生活富裕、生态良好的可持续发展道路。

　　作为全球生态文明建设的重要贡献者、引领者，中国于2007年将生态文明作为全面建设小康社会奋斗目标的新要求列入正式文献，2012年进一步把生态文明建设放在突出地位，并提出"我们一定要更加自觉地珍爱自然，更加积极地保护生态，努力走向社会主义生态文明新时代"[2]。这是中国社会科学发展、和谐发展理念的一次升华。

知识延伸

生态文明建设与"五位一体"

　　党的十八大报告强调："把生态文明建设放在突出地位，融入经

　　① 参见中共中央文献研究室编《十七大以来重要文献选编》（上），中央文献出版社2009年版，第109页。
　　② 胡锦涛：《坚定不移沿着中国特色社会主义道路前进　为全面建成小康社会而奋斗——在中国共产党第十八次全国代表大会上的报告》，人民出版社2012年版，第41页。

济建设、政治建设、文化建设、社会建设各方面和全过程，努力建设美丽中国，实现中华民族永续发展。"离开生态文明，现代文明就失去根基；忽视生态文明建设，我国现代化建设就会失去原动力和基础。

五大建设统一于中国特色社会主义事业总体布局中，它们相辅相成、相互促进。经济建设是基础，政治建设是保障，文化建设是灵魂，社会建设是支撑，生态文明建设是根基，共同构筑起中国特色社会主义事业的全局。应该指出，生态文明建设是其他建设的自然载体和环境基础，并渗透、贯穿于其他建设之中而不可或缺，一切发展建设都应以不损害生态环境为底线。当然，生态文明建设也离不开经济建设、政治建设、文化建设和社会建设。"五位一体"建设中国特色社会主义，就要五个建设一起抓，五个轮子一起转。

（二）生态文明的本质与特征

生态文明的本质要求是尊重自然、顺应自然和保护自然。

"尊重自然，就是要对自然怀有敬畏之心、感恩之情，不再以自然的主宰自居，摒弃曾经要凌驾于自然之上的狂妄想法。顺应自然，就是要使人类的活动顺应自然界的客观规律，不逆规律而行。当然，顺应自然不是任由自然驱使、停止发展甚至重返原始状态，而是在按客观规律办事的前提下，充分发挥人的主观能动性，科学合理地开发利用自然。保护自然，就是要求人类在向自然界获取生存和发展之需的同时，要呵护自然、回报自然，把人类活动控制在自然能够承载的限度之内，给自然留下恢复元气、休养生息、资源再生的空间，防止出现生态赤字和人为造成的不可逆的生态灾难。"[①]

"生态文明作为一种新的文明形态，贵在创新，重在建设，成在持久。其根本特征在于理性地追求人与自然和谐共生的价值观。"[②]生态文明理念及建设实践具有以下几个方面的鲜明特征（见表1-1）。

---

① 马凯：《坚定不移推进生态文明建设》，《求是》2013年第9期。
② 周生贤：《中国特色生态文明建设的理论创新和实践》，《求是》2012年第19期。

表 1 - 1　　　　　　　　　　　生态文明的特征

维度	内容
价值观念	强调以平等态度和充分的人文关怀去关注和尊重生态环境
目标追求	注重增进公众的经济福利和环境权益，促进社会和谐
实现路径	走出一条资源节约和生态环境保护的新道路，倡导和推行自觉自律的生产生活方式，基本形成节约能源资源和保护生态环境的产业结构、增长方式、消费模式，全面推进经济社会的绿色繁荣
时间跨度	建设过程长期且艰巨，既要补上工业文明的课，又要走好生态文明的路

人类处理人与自然的关系是一个不断实践、不断认识的解决矛盾的过程，旧的矛盾解决了，会产生新的矛盾，如此循环推进，促进生态文明从低级阶段迈向高级阶段，进而推动人类社会持续向前发展。

二　人类文明的系统性转变

生态文明不是简单的生态环境的文明，它是一种新的文明形态，是整个人类文明的根本性转型，这种转型会在"生产方式、价值观念、生活方式等方面发生系统性的深刻变革"①。

（一）生产方式的转变

生态文明建设是一种生产方式的绿色转型。面对人与自然的突出矛盾和资源环境的瓶颈制约，我们已经认识到，只有大幅提高经济的绿色化程度，加快生产方式的绿色转型，才能走出一条经济增长与碧水蓝天相伴的康庄大道。这就需要调整产业结构，促进经济增长由主要依靠第二产业带动向依靠三大产业协同带动转变；同时推进要素结构调整，促进经济增长由主要依靠增加物质资源消耗向主要依靠科技进步、劳动者素质提高、管理创新转变，努力构建科技含量高、资源消耗低、环境污染少的产业结构，加快发展绿色产业，形成经济社会发展新的增长点。

---

① 魏靖宇、刘晓勇：《生态文明建设的"三个转型"》，《光明日报》2016 年 8 月 3 日第 15 版。

（二）价值观念的转变

生态文明建设是一种价值观念的绿色转型。当前，生态环境问题已然演变为制约人类社会持续发展的全球性问题。解决这个问题，不仅要推进生产方式的转变，更要推动人类价值观念的绿色转型，摒弃曾经与自然对立、征服自然的观念，不再以自然的主宰者自居，不再为所欲为地掠夺自然。深刻认识到自然不只是能够为人类提供赖以生存的物质基础，其本身的存在就有重要的价值。我们要从思想上尊重自然、顺应自然、保护自然，通过生态文明价值观和生态文化的形成助力生态文明的建设。

（三）生活方式的转变

生态文明建设是一种生活方式的绿色转型。在物质生活水平不断提高的 21 世纪，绿色生活并不是要人们回到原始的生活状态，而是提倡人们践行绿色低碳、文明健康的生活方式。在衣、食、住、行等方面坚持节约优先，抵制奢侈浪费；在消费模式上倡导环境友好型消费，普及绿色出行、发展绿色旅游等，反对各种不合理消费，形成绿色文明的生活方式。

三　中国特色生态文明建设的重大意义

从国家兴衰与文明转换的历史中可以发现一些规律性现象：一是国家兴衰往往发生在文明转换时期；二是国家发展与文明发展趋势的契合程度决定国家兴衰的程度与持久性。一个国家的兴衰取决于这个国家能否跟随人类文明发展潮流，占领人类文明高地。

当前，我国处于民族复兴加快推进时期，进入了从工业文明向生态文明的转换时期。我国是全球生态文明建设的引领者，要利用后发优势，在现有工业文明的基础上，通过跨越式发展，加快建设生态文明，为民族振兴和崛起奠定坚实的文明基础，从新的文明中吸取强劲的民族复兴动能。建设生态文明是中华民族复兴的必由之路。

（一）中国特色生态文明建设的内涵

党的十六大以来，党中央坚持以科学发展观统领经济社会发展全局，坚持节约资源和保护环境的基本国策，深入实施可持续发展战略，创造性地提出建设生态文明的重大命题和战略任务。党的十八大以来，又把生态文明建设放在突出地位，努力建设美丽中国，为我国实现人与自然、环境与经济、人与社会和谐发展提供了坚实理论基础、远大目标指向和强大实践动力，开辟了中国特色社会主义的新境界。"中国特色生态文明建设要求统筹当前发展和长远发展的需要，既积极实现当前的目标，又为长远发展创造有利条件，是中国社会主义现代化建设必须正确处理的一个重大问题，其内容非常丰富。"①

从价值取向看，要树立先进的生态伦理观念。人类是自然重要的组成部分，要尊重自然规律，推动生态文化、生态意识、生态道德等生态文明理念牢固树立，使之成为中国特色社会主义的核心价值要素。

从物质基础看，要拥有发达的生态经济。对传统产业进行生态化改造，大力发展节能环保等战略性新兴产业，使绿色经济、循环经济和低碳技术在整个经济结构中占较大比重，推动经济绿色转型。

从激励与约束机制看，要建立完善的生态制度。把环境公平正义的要求体现在经济社会决策和管理中，加大制度创新力度，建立健全法律、政策和体制机制。

从必保底线看，要保障可靠的生态安全。有效防范环境风险，及时妥善处置突发资源环境事件和自然灾害，维护生态环境状况稳定，避免发生重大生态危机。

从根本目的看，必须持续改善生态环境质量。让人民群众喝上干净的水、呼吸上新鲜的空气、吃上放心的食物。

目前，在建设生态文明的价值取向、长远目标、基本原则、主要途径和保障举措等方面，我国已经形成完整系统的认识，其核心就是人与自然和谐共生、经济社会与资源环境协调发展。

（二）中国特色生态文明建设的重大意义

生态环境没有替代品，用之不觉，失之难存。生态文明是实现人与自然和谐发展的必然要求，我国坚定不移地建设生态文明具有重大的现实意义和深远的战略意义。

1. 中华民族永续发展的根本大计

生态兴则文明兴，生态好才能文明旺。"良好的生态环境是人类生存

_____

① 周生贤：《中国特色生态文明建设的理论创新和实践》，《求是》2012 年第 19 期。

的基础，生态环境的变化会直接影响一个国家乃至一个文明的兴衰演替，古今中外的例子不胜枚举。"① 四大文明古国均发源于"生态兴"的地区，当地的人民以此为根基才能够创造出灿烂文化，实现"文明兴"。然而，生态可载文明之舟，亦可覆文明之舟。生态环境衰退特别是土地荒漠化的蔓延先后导致了古埃及、古巴比伦文明的衰落；我国古代的楼兰文明也是一例因生态恶化而消亡的惨痛教训，曾经水草丰美之地现在空留遗址让后人唏嘘。所以说，生态文明建设是关系中华民族永续发展的根本大计。

2. 为全球环境治理贡献了中国智慧

在习近平生态文明思想指导下，我国逐渐形成了一个基于中国智慧的生态环境治理体系。这个体系主张标本兼治、系统统筹治理环境，从生产方式、价值观念、生活方式等方面进行系统性变革，不再拘泥于"就环境治环境"的老路子，是具有中国特色的环境治理方案。中国的治理方案为全球环境治理贡献了中国智慧，提供了一条新的可持续治理之路，得到了国际社会的高度认可，也成为构建人类命运共同体的重要路径。

3. 丰富与发展了马克思主义生态观

马克思主义认为"资本主义生产方式以人对自然的支配为前提"②，这种人类异化的生存状态，将导致人与自然的多重矛盾。人与自然达到和谐统一是实现人"自由全面发展"的必然途径，也是人类社会得以发展的必然选择。马克思主义强调人与自然是人类社会最基本的一对关系，在此基础上，习近平生态文明思想提出"人因自然而生，人与自然是生命共同体"，"人类应该以自然为根，尊重自然，顺应自然、保护自然"③，着力实现人与自然、发展与保护的有机统一，在社会主义共同富裕内涵的基础上，强化了人与自然和谐共生的新特征，增强了中国特色社会主义制度优势。

生态文明建设功在当代、利在千秋。随着生态文明建设的不断推进，

---

① 李宏伟：《深刻把握习近平生态文明思想的基本要义》，《党建》2019 年第 7 期。
② 《马克思恩格斯选集》第 2 卷，人民出版社 2012 年版，第 239 页。
③ 中共中央宣传部、中华人民共和国生态环境部编：《习近平生态文明思想学习纲要》，学习出版社、人民出版社 2022 年版，第 18 页。

我们一定能让中华大地天更蓝、山更绿、水更清、环境更优美。

思考题

　　1. 人类文明发展经历了哪四个阶段?

　　2. 生态危机本质上是一个自然问题,还是一个社会问题?

　　3. 如何理解生态文明是人类文明发展的一个新的阶段?

文献阅读

　　1. 周生贤:《中国特色生态文明建设的理论创新和实践》,《求是》2012 年第 19 期。

　　2. 马凯:《坚定不移推进生态文明建设》,《求是》2013 年第 9 期。

　　3. 李宏伟:《深刻把握习近平生态文明思想的基本要义》,《党建》2019 年第 7 期。

第二章

生态文明建设理论渊源与实践探索

生态文明是人类发展的新阶段，我们要建设生态文明，需要传承中国传统朴素的生态思想，借鉴西方生态伦理思想，以马克思主义生态伦理思想以及中国共产党的生态文明思想为理论基础，为我国生态文明建设树立科学的价值观和道德观。

第一节　中国传统朴素的生态思想

中国是一个有着几千年农耕社会的国家，农耕文化是中国传统文化的源头和基础，因此中国哲学应该从农耕文明中寻找。中华民族的祖先以开垦荒地、耕种作物为生，此种生存方式的特点是落地生根。落地生根的农耕生活造就了中华民族独特的文化特性。这种文化特性主要体现在热爱自然、尊重自然和保护自然的思想主张上。

一　中国农耕文化的哲学基础

对中国人而言，在几千年的农耕社会中，农耕不仅仅是一种生产方式，还是生活本身。对自然环境的认同是农耕文化的思想内核，在其思想内核下产生了"天人合一""道法自然"的生态思想，为当前生态文明建设提供了重要的思想来源。

（一）儒家"天人合一"的生态伦理思想

儒家认为人是自然界的产物，在自然界中占有重要地位。然而，自然界有规律，人的行为也必须遵守这种规律。孟子说："君子所过者化，所存者神，上下与天地同流。"① 朱熹认为："天地以生物为心者，而人物之生，又各得夫天地之心以为心者也。"② 正因为人与天地万物是一个整体，遵循共同的自然规律才能和谐共处，共同发展，所以"天人合一"是儒家的最高追求。程颢强调"人与天地一物也"，只有承认天地万物不是自己独有，才能真正认识自己。③

对于儒家"天人合一"宇宙生命统一论思想，张载对其进行过形象而生动的阐述："乾称父，坤称母；予兹藐焉，乃混然中处。故天地之塞，吾其体；天地之帅，吾其性。民，吾同胞；物，吾与也。"④ 意思是说，人是天地孕育而生，天地犹如人的父母。在天地间流动的气体是宇宙万物的统一体，它构成了天地的实体，也构成了我的身体。天地变化的根本原因是自然本性，也是我的本性。民众百姓都是我的同胞兄弟，宇宙万物都是我的亲密朋友，人与天地万物有息息相关的密切联系。

（二）道家"道法自然"的生态伦理思想

"人法地，地法天，天法道，道法自然"⑤ 是道家倡导的，意思是说

---

① 《孟子·尽心上》，转引自王正平《生态、信息与社会伦理问题研究》，复旦大学出版社2013年版，第72页。

② 朱熹：《中庸仁说》，转引自王正平《生态、信息与社会伦理问题研究》，复旦大学出版社2013年版，第72页。

③ 参见张岱年《文化与哲学》，教育科学出版社1988年版，第149页。

④ 张载：《西铭》，转引自王正平《生态、信息与社会伦理问题研究》，复旦大学出版社2013年版，第72页。

⑤ 《老子》第25章。

人的活动效法地，地的运动效法天，天的运转效法"道"，"道"的运行效法自身，它揭示了人之所以应效法道，是因为道具有"自然无为"的特性，体现着宇宙秩序的和谐。总体来说，"道"就是万事万物生长发展的原动力和规律，顺之则昌，逆之则亡。"道法自然"首先意味着人类要懂得敬畏自然，并向大自然学习，使人道合于天道。道家"崇尚自然"的思想实际上表达了一种人与自然和谐共处的关系，与"天人合一"在思维模式上有同一性，认为人与自然是一种形影不离的内在关系。

现实中天和人是相互独立的，天有天道，人有人道，《老子》云"天之道取有余而补不足，人之道取不足而补有余"，人类的理性使人的行为常常带有很强的目的性，而这些直接的目的通常有悖于天之道，这种相悖最终会导致人类不能延续"生"，更不能实现生生不息，因此道家主张人类行为应以"天之道"为原则，以天之道纠正人类的行为，才能实现人类持久的发展，"道生一，一生二，二生三，三生万物"① 说的就是这个道理。只要顺应自然规律，道便能生出万物。

"天人合一""道法自然"思想包含的宇宙生命统一论是人类科学认识人与自然关系的基本理论前提。人和自然就像一对舞者，人类只能扮演舞伴的身份，跟随领舞的节奏和步伐，才能实现舞姿的和谐和优美。人类如果放弃自然这个领舞独自起舞，必将失去节奏和旋律，最终迷失在自己的舞步中。现代一系列环境问题的出现使人们重新开始认识"天人合一""道法自然"思想的现代生态伦理价值。

二 "天人合一""道法自然"思想的时代价值

认识"天人合一"和"道法自然"概念，可以更好地让我们认识事物所具有的自然规律，更好地运用自然规律。

（一）人与自然协调发展

自然规律决定了万物可以自我生长，我们人类只要让万物的生长和人类的需求相对应，就可以"搭自然便车"。顺应自然规律并非要人类无所作为，反而中国人从古代就开启农耕文明，从种植农作物的活动中掌握自然规律的知识。通过建历法、修水利，中国古代劳动人民形成完

---

① 《老子》第 42 章。

整的农耕知识，并围绕农耕生产形成中国的村落传统文化，通过代代相传形成中华几千年的文化传承。著名的都江堰工程，由于完全顺应自然规律，成为能够造福一方上千年的水利系统。顺应自然规律，让人类的生活和生产活动与自然规律融为一体。中国文化"天人合一""道法自然"思想的长期实践，也让中国许多的传统村落得以存在成百上千年，是中国生生不息理念的具体体现。

我们必须认识到大自然是有生产力的。自然万物的生长就是天地给予人类的财富馈赠，但人们往往认为是工业革命提高了生产力，是充分发挥了人的主观能动性、通过有效组织人力物力财力进行社会化生产的结果。现代经济学以工业生产、商品交换、金融借贷的数据为依据研究经济，往往忽略大自然所固有的生产能力和它所具备的价值。在提倡生态文明的今天，用中国农耕哲学重新认识大自然本身所具备的生产力，正确引导大自然馈赠为人类服务，让人类和自然和谐相处，实现人与自然共同生生不息，已经是刻不容缓的工作。

（二）遵循自然规律，服务人类生产生活方式

中国传统农耕活动是充分利用自然规律，利用万物生长和天地运行所具备的自然生产能力，通过合理有效的引导为人类所用，并使之能生生不息的社会实践。中国有广阔的乡村地域，有丰富的人力资源，当我们以符合自然规律的方式开发存在于它们身上的生产力，将会产生难以估量的经济效益。中国传统文化在这方面具有深厚的底蕴。在中国农耕哲学的指导下，我们可以用现代化的成果改造传统的生产生活方式，提高和扩大农耕生产和社会活动的效益和规模，我们也完全可以以遵循自然规律的方式用现代化拓展生产生活的范畴，这之间并没有必然的矛盾。

"天人合一""道法自然"生态思想既与当前"绿水青山就是金山银山"的生态文明建设理念相契合，也可以为建设生态宜居的美丽乡村服务。传统农业、农村所产生的很多垃圾，都是可以被自然所消化的，被称为"有机垃圾"，这些"有机垃圾"被循环利用，成为人们日常生活的一部分，这也是一种低碳的生活方式，促使人们形成了追求节俭、就地取材的理念。

第二节　西方生态伦理思想

西方的环境伦理学又称为生态伦理学。西方生态伦理学研究在近三十年以来有了迅猛的发展，形成了众多的思想流派，这些理论大致可分为两大阵营，分别是人类中心主义和非人类中心主义。这些理论提出用道德的手段调节人与自然、人与动物、人与生物之间的关系，保护地球的生态平衡。

一　人类中心主义

人类中心主义可分为狭隘人类中心主义和现代人类中心主义。两者都是把自然作为达到人类目的的一种手段，但现代人类中心主义超越了狭隘人类中心主义，把"人类短期利益"作为价值追求的终极目的，具有一定的进步性。

（一）狭隘人类中心主义

狭隘人类中心主义有三个核心观点。一是在人与自然的价值关系中，只有拥有意识的人类才是主体，自然是客体。价值评判的尺度必须掌握和始终掌握在人类的手中，任何时候说到"价值"都是指"对于人"的意义。二是在人与自然的伦理关系中，应当贯彻人是目的的思想。三是人类的一切活动都是为了满足自己的生存和发展的需要，如果不能达到这一目的的活动就是没有任何意义的，因此一切应当以人类的利益为出发点和归宿。①

（二）现代人类中心主义

现代人类中心主义又称为"弱人类中心主义"，它超越了狭隘人类中心主义的主张，提出科学管理、合理利用自然的观点。现代人类中心主义的核心观点有三点。一是人由于具有理性，因而自在就是一种目的。人的理性给了他一种特权，使得他可以把其他非理性的存在物当作工具来使用。二是非人类存在物的价值是人的内在情感的主观投射，人是所有价值的源泉，没有人，大自然只是一片"价值空场"。三

---

① 王旭烽：《生态文化词典》，江西人民出版社 2012 年版，第 104—105 页。

是道德规范只是调节人与人之间关系的行为准则，它所关心的只是人的福利。①

由此可知，现代人类中心主义超越了狭隘人类中心主义，把"个人利益、集团利益"作为最终依据的价值追求，把人类的整体利益和长远利益作为最终的依据，这是一种巨大的进步。但是"弱化后"的人类中心主义仍然是站在功利主义和实用主义的立场来看待人与自然的关系，所以依然面临诸多挑战。

二　非人类中心主义

与人类中心主义相对应的是非人类中心主义。人类中心主义把道德关怀的范围局限在人身上，其他的物种被排除在外，而非人类中心主义把道德关怀的范围扩展到所有有生命的物体上。非人类中心主义大致可分为三大阵营，分别是动物解放/权利论、生物中心主义和生态中心主义。

（一）动物解放/权利论

动物解放运动是对人类中心主义道德共同体的扩大，也进一步扩展了生态伦理学的视野。动物解放运动的倡导者提倡素食主义，认为人们有必要把道德关怀的对象扩展到猫、狗，甚至养殖场的牛、猪身上。动物解放运动的主要代表是彼得·辛格和汤姆·雷根。辛格和雷根分别从动物解放和动物权利的视角论证了"动物为何应该享有道德地位"这一重要问题。辛格认为，人类之所以能成为道德关怀的对象，是因为人类拥有感知痛苦和快乐的能力。也就是说，感知痛苦和快乐的能力是获得道德关怀的充分条件，而动物也具有感知痛苦和快乐的能力，所以，动物也应该享受道德的关怀。

经典文章

如果一个存在物能够享受苦乐，那么拒绝关心它的苦乐就没有道德上的合理性，不管一个存在物的本性如何，平等原则都要求我们把他的

---

① 余谋昌、王耀先：《环境伦理学》，高等教育出版社 2004 年版，第 52 页。

苦乐看得和其它存在物的苦乐同样重。

——〔美〕辛格：《所有动物都是平等的》，江娅译，
《哲学译丛》1994 年第 5 期

辛格认为不同物种之间的苦乐是可以进行比较的，如人类的苦乐和动物的苦乐就不存在高级和低下之分，因此，在计算人类和动物的苦乐时，要不偏不倚地关心所有利益相关者的苦乐，不能有所偏颇。

雷根认为，可以通过人类拥有权利的理由来证明动物也同样拥有权利，即动物拥有避免人类对动物无谓伤害的权利。人类获取道德权利的资格不是后天拥有的，而是先天赋予的。人因其是"生活的主体"而获得道德权利，而动物同样是自己"生活的主体"，因此，动物也具有值得我们尊重的天赋价值，而这些天赋价值赋予它们一种道德权利。雷根认为，一种动物是生活主体，需要符合三个要求：一是这种动物是有生命的存在物；二是这种动物能够意识到生活的好坏；三是这种动物的生活无涉于他人的评价。虽然动物解放论和动物权利论本身存在一些问题，但它们打破了传统的"只对人讲道德"的偏见，突破了对人的"自恋"，也是对人类文明新的阐释。

（二）生物中心主义

生物中心主义是对动物解放/权利论的进一步发展，它试图把道德关怀的对象从动物扩展到一切有生命的物体上。生物中心主义的主要代表人物有法国哲学家阿尔贝特·史怀泽和美国学者保尔·泰勒。

史怀泽对伦理学的解释是"敬畏一切生命"。他认为一个人只有当他把植物和动物的生命看得与人的生命同样神圣的时候，他才是有道德的。以此思想为根基，史怀泽建立了"敬畏生命"伦理学。敬畏生命是一种美好的愿景，但人是一种现实性存在，为了生存，有时不得不伤害一些其他物种的生命。这是否意味着人的价值排序优于其他物种？史怀泽的答案是否定的。他认为敬畏生命的伦理否认生命有高级与低级、富有价值和缺少价值的区分。根据常识理解，人类往往会依据与人的关系的远近来确定不同生命的价值。史怀泽认为，这种价值区分是主观的，

是错误的。但是，有些地方的人为了生存，必须要消灭一些生命，如，蚂蚁和蚊子。对此，史怀泽的解释是，尽管此种情况不可避免，但是人必须有"自责"的意识。

在史怀泽研究的基础上，泰勒从理论的高度对生物中心主义进行了论证。他的生物中心主义的中心原则是："当其要表达和体现的具体的最终的道德态度是尊重自然时，其行为和品德就是好的和道德的。"① 针对这一原则，他论证所有自然存在物都有其自身的善。泰勒的生态中心主义理论包括四个信条：一是人类和其他生命一样，是地球生命系统的一员；二是所有的生命都是相互依存的；三是所有的生命都以自己独特的方式维持着自己的善；四是人类并不是天生优越于其他生命。依据上述原则和四个信条，泰勒又提出了四个适用于环境实践的法则，分别是不伤害法则、不干涉法则、忠实法则和补偿正义法则。

与其他非人类中心主义理论一样，生物中心主义面临的最大挑战也是当人类利益与非人类利益发生冲突时，我们该如何抉择的问题。泰勒虽然对此进行了相关回应，但生物中心主义仍然面临问题和挑战。

（三）生态中心主义

在生物中心主义的基础上，生态中心主义提出生物共同体这个概念，认为人类对物种和生态系统应该负有道德责任。生态中心主义与前几种生态伦理学不同的是，它更加关注生态共同体而非生命个体，是一种整体主义而非个体主义的伦理学。生态中心主义以利奥波德的"大地伦理学"、罗尔斯顿的"自然价值论"和奈斯的"深层生态学"为代表。

1. 大地伦理学

大地伦理学的代表人物是利奥波德。利奥波德把土壤、水、植物、动物等一切自然物都纳入道德共同体的范围之中，并认为人类只是这个道德共同体的普通一员。大地伦理学的基本原则是："一件事情，当它有助于保护生命共同体的完整、稳定和美丽时，它就是正确的；反之，它就是错误的。"② 由此看出，大地伦理学更加注重生态共同体的利益，

---

① ［美］戴斯·贾斯丁：《环境伦理学》，林官明等译，北京大学出版社 2002 年版，第 157 页。

② 余谋昌、王耀先：《环境伦理学》，高等教育出版社 2004 年版，第 86 页。

而不是单一个体的利益，前者是确定一切行为的最高准则。尽管大地伦理学扩展了道德共同体的范围，但是它提倡的整体主义理念也给本理论带来了种种挑战。例如，当破坏或者猎杀某个物种可以更好地促进整个生态系统的利益时，我们是否可以这么做？因此，此种诘难让大地伦理学陷入"环境法西斯主义"的困境。

2. 自然价值论

罗尔斯顿的自然价值论对价值进行了重新定义，他把价值定义为创造性，凡是具有创造性的东西就有价值。地球上一切有价值的东西，都是自然创造的，因此，自然是价值的源头，从这个意义上来看，不是人类赋予自然价值，而是大自然赋予人类价值。罗尔斯顿认为："在生态系统层面，我们面对的不再是工具价值，尽管作为生命之源，生态系统具有工具价值的属性。我们面对的也不是内在价值，尽管生态系统为了它自身的缘故而保卫某些完整的生命形式。我们已接触到了某种需要用第三个术语——系统价值——来描述的事物。"[①] 罗尔斯顿的系统价值论打破了传统以主体的需要为最终依据的工具价值观，从新的维度上帮助我们重新理解了价值。

3. 深层生态学

挪威学者奈斯创立了深层生态学理论，此理论是相对于通常的浅层生态学而言的。浅层生态学坚持的还是人类中心主义，认为生态只是帮助实现人类最大利益的工具。深层生态学坚持的是一种非人类中心主义，认为自然有内在的价值。面对环境危机，人类中心主义关注的是如何通过现有的社会机制和技术进步来解决生态环境问题，而深层生态学将环境危机的根源归结为制度危机和文化危机，并认为人类中心主义是环境危机产生的根本原因。在怎样解决这一问题上，奈斯提出了两大原则和八条行动纲领，这也是深层生态学理论的核心内容。两大原则是"自我实现"原则和"生态中心主义平等"原则。八条行动纲领已经成为深层生态运动的行动指南，具体内容如下：一切生物都有其内在价值；生命形式的丰富性和多样性具有内在的价值；除了满足重要的需求，人类没

---

① ［美］罗尔斯顿：《环境伦理学》，杨通进译，中国社会科学出版社 2000 年版，第 255 页。

有权利破坏这种多样性和丰富性；人类生命和文化的繁荣与减少人口之间是不矛盾的；现代的人类对各种生态系统的干预程度和性质是不可持续的，缺乏可持续性的情况正在增加；我们不得不改变现有的发展政策，包括经济、技术和意识形态；意识形态的改变实质上意味着寻求更好的生活质量，而不是提高生活水平；接受上述观点的人有责任尝试直接或间接地促成必要的改变。

第三节　马克思主义生态伦理思想

长期以来，人们都把道德认识和调节的范围局限在人与人之间以及人与社会之间的关系上。但是，随着 20 世纪 60—70 年代科学技术的迅猛发展，学界各家开始重视一个新的道德命题，即人与自然关系的研究。其实，马克思、恩格斯早已关注这个问题，并指出了解决的路径。运用马克思主义生态伦理思想探讨新科学技术条件下人与自然关系的道德价值，对于提高人们的道德素养，加强生态文明教育，具有重要的理论意义和现实意义。

一　人与自然关系具有道德价值

从个体看人类社会，存在着一个差序格局，即由近及远的人际关系。马克思认为人是一切社会关系的总和，人类由近及远的人际关系，形成了人类社会的各种人类生态圈。这里，我们着重强调人与自然这个范围的生态圈。

自从人类诞生在地球上，就从事着对自然进行改造的活动。随着工业革命的高歌猛进，科学技术大大提高了人类干预自然的能力。从积极方面来看，科学技术扩展了人类社会活动的范围和方向，为人类的文明发展提供了坚实的物质基础。从消极方面来看，正是因为它增强了人类改造自然的能力，就有可能产生破坏自然的强大威力，从而造成人与自然之间的尖锐矛盾。例如，人类社会在工业生产过程中产生的废水废气废料、各类副产品，以及在工业产品使用后形成的报废物品、使用过程中产生的污物等，并没有得到相应的处置，对环境造成了很大的负担。在此背景下，我们需要强调马克思主义关于人与自然关系的道德价值。

人与自然关系的道德价值，是指人们在处理与自然关系问题上人的意识和行为具有的道德意义。人对自然的态度和行为之所以具有道德意义，是因为在这种态度和行为之下产生的人与自然的关系会对人类的社会生活产生影响。

马克思主义认为道德应当反映并调节"人与自然"的关系。马克思、恩格斯站在唯物史观的角度，科学地指明了道德是对现实关系的抽象，并把决定道德的社会物质生活条件看成一个由多种要素构成的动态发展的结构。一方面，论证了道德是物质生产关系的直接产物，生产方式特别是生产关系制约人们的道德观念；另一方面，十分重视人们改造自然的物质活动决定的"人与自然关系"对道德观念产生、发展、变化所具有的重要意义。关于道德观念所反映的现实关系，马克思、恩格斯曾明确指出，"这些个人所产生的观念，是关于他们同自然界的关系，或者是关于他们之间的关系，或者是关于他们自己的肉体组织的观念"①。依此可以得知，马克思、恩格斯把"人与自然关系"看成道德观念应该反映的现实关系之一，肯定了用道德观念调节"人与自然关系"的必要性。

二　人与自然之间道德价值的现实基础

从根本上说，人与自然关系之所以具有道德价值，根源于人与自然关系的利益关系。唯物史观认为，"自然"这一概念有广义和狭义之分，广义上的自然指万物，包括人类在内的整个世界，与物质、宇宙同属一个概念；狭义上的自然指与人类社会相对应，且是人类社会赖以生存和发展的自然环境、自然物质条件，这里特指后一种含义。人与自然之间的利益关系主要表现在以下几点。

（一）人是自然界的产物，自然界是人类得以生存的前提

马克思曾说"人直接地是自然存在物"，是"自然界的一部分"。②正是因为人是自然存在物，所以人的物质和精神生活必须在自然界中才

---

① 《马克思恩格斯全集》第 3 卷，人民出版社 1960 年版，第 29 页。
② 《马克思恩格斯全集》第 42 卷，人民出版社 1979 年版，第 95、167 页。

能开展。"一个存在物如果在自身之外没有自己的自然界，就不是自然存在物，就不能参加自然界的生活。"① 因而，人必须遵守自然规律，能合理确定人在自然界的位置。马克思关于人与自然关系的观点和中国传统文化是殊途同归的。

中国传统思想认为天地养育了万物，也养育了人类，人类在天地养育万物的基础上耕种作物、饲养家禽牲畜以供生产生活之需，人类的养育行为有取自然之巧之处，但总体上不违背"顺应自然"的原则。农民农耕活动的主要内容，如耕地、施肥、除草、除虫、灌溉、排涝等，除了提高农作物产量外，还有保养土地的作用，确保土地的可持续利用。对于不期而至的各种自然灾害，人类则必须尽力抗争以保证自己的生存，如兴修水利、储备粮食、修建房屋、种树保土防风沙等，随着生产经验的积累和抗争方式的常态化，逐步形成了各地的风俗习惯和由当地官府或地方乡绅主持的相应的区域性联合行动，最终形成了中华民族特有的农耕文明。

（二）自然界是人类社会存在和发展的必要条件

人类，归根到底是在自然养育之中生存，离开了自然的人类就是无根之木、无源之水，就像人类进入太空如果没有太空服的保护和支撑将根本无法生存一样，即使在地球上换一个地方还有水土不服的问题，可见自然和人类的生命之间存在着十分紧密的关系。例如，能源是工业的命脉，能源在地球上无处不在，大自然中有着取之不尽用之不竭的能源，其关键在于对能源的存在方式的认识决定了对能源的取用方式和使用方式。中国明代郑和下西洋航行采用的是风力，只要顺应自然，自然界中无穷无尽的能源和可再生的能源就可以为人类所用，就像中国农民可以用极其简陋的工具就能获得相当程度的农业收益那样。这种形式的能源利用是一种完全生态无害的能源利用方式，可以最大程度减少对石油、煤炭、天然气、核材料等矿产能源的依赖，解决碳排放问题和污染问题，改善气候变化的趋势。

我们可以采用有机农业的方式尽可能地减少化肥、农药、杀虫剂等各类工业化产品在农业中的应用，使山水田地的生态环境不受或者少受

---

① 《马克思恩格斯全集》第 42 卷，人民出版社 1979 年版，第 168 页。

污染，维持人类最基本的生存环境、食品安全和粮食安全。我们可以尽可能地重复利用各类工业材料，减少矿产的开采，提高矿产的利用率，强化矿区的生态恢复；同时对工业所产生的所有废弃物在每一个生产环节进行各种形式的回收和处置，尽可能地减少污染的范围和程度。在当前社会不断进步的条件下，人们也越来越意识到自然环境，如自然资源、生态平衡对人类社会长久存在和持续发展的重要性。

（三）人通过自己的劳动与自然界发生联系，并协调与自然的关系

人们为了生活，必须从自然界获取生存资料来满足自己的衣、食、住、行等需要。自然界的资源并不能天然地满足人的需要，人必须对其进行改进，即进行对象性活动（劳动），才能满足人的需要。马克思认为对人与自然的关系应该进行"合理调节"，因为人的生产劳动具有社会历史性。由于受自身认知水平和社会条件的限制，存在着为了眼前利益而损害长远利益，以及盲目破坏和浪费自然资源的现象。当代社会人与自然冲突的严重情况就证明了这一点。例如，人类对生态文明的需求和认识源于工业化后出现的一系列问题，如各种形式的环境污染、气候变化、能源危机、食品粮食安全、动植物的灭绝和生态危机等，引起了人们对人与自然关系的关注，并引发了对工业化后人类生存环境危机的担忧。这就要求人们在生产劳动中，要有意识地控制自己对待自然的盲目行为。在社会生活中，对"人与自然关系"进行合理调节的方式是多样的，而道德属于调节的一个重要手段。

经典著作

社会化的人，联合起来的生产者，将合理地调节他们和自然之间的物质变换，把它置于他们的共同控制之下，而不让它作为一种盲目的力量来统治自己；靠消耗最小的力量，在最无愧于和最适合于他们的人类本性的条件下来进行这种物质变换。

——马克思：《资本论》第3卷，人民出版社2004年版，第928—929页

三 人与自然关系道德的特点

马克思主义认为，在人与自然的关系上，人是占积极和主导方面的。在道德实践中，人是主体。因此，人应该承担合理调节"人与自然关系"的全部责任和义务。在人与自然发生冲突时，不能把责任归咎于没有思想和意识的自然界，而要充分发挥人的主观能动性，尽可能地认识和把握自然规律，找到人与自然和谐共生的方法。

（一）人与自然关系的道德属于社会道德的一部分

"人与自然关系"道德属于社会道德的一部分，但在调节范围上，两者又存在不同，"人与自然关系"的道德调节的范围是整个人类。从根本上来看，合理调节人与自然的关系是人类共同的责任。工业革命以来，人类使用了煤、石油、天然气等开采的能源，使用了核能，在提取能源的同时产生了大量的副产品。人类构建了大坝进行水力发电，改变了流域内的生态环境，造成了局地的地质生态和气候生态的变化。人类提炼了很多类型的矿石和稀土等，获得了许多的金属、化合物和有机物，使它们能够在机械、化工、轻工业、电子、建筑、农业、日常生活、社会活动中提供各种各样的材料，但同时也产生了许多的副产品，成为污染物，破坏了环境。人类生活在地球上，就如我们坐在一条船上，一条漏水的船最终的结果就是连人带船一起沉没，现代社会最大的漏水点就是能源消耗，如果是一种无节制的能源消耗，只能加速让人类遭遇更大的危机。这要求人类在发展科学技术和生产力的过程中，要从道德上调节人与自然的冲突，这符合人类共同的利益。

（二）人与自然关系的道德具有人文价值

从道德上对人与自然关系的认识，不同于从科学上对人与自然关系的认识。科学对人与自然关系的认识往往在于把握人与自然关系的事实性和规律性，例如，科学可能会将人与自然关系所具有的一些特征转变为原理，然后基于原理去把握人与自然的关系。但是，人与自然的关系不可能像工业产品那样被设计，它们之间的关系应该具有人文价值，道德对人与自然关系的调节就符合这种价值追求。

道德对"人与自然关系"的调节不仅仅是对客体知识的反映，更重要的是从个人对他人、对社会整体的责任和利益关系的角度对人们的行为提出特殊要求。这些道德认知是"人与自然关系"道德实践的基础。在这个过程中，"人与自然关系"的道德会把人与自然交往中的行为划分为好的和坏的、有利的和有害的、应该的和不应该的，以此对现实行为作出道德判断。在人与自然的交往行为中，"人与自然关系"道德不仅给人们提供道德规范，还会揭示人与自然关系的未来发展趋势以及帮助人们正确认识人在自然界之中的地位，从而最终选择正确的行为。

道德在人与自然关系的调节中发挥着不可忽视的重要作用，而马克思主义关于人与自然关系的道德问题研究更是提供了坚固的理论基础，为当前的生态文明建设指明了行动的方向。马克思、恩格斯认识到了人与自然关系具有道德价值，而且把处理这一关系和解决社会关系问题联系了起来，认为"需要对我们的直到目前为止的生产方式，以及同这种生产方式一起对我们的现今的整个社会制度实行完全的变革"①，为正确处理人与自然的关系提供了新的视角，即要改变人与自然的"和解"，就要改变历史上出现的生产方式以及同这些生产方式相联系的私有制度。"只有实现了共产主义扬弃了私有财产和异化变动，人类的一切活动才能按照人的本性和自然界的规律合理地加以调节，从而合理地协调人类与自然的关系。"② 由此可看出，马克思、恩格斯认为，人与自然之间的矛盾不是孤立存在的，解决这个矛盾还需解决人与人、人与社会、社会结构之间的相关问题。只有在共产主义社会中才能真正实现人与自然、人与人、人与社会的和谐，这也是人类奋斗的方向。

第四节　中国共产党生态文明建设实践探索

马克思认为："在实践上，人的普遍性正是表现为这样的普遍性，它把整个自然界——首先作为人的直接的生活资料，其次作为人的生命活动的对象（材料）和工具——变成人的无机的身体。自然界，就它本身不是人的身体而言，是人的无机的身体。"③ 人与自然之间是互动共存的

---

① 恩格斯：《自然辩证法》，人民出版社 2018 年版，第 315 页。
② 广州市环境保护宣传教育中心：《马克思恩格斯论环境》，中国环境科学出版社 2003 年版，第 27 页。
③ 马克思：《1844 年经济学哲学手稿》，人民出版社 2018 年版，第 52 页。

关系，人依靠自然生活，并不断适应自然和改造自然，因而应从人自身的价值属性出发肯定自然界的内在权利和价值，在实践层面建立人与自然的统一性关系，进而达到人与自然高度和谐的状态。马克思关于人与自然的这一理论是马克思主义生态伦理思想的核心理念，也是中国共产党生态文明思想的核心理念和理论基础，为以人为本的生态文明发展理念和人与自然和谐共存的生态文明建设实践奠定了深厚的理论基础。新中国成立后，中国共产党以马克思主义生态文明理论为基础，结合我国的实际国情在实践中不断探索，发展和完善了社会主义生态文明思想。

一　"绿化祖国"的生态理念和实践

在社会主义革命和建设时期，中国共产党探索出了一条符合新中国国情的朴素的社会主义绿色理念。这一理念以"绿化祖国"为行动指南进行了大规模的植树造林和兴修水利的生态环境建设运动。

"绿化祖国"的生态理念是中国共产党生态文明理念的萌芽，包含了三个层面的具体内容。第一层面，毛泽东同志提出了"绿化祖国、植树造林"，从此我国开始全民义务植树，开启了第一个"12年绿化运动"，在一切可能的地方均要按规格种起树来，实行绿化，消灭了大量的荒山、荒地。第二层面，党中央提出要使祖国的河山全部绿化起来，要达到园林化，到处都很美丽的生态发展理念。制定了"耕作三三制方案"——将现有全部种植农业作物的18亿亩耕地，用1/3即6亿亩左右种植农作物，1/3休闲，1/3种树造林。号召全党全军带头实践，并将其作为一项重要任务长期坚持下去。毛泽东同志指出"用二百年绿化了，就是马克思主义"①。第三层面，进一步提出在改善生态环境的基础上提高人民的生活质量，兴修水利、保蓄水土，实现农、林、牧综合发展，毛泽东在《关于发展畜牧业问题》中阐述了农、林、牧三者协调发展，提高人民生活水平的重要理念。

"绿化祖国，建设美好家园"的生态理念，一方面，以遵循自然环境发展的内在规律为基础，将长期保护和改造自然环境作为一项基本原则；另一方面，新中国成立后中国共产党就提出了因地制宜在改善生态

---

① 《毛泽东论林业（新编本）》，中央文献出版社2003年版，第74页。

环境的基础上提高人们的生活质量，综合发展农、林、牧产业建设美好家园的理念。为了践行这一理念，中国共产党领导人民群众兴修水利、植树造林，治理了大量水患，消灭了大量荒山、荒地；并且科学地规划了农林牧副渔等产业的绿色发展之路，显著地改善了环境并提高了人民生活质量，为建设我国促进城乡发展提供了科学的指导，为生态文明建设奠定了坚实的基础。

在"绿化祖国，建设美好家园"理念的指导下，我国在社会主义革命和建设时期的生态环境保护取得了重要的阶段性胜利。1952 年底，全国 4.2 万公里的江河堤防绝大部分进行了整修和加固，改变了以往水患频发的局面，保证了我国农业发展的健康稳定。1958—1960 年，中央先后四次召开有关南水北调规划的会议，制订了南水北调工作计划；1974 年，国务院批转了《关于黄河下游治理工作会议的报告》；20 世纪 70 年代，葛洲坝水利枢纽工程开工建设。同时在党的领导下，先后在荒山、荒地、田埂、地头、河岸、路旁、沙地、荒漠等一切有可能的地方进行了一场全民的绿化运动，绿化面积显著提高。

以毛泽东同志为主要代表的中国共产党人把做好资源环境工作作为恢复和发展国民经济的重要条件，着力整治水患，加强水土保持，治理环境污染、号召"绿化祖国"等，召开第一次全国环境保护会议，确立"全面规划、合理布局、综合利用、化害为利、依靠群众、大家动手、保护环境、造福人民"的环境保护工作方针，将环境保护工作提上国家的议事日程，奠定了我国生态环境保护事业的基础。[①]

二 生态环境保护事业法治化、制度化的理念和实践

改革开放后，随着我国经济的突飞猛进，生态环境保护成为中国共产党要解决的重大问题，尤其是解决工业快速发展带来的环境污染问题成为生态环境保护的重中之重。在此期间，中国共产党的生态文明建设理念以马克思主义理论为基础，以人与自然高度和谐的社会发展模式为旨归，在遵循生态环境发展规律的前提下，进一步提出了科学化、法制

[①] 中共中央宣传部、中华人民共和国生态环境部编：《习近平生态文明思想学习纲要》，学习出版社、人民出版社 2022 年版，第 4 页。

化的生态环境保护理念，出台了一系列生态环境保护法律法规和管理制度，为建设生态文明提供了强力的保障。

1978 年邓小平在中共中央工作会议上明确指出，要集中力量制定如森林法、草原法、环境保护法等各种必要的法律，并提出了"有法可依，有法必依，执法必严，违法必究"的十六字方针。1989 年，制定《中华人民共和国环境保护法（试行）》，标志着国家环境保护法规正式建立，也标志着党对环境保护的法律法规建设已走上正轨，为进一步开展生态文明建设，奠定了制度基础。

以《中华人民共和国环境保护法（试行）》为起点，我国先后制定了一系列法律规范，相应的国家机关也逐步建设完备。1982 年，城乡建设环境保护部下设环境保护局；1984 年国家环境保护局成立；1988 年，国家环境保护局成为副部级的国务院直属机构。在此期间，我国综合治理工程新增治理水土流失面积 2500 万公顷，治理"三化"草地面积1650 万公顷。通过巩固"三河""三湖"水污染等生态治理，城市污水集中处理率达到45%。

以邓小平同志为主要代表的中国共产党人立足我国社会主义初级阶段的基本国情，坚持以经济建设为中心和扎实做好人口资源环境工作相统一，把环境保护确立为基本国策，强调环境保护是国家经济管理工作的重要内容，强调有效利用和节约使用能源资源，主张依靠科技和法制保护生态环境，颁布了我国首部环境保护法，制定了系统的环境保护政策和管理制度，开启了我国生态环境保护事业法治化、制度化进程。①

江泽民同志进一步指出经济、社会、人口、资源和环境要相互协调发展，要将计划生育、保护环境和保护资源作为基本国策。在这些理念指导下，中国共产党领导全国人民开展了"创造良好的人口环境、促进可持续发展、节约资源的行动、资源消耗结构合理化、生态环境友好"的生态环境发展模式。1996 年召开的第四次全国环境保护会议，标志着环境保护事业进入了一个全新的发展时期。

---

① 中共中央宣传部、中华人民共和国生态环境部编：《习近平生态文明思想学习纲要》，学习出版社、人民出版社 2022 年版，第 4 页。

　　以江泽民同志为主要代表的中国共产党人进一步认识到我国生态环境问题的紧迫性和重要性，将可持续发展上升为国家发展战略，推动经济发展和人口、资源、环境相协调，强调环境保护工作是实现经济和社会可持续发展的基础，建立环境与发展综合决策机制，开展大规模环境污染治理，将生态环境保护纳入国民经济和社会发展计划，加强环境保护领域与国际社会的广泛交流和合作，开拓了具有中国特色的生态环境保护道路。①

三　全面协调可持续的生态理念和实践

　　2003 年党的十六届三中全会提出了科学发展观，科学发展观更加强调人与自然的和谐关系，要求全面、协调、可持续发展。胡锦涛同志指出树立和落实全面发展、协调发展和可持续发展的科学发展观，对于更好地坚持发展才是硬道理的战略思想具有重大意义。2005 年《国务院关于落实科学发展观加强环境保护的规定》出台，提出建设"资源节约型社会、环境友好型社会"，"倡导生态文明"。党的十七大首次将"建设生态文明"作为实现全面建设小康社会奋斗目标的新要求写入了党的代表大会的报告，即"建设生态文明，基本形成节约能源资源和保护生态环境的产业结构、增长方式、消费模式……生态文明观念在全社会牢固树立"②。2007 年胡锦涛同志在中央经济工作会议上指出，我们必须把推进现代化与建设生态文明有机统一起来，把建设资源节约型、环境友好型社会放在工业化、现代化发展战略的突出位置。

　　在党的十八大会议上，生态文明建设被提升到新高度，生态文明建设纳入"五位一体"总体布局，大会报告明确指出"把生态文明建设放在突出地位，融入经济建设、政治建设、文化建设、社会建设各方面和全过程，努力建设美丽中国，实现中华民族永续发展"③。我国生态文明

---

　　① 中共中央宣传部、中华人民共和国生态环境部编：《习近平生态文明思想学习纲要》，学习出版社、人民出版社 2022 年版，第 4—5 页。

　　② 胡锦涛：《高举中国特色社会主义伟大旗帜，为夺取全面建设小康社会新胜利而奋斗——在中国共产党第十七次全国代表大会上的报告》，人民出版社 2007 年版，第 20 页。

　　③ 中共中央文献研究室编：《十八大以来重要文献选编》（上），中央文献出版社 2014 年版，第 30—31 页。

建设迈进了综合协调经济发展问题、能源问题和环境保护问题的新时期，也标志着中国特色社会主义生态文明思想初具雏形。

在可持续发展战略理念指导下，全国开展了一系列全面协调可持续发展实践。《中华人民共和国国民经济和社会发展第十一个五年规划纲要》明确将环境污染、生态保护和能源节约等指标作为各省、自治区、直辖市目标责任考核的重要指标，同时建立了责任追究制度和环境监管体制。2006 年国家环境保护总局设立了东北、华北、西北、西南、华东、华南六大督查中心，作为其派出机构。2008 年 7 月，国家环境保护总局升格为环境保护部，并成为国务院组成部门。从中央到地方总量控制、定量考核、严格问责的生态环境行政执法监督体系逐渐形成。"十一五"期间主要污染物减排预定任务超额完成。

以胡锦涛同志为主要代表的中国共产党人高度重视资源和生态环境问题，形成了以人为本、全面协调可持续的科学发展观，首次提出生态文明理念，把建设生态文明作为全面建设小康社会奋斗目标的新要求，强调建设以资源环境承载力为基础、以自然规律为准则、以可持续发展为目标的资源节约型、环境友好型社会，着力推动整个社会走上生产发展、生活富裕、生态良好的文明发展道路，开辟了社会主义生态文明建设新局面。①

四　新时代习近平生态文明思想的理论和实践

党的十八大以来，以习近平同志为核心的党中央把生态文明建设作为关系中华民族永续发展的根本大计，大力推动生态文明理论创新、实践创新、制度创新，形成习近平生态文明思想。在习近平生态文明思想引领下，我国生态文明建设和生态环境保护在认识和实践中发生了历史性、全局性的变化。

第一，战略谋划部署不断加强。在"五位一体"总体布局中，生态文明建设是其中"一位"；在新时代坚持和发展中国特色社会主义基本方略中，坚持人与自然和谐共生是其中一条；在新发展理念中，绿色发展是其中一项；在三大攻坚战中，污染防治是其中"一战"；在到 21 世

---

① 中共中央宣传部、中华人民共和国生态环境部编：《习近平生态文明思想学习纲要》，学习出版社、人民出版社 2022 年版，第 5 页。

纪中叶建成社会主义现代化强国目标中，美丽是其中一个。党的十九大修改通过的党章增加"增强绿水青山就是金山银山的意识"等内容，2018 年 3 月通过的宪法修正案将生态文明写入宪法，实现了党的主张、国家意志、人民意愿的高度统一。

第二，绿色发展成效逐步显现。坚决贯彻新发展理念，大力推动产业结构、能源结构、交通运输结构、农业投入结构调整。清洁能源占能源消费比重达 24.3%，光伏、风能装机容量、发电量均居世界首位。资源能源利用效率大幅提升，碳排放强度持续下降。截至 2020 年年底，我国单位 GDP 二氧化碳排放较 2005 年降低约 48.4%，超额完成下降40%—45%的目标。

第三，生态环境质量持续改善。坚决向污染宣战，"十三五"规划纲要确定的九项生态环境约束性指标超额完成。森林覆盖率和森林蓄积量连续 30 年保持"双增长"，自然保护地面积占全国陆域国土面积的18%，初步划定的生态保护红线面积约占陆域国土面积的 25%以上。人民群众身边的蓝天白云、清水绿岸明显增多，生态环境获得感、幸福感、安全感显著增强。

第四，生态文明制度体系不断完善。加快生态文明体制改革，出台数十项生态文明建设相关具体改革方案，生态文明四梁八柱性质的制度体系基本形成。制修订近 30 部生态环境与资源保护相关法律，生态环境法律体系日趋完善。中央生态环境保护督察工作深入推进，已成为推动落实生态环境保护责任的硬招实招。

第五，全球环境治理贡献日益凸显。作为全球生态文明建设的重要参与者、贡献者、引领者，引领全球气候变化谈判进程，推动《巴黎协定》达成、签署、生效和实施，提出碳达峰碳中和目标愿景，展现负责任大国担当。深入开展绿色"一带一路"建设。成功申请举办《生物多样性公约》第十五次缔约方大会。我国生态文明建设成就得到国际社会高度认可。①

党的十八届五中全会以习近平同志为核心的党中央提出了面向未来的创新、协调、绿色、开放、共享五大发展新理念，这是对中国及世界

---

① 孙金龙、黄润秋：《回顾光辉历程　汲取奋进力量　建设人与自然和谐共生的美丽中国》，《光明日报》2021 年 6 月 22 日第 6 版。

发展规律的新认识。这一重要论述唤醒了人类尊重自然、关爱生命的意识和情感，为推动绿色发展和美丽中国建设提供了行动指南。2015 年，"绿水青山就是金山银山"作为统筹经济发展与生态环境保护的重要论断被写进党中央文件，为建设社会主义现代化强国提供了有力的思想指引。2018 年，国务院机构改革方案公布，整合原环境保护部、国家发展和改革委员会、国土资源部、水利部、农业部、国家海洋局、国务院南水北调工程建设委员会办公室担负的多项职责，组建生态环境部。中国共产党生态文明制度建设也迈入了新的发展阶段，在制度法规的保障下，中国共产党领导全国人民开启了建设美丽中国的新乐章。

> **经典文献**
>
> 走向生态文明新时代，建设美丽中国，是实现中华民族伟大复兴的中国梦的重要内容。
>
> ——《习近平谈治国理政》，外文出版社 2014 年版，第 211 页

党的十九大后，党中央将生态文明建设提升到"共同体"的理论高度，开启了人与自然和谐共生的现代化之路。2018 年，在党的领导下十三届全国人大一次会议将"生态文明"纳入《中华人民共和国宪法修正案》，生态文明建设作为实现中华民族伟大复兴的重要支撑纳入国家战略。2021 年 9 月，中共中央发布《关于完整准确全面贯彻新发展理念做好碳达峰碳中和工作的意见》，对我国推进实现碳达峰碳中和目标进行了系统化的战略部署。2021 年 10 月《昆明宣言》中提出了共同构建地球生命共同体倡议，为全球生物多样性规划了蓝图。

以习近平同志为主要代表的中国共产党人，在几代中国共产党人不懈探索的基础上，全面加强生态文明建设，系统谋划生态文明体制改革，一体治理山水林田湖草沙，着力打赢污染防治攻坚战，决心之大、力度之大、成效之大前所未有。在这一历史进程中我们党对生态文明的认识提升到一个新高度。

中国生态法治建设进行时

《中华人民共和国森林法（试行)》（1979 年）

《中华人民共和国海洋环境保护法》（1982 年）

《中华人民共和国水污染防治法》（1984 年）

《中华人民共和国草原法》（1985 年）

《中华人民共和国土地管理法》（1986 年）

《中华人民共和国大气污染防治法》（1987 年）

《中华人民共和国水法》（1988 年）

根据时代发展，生态法律法规均作了修改修正：

《中华人民共和国水法》（2016 年）

《中华人民共和国水污染防治法》（2017 年）

《中华人民共和国海洋保护法》（2017 年）

《中华人民共和国大气污染防治法》（2018 年）

《中华人民共和国土地管理法》（2019 年）

《中华人民共和国森林法》（2019 年）

《中华人民共和国草原法》（2021 年）

以上四个阶段的理念在中国共产党领导全国人民追求生态文明建设的历程中不断进步，形成了各个阶段的不同特点。这些特点共同构成了中国共产党生态文明思想的理论脉络。虽然这些理念在中国共产党领导全国人民追求生态文明建设的历程中不断进步，形成了各个阶段的不同特点，但总体上始终以"民本"为核心理念。这一核心理念共同构成了中国共产党生态文明思想理论的纲领，为我国建设生态文明贡献了卓越的智慧和力量，展现了鲜明的时代特色和社会主义生态文明建设特色。

随着全球生态问题日益严峻，中国共产党以人为本的生态文明理念也在不断地发展和完善。习近平生态文明思想的形成为世界生态文明贡献了卓越的中国智慧和中国力量，这一思想平等地赋予了人珍惜和保护生态环境的天然的权利和义务。当下，一场以"绿色发展"为核心的生态文明浪潮已经在全球拉开帷幕。

思考题

1. 中国农耕文化的哲学基础是什么？

2. "道法自然""天人合一"思想的当代价值体现在哪些方面？

3. 西方生态伦理思想有哪些流派？各个流派的中心思想是什么？

4. 马克思主义的生态伦理思想的当代价值主要体现在哪些方面？

5. 中国共产党的生态文明思想的主要理念是什么？

文献阅读

1. ［美］罗尔斯顿：《环境伦理学》，杨通进译，中国社会科学出版社 2000 年版。

2. 余谋昌、王耀先：《环境伦理学》，高等教育出版社 2004 年版。

3. 王正平：《生态、信息与社会伦理问题研究》，复旦大学出版社 2013 年版。

4. 中共中央宣传部、中华人民共和国生态环境部编：《习近平生态文明思想学习纲要》，学习出版社、人民出版社 2022 年版。

第三章

新时代生态文明建设的
根本遵循和行动指南

"党的十八大以来，以习近平同志为核心的党中央从中华民族永续发展的高度出发，深刻把握生态文明建设在新时代中国特色社会主义事业中的重要地位和战略意义，大力推动生态文明理论创新、实践创新、制度创新，创造性提出一系列新理念新思想新战略，形成了习近平生态文明思想。"① 2018 年 5 月 18—19 日，在第八次全国生态环境保护大会上正式提出了"习近平生态文明思想"。新时代学习领会贯彻落实习近平生态文明思想，就要全面深刻理解其思想体系，准确把握其核心要义、理论体系和时代价值。

第一节　习近平生态文明思想的核心要义

"习近平生态文明思想是习近平新时代中国特色社会主义思想的重要组成部分，是我们党不懈探索生态文明建设的理论升华和实践结晶，是马克思主义基本原理同中国生态文明建设实践相结合、同中华优秀传统生态文化相结合的重大成果，是以习近平同志为核心的党中央治国理政实践创新和理论创新在生态文明建设领域的集中体现，是人类社会实现可持续发展的共同思想财富，是新时代我国生态文明建设的根本遵循

---

① 中共中央宣传部、中华人民共和国生态环境部编：《习近平生态文明思想学习纲要》，学习出版社、人民出版社 2022 年版，中共中央宣传部关于认真组织学习《习近平生态文明思想学习纲要》的通知。

和行动指南。"① 习近平生态文明思想具有丰富内涵，也是一个逐渐成熟丰富的发展过程。

一　习近平生态文明思想的战略地位

不同于其他绿色思潮，作为一个理论形态的习近平生态文明思想具有丰富内涵和独特的生态思想理论品质，也具有重要战略地位。

（一）习近平生态文明思想是习近平新时代中国特色社会主义思想的重要组成部分

生态文明新篇章全面写入习近平新时代中国特色社会主义思想，系统回答了"新时代应建设什么样的美丽中国、怎样建设美丽中国"这个大课题。

在总任务方面，首次将生态文明建设所要实现的美丽中国的目标纳入中国特色社会主义建设总任务之中，提出在 21 世纪中叶建成富强民主文明和谐美丽的社会主义现代化强国。

新时代我国社会主要矛盾方面，也包括生态文明建设方面的表现。人民日益增长的美好生活需要，包括生态环境方面的更高需要，而目前我国生态文明建设还突出存在发展不平衡不充分的状况，难以满足人民群众的需要。

在全面深化改革总目标方面，完善和发展中国特色社会主义制度、推进国家治理体系和治理能力现代化，必然要求推进生态文明建设方面的治理体系和治理能力现代化。

在全面推进依法治国总目标方面，建设中国特色社会主义法治体系、建设社会主义法治国家，也必然要求建设中国特色社会主义生态文明建设法治体系，运用最严格的法律制度来为生态文明建设保驾护航。

从习近平新时代中国特色社会主义思想的总体任务、主要矛盾、布局、改革、法治、强军、外交、党建等方面的重要表述中也可以看出，很多地方都有习近平生态文明思想的精髓在闪光，从这里就可以更加全

---

① 中共中央宣传部、中华人民共和国生态环境部编：《习近平生态文明思想学习纲要》，学习出版社、人民出版社 2022 年版，第 3 页。

面地认识习近平生态文明思想的定位与贡献。[①]

（二）习近平生态文明思想是中国共产党不懈探索生态文明建设的理论升华和实践结晶

中国共产党在领导中国革命、社会主义建设和改革开放的过程中，不断探索生态文明建设与经济社会发展的辩证关系，形成了科学系统完整、具有中国特色的生态文明建设理论体系，为我国在不同历史时期正确处理人口与资源、经济发展与生态环境保护等关系指明了方向。

以毛泽东同志为主要代表的中国共产党人首次发出"绿化祖国"的号召；以邓小平同志为主要代表的中国共产党人首次把环境保护确立为基本国策；以江泽民同志为主要代表的中国共产党人首次将可持续发展上升为国家发展战略；以胡锦涛同志为主要代表的中国共产党人首次提出生态文明理念，着力推动整个社会走上生产发展、生活富裕、生态良好的文明发展道路，开辟了社会主义生态文明建设新局面。

党的十八大以来，以习近平同志为主要代表的中国共产党人，在几代中国共产党人不懈探索的基础上，全面加强生态文明建设，系统谋划生态文明体制改革。"在这一历史进程中，我们党以新的视野、新的认识、新的理念，系统回答了为什么建设生态文明、建设什么样的生态文明、怎样建设生态文明等重大理论和实践问题，赋予生态文明建设理论新的时代内涵，形成了习近平生态文明思想，把我们党对生态文明的认识提升到一个新高度"；"习近平生态文明思想是百年来中国共产党在生态文明建设方面奋斗成就和历史经验的集中体现，是社会主义生态文明建设理论创新成果和实践创新成果的集大成"。[②]

（三）习近平生态文明思想是马克思主义基本原理同中国生态文明建设实践相结合、同中华优秀传统生态文化相结合的重大成果

人与自然的关系是马克思主义基础性的理论观点，也是中华优秀传统文化的重要内容。"习近平生态文明思想坚持从中国生态文明建设的

---

① 吴舜泽：《试论习近平生态文明思想的系统整体性、逻辑结构性、发展演进性、哲学突破性与实践贯通性——在深入学习贯彻习近平生态文明思想研讨会上发表的报告》，《环境与可持续发展》2019 年第 6 期。

② 中共中央宣传部、中华人民共和国生态环境部编：《习近平生态文明思想学习纲要》，学习出版社、人民出版社 2022 年版，第 5—6 页。

客观实际和丰富实践出发，既继承和创新了马克思主义自然观、生态观，又吸收和发展了中华优秀传统生态文化"①，赋予马克思主义和中华优秀传统文化崭新的思想内容和时代内涵，实现了人类文明发展史上一次重大理论创新和思想变革，开辟了人类可持续发展理论和实践的新境界，"是当代中国马克思主义、二十一世纪马克思主义在生态文明建设领域的集中体现"②。

（四）习近平生态文明思想是新时代我国生态文明建设的根本遵循和行动指南

习近平生态文明思想来源于实践又指导实践，对新时代生态文明建设的战略定位、目标任务、总体思路、重大原则作出系统阐释和科学谋划，凝结着对发展人类文明、建设清洁美丽世界的睿智思考和深刻洞见，为党的十八大以来我国生态文明建设取得历史性成就、发生历史性变革提供了根本保障。

"党的十八大以来，在习近平生态文明思想指引下，我们把'美丽中国'纳入社会主义现代化强国目标，把'生态文明建设'纳入'五位一体'总体布局，把'人与自然和谐共生'纳入新时代坚持和发展中国特色社会主义基本方略，把'绿色'纳入新发展理念，把'污染防治'纳入三大攻坚战，生态文明建设谋篇布局更加成熟"③。我国生态环境持续改善、生态系统持续优化、整体功能持续提升，"生态环境保护发生历史性、转折性、全局性变化，我们的祖国天更蓝、山更绿、水更清"④。习近平生态文明思想必将在指引美丽中国建设、实现人与自然和谐共生的现代化的伟大实践中不断发展、持续丰富、更加完善，也必将在指导实践、推动实践中充分展现出科学理论的真理伟力。

习近平生态文明思想具有科学性和真理性、阶级性和人民性、实践

① 中共中央宣传部、中华人民共和国生态环境部编：《习近平生态文明思想学习纲要》，学习出版社、人民出版社2022年版，第6页。
② 中共中央宣传部、中华人民共和国生态环境部编：《习近平生态文明思想学习纲要》，学习出版社、人民出版社2022年版，第6页。
③ 中共中央宣传部、中华人民共和国生态环境部编：《习近平生态文明思想学习纲要》，学习出版社、人民出版社2022年版，第9页。
④ 习近平：《高举中国特色社会主义伟大旗帜　为全面建设社会主义现代化国家而团结奋斗——在中国共产党第二十次全国代表大会上的报告》，人民出版社2022年版，第11页。

性和创造性、时代性和开放性等性质和特征，彰显了 21 世纪马克思主义生态文明思想的科学品格。[①]

二 习近平生态文明思想的丰富内涵和理论外延

（一）丰富内涵

习近平生态文明思想系统阐释了人与自然、保护与发展、环境与民生、国内与国际等关系，其主要思想集中体现为"十个坚持"。这"十个坚持"深刻回答了新时代生态文明建设的根本保证、历史依据、基本原则、核心理念、宗旨要求、战略路径、系统观念、制度保障、社会力量、全球倡议等一系列重大理论与实践问题，标志着我们党对社会主义生态文明建设的规律性认识达到新的高度。[②]

核心思想

习近平生态文明思想集中体现

坚持党对生态文明建设的全面领导，坚持生态兴则文明兴，坚持人与自然和谐共生，坚持绿水青山就是金山银山，坚持良好生态环境是最普惠的民生福祉，坚持绿色发展是发展观的深刻革命，坚持统筹山水林田湖草沙系统治理，坚持用最严格制度最严密法治保护生态环境，坚持把建设美丽中国转化为全体人民自觉行动，坚持共谋全球生态文明建设之路。

中共中央宣传部、中华人民共和国生态环境部编：《习近平生态文明思想学习纲要》，学习出版社、人民出版社 2022 年版，第 2—3 页。

（二）理论外延

"习近平生态文明思想"，是对党的十八大以来逐渐形成发展的我国

[①] 张云飞、李娜：《习近平生态文明思想对 21 世纪马克思主义的贡献》，《探索》2020 年第 2 期。

[②] 参见中共中央宣传部、中华人民共和国生态环境部编《习近平生态文明思想学习纲要》，学习出版社、人民出版社 2022 年版，第 2—3 页。

生态文明建设指导思想及实践方略新的理论概括，是集体智慧的结晶，党的十八大以来习近平总书记的生态文明思想是杰出代表。

习近平同志在浙江工作期间，就提出了"绿水青山就是金山银山"的著名论断。在福建工作期间，甚至早在陕西梁家河村担任支书期间，就产生了诸多关于生态环境问题的实践治理对策和理论思考，这些方面都为习近平同志形成自己的生态文明思想提供了实践土壤和理论源泉，成为习近平生态文明思想的萌芽，并使习近平生态文明思想具有习近平同志的鲜明个性。但作为我国新时代生态文明建设指导思想及实践方略的习近平生态文明思想，时间起点应从党的十八大算起。

2007年党的十七大召开，首次将"建设生态文明"作为实现全面建设小康社会奋斗目标的新要求，写入了党代会的政治报告，这是在1983年确立环境保护基本国策、1994年在《中国21世纪议程》中确立可持续发展战略、2001年确立"生产发展、生活富裕、生态良好"文明发展道路、2003年提出科学发展观、2005年提出"两型社会"建设任务的基础上，逐渐孕育而成的中国特色社会主义生态文明理念的开端。

2012年，胡锦涛同志发表"7·23"重要讲话，提出要将生态文明建设融入经济建设、政治建设、文化建设、社会建设各方面和全过程，促进绿色发展、循环发展、低碳发展。2012年，党的十八大把生态文明建设提到新高度，正式将生态文明纳入中国特色社会主义"五位一体"总体布局，这也标志着中国特色社会主义生态文明思想初具雏形。

党的十八大以来，以习近平同志为核心的党中央在总结我国生态文明建设历史经验的基础上，在开展生态文明建设的实践中，逐步形成了习近平生态文明思想。习近平生态文明思想"是中国共产党的执政理念越来越'绿化'，对人类社会发展规律、社会主义建设规律和共产党执政规律的认识越来越深化"[①]的结果，是中国特色社会主义生态文明思想的新发展阶段。习近平生态文明思想是一个开放的体系，目前仍在不

---

① 秦宣：《习近平生态文明思想产生的历史逻辑背景》，《环境与可持续发展》2019年第6期。

断丰富发展之中。

第二节 习近平生态文明思想的理论体系

习近平生态文明思想内容非常丰富，有系列创新观点，贯穿系列创新观点的主题主线就是为什么要建设中国特色社会主义生态文明、建设怎样的中国特色社会主义生态文明、怎样建设中国特色社会主义生态文明，系统回答了中国特色社会主义生态文明的建设原因、实质特征和策略方法。蕴含在系列创新观点当中的，是关于生态文明的历史逻辑、理论逻辑和实践逻辑。围绕主题主线展开的系列创新观点及其蕴含的三重逻辑，构成了习近平生态文明思想的理论体系。

一 全面阐述建设中国特色社会主义生态文明的重大意义

习近平生态文明思想，从历史启示、现实需求、未来愿景三个维度，贯通"过去—现实—未来"的全链条历史逻辑，全面阐释了生态文明建设的必要性和重大意义，提出了生态文明历史观、生态文明民生观和生态文明愿景观。

（一）生态文明历史观——生态兴则文明兴，生态衰则文明衰

习近平总书记在全国生态环境保护大会上发表重要讲话时指出："生态兴则文明兴，生态衰则文明衰。"2019年4月28日，"习近平主席在北京世界园艺博览会开幕式上的讲话中再次强调了这一生态文明历史观。生态兴衰决定文明兴衰，这是站在人类发展的宏观历史视角思考生态与文明之间关系的历史唯物主义观点"①。唯物史观从建立时起，马克思、恩格斯就揭示了自然史与人类史相统一的人类社会发展普遍规律，他们既强调人类要按照自身内在需要尺度改造自然，更强调人类改造自然必须尊重自然规律。习近平生态文明思想继承发扬了这个唯物史观基本观点，基于对生态与文明之间关系的辩证理解，作出"生态兴则文明兴，生态衰则文明衰"的科学论断，是对人类文明发展一般规律的新阐释，

---

① 俞海：《准确把握习近平生态文明思想的逻辑体系和内在实质》，《环境与可持续发展》2019年第6期。

超越了单纯从环境保护和可持续发展层面思考生态文明建设历史意义的局限性。

（二）生态文明民生观——良好生态环境是最普惠的民生福祉

习近平生态文明思想基于我国社会主要矛盾发生转换的判断，从满足人民对美好生活需要的高度，从全面理解民生内涵的角度，强调绿水青山是人民幸福生活的重要内容，提出了新时代特色鲜明的生态文明民生观。

经典文献

"良好的生态环境是最公平的公共产品，是最普惠的民生福祉"。

"环境就是民生，青山就是美丽，蓝天也是幸福。"

——中共中央文献研究室编：《习近平关于社会主义生态文明建设论述摘编》，中央文献出版社 2017 年版，第 4、8 页

生态文明民生观饱含对广大人民群众生态民生的深切关怀，一方面丰富了中国特色社会主义现代化建设的民生内涵，另一方面强调了我们党建设生态文明的宗旨使命、执政理念和责任担当——为人民普惠的优美生态环境福祉服务，夯实了共产党带领全国人民建设生态文明的民意基础。

（三）生态文明愿景观——生态文明是实现伟大复兴中国梦的重要内容

党的十九大报告首次将生态文明建设所要实现的美丽中国的目标，纳入中国特色社会主义建设总任务之中，并且规划了生态文明建设明确的时间表和路线图，分短期、中期和中长期，设定了清晰的阶段性目标和愿景。到二〇二〇年全面建成小康社会，生态文明建设重点是打好污染防治的攻坚战，使全面建成小康社会得到人民认可、经得起历史检验。到二〇三五年基本实现社会主义现代化，生态文明建设设定的目标是

"生态环境根本好转，美丽中国目标基本实现"①。到 21 世纪中叶，把我国建成富强民主文明和谐美丽的社会主义现代化强国。到那时，生态文明将与物质文明、政治文明、精神文明、社会文明一道全面提升，建成富强民主文明和谐美丽的中国特色社会主义现代化强国，展现一幅中国式现代化新图景，亦即实现第二个百年奋斗目标和中华民族伟大复兴的中国梦。因此习近平总书记强调，"走向生态文明新时代，建设美丽中国，是实现中华民族伟大复兴的中国梦的重要内容。"②

二 深刻论述建设中国特色社会主义生态文明的理论内核

目前，生态文明分为广义论（又叫超越论）和狭义论（又叫修补论）。狭义的生态文明指文明的一个方面，是相对于物质文明、精神文明和制度文明而言的；广义的生态文明则是指人类文明发展的一个新的阶段，是相对于工业文明而言的人类文明新形态。③ 其中争论的核心问题，是如何理解生态文明与现代化的关系、人与自然的关系、经济发展与生态环境保护的关系。

习近平生态文明思想基于中国目前处于现代化中后期的发展阶段特征，强调既不能放弃现代化发展，也不能重蹈西方现代化"先污染后治理"的老路，提出中国特色社会主义生态文明在于走出一条人与自然和谐共生的中国式现代化新路，准确揭示了中国特色社会主义生态文明的现代化特征，深刻把握了中国特色社会主义生态文明的实质是创建一种人与自然和谐共生的现代化生产生活方式。习近平生态文明思想辩证理解人与自然关系，提出人与自然是生命共同体，准确把握了中国特色社会主义生态文明的自然观特征。习近平生态文明思想用"两山论"将经济发展与环境保护内在统一起来，标识了生态环境与经济发展辩证统一的特征，开拓了实现人与自然和谐共生现代化的发展路径。在此意义上

---

① 习近平：《决胜全面建成小康社会 夺取新时代中国特色社会主义伟大胜利——在中国共产党第十九次全国代表大会上的报告》，人民出版社 2017 年版，第 28—29 页。
② 中共中央文献研究室编：《习近平关于社会主义生态文明建设论述摘编》，中央文献出版社 2017 年版，第 20 页。
③ 中国社会科学院邓小平理论和"三个代表"重要思想研究中心：《论生态文明》，《光明日报》2004 年 4 月 30 日第 A1 版。

可以说，习近平生态文明思想超越了关于生态文明抽象的狭义广义理解之争，深刻回答了中国特色社会主义生态文明怎么样的问题。

（一）生态文明实质观——坚持人与自然和谐共生

2015 年 4 月 25 日出台的《中共中央　国务院关于加快推进生态文明建设的意见》，提出"加快形成人与自然和谐发展的现代化建设新格局，开创社会主义生态文明新时代"，已经揭示了社会主义生态文明和人与自然和谐发展的现代化之间的内在关联。党的十九大报告确立了新时代中国特色社会主义建设的十四大方略，其中第九大方略是生态文明建设基本方略，名称就是"坚持人与自然和谐共生"，明确指出"我们要建设的现代化是人与自然和谐共生的现代化，既要创造更多物质财富和精神财富以满足人民日益增长的美好生活需要，也要提供更多优质生态产品以满足人民日益增长的优美生态环境需要"①。这是我国首次明确提出，生态文明建设的目标不只是采取资源节约、环境治理、生态修复等具体举措，也不只是创新生态经济、生态科技、生态文化等具体层面，而是要有一整套生产生活方式绿色转型方案，开创人与自然和谐共生的现代化发展新道路，形成人与自然和谐共生的现代化发展新模式。可以说这一重要论述深刻揭示了生态文明的实质——人与自然和谐共生的生产生活方式；准确锚定了中国特色社会主义生态文明建设的方向——走人与自然和谐共生的新型现代化道路。

经典文献

从工业文明开始到现在仅三百多年，人类社会巨大的生产力创造了少数发达国家的西方式现代化，但已威胁到人类的生存和地球生物的延续。西方工业文明是建立在少数人富裕、多数人贫穷的基础上的；当大多数人都要像少数富裕人那样生活，人类文明就将崩溃。

——习近平：《之江新语》，浙江人民出版社 2007 年版，第 118 页

---

① 习近平：《决胜全面建成小康社会　夺取新时代中国特色社会主义伟大胜利——在中国共产党第十九次全国代表大会上的报告》，人民出版社 2017 年版，第 50 页。

与西方工业文明那种以牺牲生态环境为代价的现代化发展相对照，习近平总书记指出："生态文明是工业文明发展到一定阶段的产物，是实现人与自然和谐发展的新要求。"[①] 也就是说，生态文明与工业文明不是对立的，而是在工业文明基础上的新发展，是从以牺牲生态环境为代价的工业文明西方式现代化模式向生态文明中国式人与自然和谐共生现代化模式的转型升级。工业文明向生态文明转型的实质，就是由过去资本主义工业文明条件下人与自然冲突的生产生活方式，转型为社会主义生态文明条件下人与自然和谐共生的生产生活方式。

经典文献

推动形成绿色发展方式和生活方式是贯彻新发展理念的必然要求，是关系我国经济社会发展全局的一件大事。

——习近平总书记在中共十八届中央政治局第四十一次集体学习时的讲话，2017 年 5 月 26 日

绿色发展，就其要义来讲，是要解决好人与自然和谐共生问题。人类发展活动必须尊重自然、顺应自然、保护自然，否则就会遭到大自然的报复，这个规律谁也无法抗拒。

——中共中央文献研究室编：《习近平关于社会主义生态文明建设论述摘编》，中央文献出版社 2017 年版，第 32 页

（二）生态文明自然观——山水林田湖草沙是生命共同体、人与自然是生命共同体

过去工业文明未能实现人与自然和谐共生，有两个重要原因：一是没有正确认识人与自然之间的关系；二是没有找到实现人与自然和谐共生的根本途径。习近平生态文明思想从生命共同体的视野深刻阐释了人

[①] 中共中央文献研究室编：《习近平关于社会主义生态文明建设论述摘编》，中央文献出版社 2017 年版，第 6 页。

与自然之间共存亡的关系，用"两山论"开拓了实现人与自然和谐共生现代化的现实路径。

习近平生态文明思想基于生态学等新兴自然科学的发现，指出山水林田湖草沙是生命共同体。"生态是统一的自然系统，是相互依存、紧密联系的有机链条。人的命脉在田，田的命脉在水，水的命脉在山，山的命脉在土，土的命脉在林和草，这个生命共同体是人类生存发展的物质基础。"① 习近平生态文明思想还基于唯物辩证法普遍联系的观点，指出人与自然也是生命共同体。人起源于自然，发展于自然之中，兴衰也是与自然息息相关的。"人因自然而生，人与自然是一种共生关系，对自然的伤害最终会伤及人类自身。"② 也就是说，人就生活在山、水、林、湖、田、草、沙等构成的生态系统之中，包括人类在内的生物圈就是一个生命共同体，人类的生存和发展依赖于这个共同体的健康和繁荣。因此，我们爱自然就像爱自己的生命一样，保护环境就像保护自己的眼睛一样。

山水林田湖草沙是生命共同体和人与自然是生命共同体的思想，是一种新自然观，是对马克思主义自然观及人与自然关系思想的新发展，为以人与自然和谐共生为目标的生态文明提供了坚实的自然观基础。习近平总书记反复强调："人类可以利用自然、改造自然、但归根结底是自然的一部分，必须呵护自然，不能凌驾于自然之上。"③ "建设生态文明，首先要从改变自然、征服自然转向调整人的行为、纠正人的错误行为。要做到人与自然和谐，天人合一，不要试图征服老天爷。"④ 总而言之，习近平总书记深刻指出，"人与自然是生命共同体，人类必须尊重自然、顺应自然、保护自然。人类只有遵循自然规律才能有效防止在开发利用自然上走弯路，人类对大自然的伤害最终会伤及人类自身，这是无法抗拒的规律。"⑤

---

① 习近平：《推动我国生态文明建设迈上新台阶》，《求是》2019 年第 3 期。

② 中共中央文献研究室编：《习近平关于社会主义生态文明建设论述摘编》，中央文献出版社 2017 年版，第 11 页。

③ 中共中央文献研究室编：《习近平关于社会主义生态文明建设论述摘编》，中央文献出版社 2017 年版，第 131 页。

④ 中共中央文献研究室编：《习近平关于社会主义生态文明建设论述摘编》，中央文献出版社 2017 年版，第 24 页。

⑤ 习近平：《决胜全面建成小康社会 夺取新时代中国特色社会主义伟大胜利——在中国共产党第十九次全国代表大会上的报告》，人民出版社 2017 年版，第 50 页。

（三）生态文明发展观——绿水青山就是金山银山

西方工业文明之所以导致生态危机，是因为不仅受到征服自然的错误自然观误导，而且受到片面的发展观误导，陷入将经济发展与环境保护对立起来的形而上学思维陷阱当中，因此追求先污染后治理的发展模式。当今越来越多的人认识到，不能只追求经济增长而忽视环境保护，后果必然是环境恶化进而导致经济衰退，先经济发展后环境保护的观念也不可取，作为经济活动的重要部分，生态保护要贯彻经济发展的方方面面。习近平总书记进一步强调，要将经济发展与生态环境内在统一起来，形象地说，就是要将"金山银山"与"绿水青山"统一起来，而且他认为二者是可以统一起来的，创造性地提出了"绿水青山就是金山银山"的"两山理论"。

早在 2005 年，时任浙江省委书记的习近平同志就指出，"绿水青山与金山银山既会产生矛盾，又可辩证统一"，当年 8 月在浙江湖州安吉考察时，首次提出"绿水青山就是金山银山"这一命题。2013 年 9 月在哈萨克斯坦纳扎尔巴耶夫大学回答学生问题时，习近平总书记系统论述了绿水青山与金山银山之间的关系。

经典文献

我们既要绿水青山，也要金山银山。宁要绿水青山，不要金山银山，而且绿水青山就是金山银山。我们绝不能以牺牲生态环境为代价换取经济的一时发展。

——中共中央文献研究室编：《习近平关于社会主义生态文明建设论述摘编》，中央文献出版社 2017 年版，第 21 页

2015 年 4 月，中共中央、国务院发布《关于加快推进生态文明建设的意见》，明确提出"坚持绿水青山就是金山银山，深入持久地推进生态文明建设"，该理念首次写入党中央和中央政府文件。2015 年 9 月，中共中央、国务院制定出台《生态文明体制改革总体方案》，要求

"树立绿水青山就是金山银山的理念"。2016 年 5 月，联合国环境大会（UNEA）发布了《绿水青山就是金山银山：中国生态文明战略与行动》，表明以"绿水青山就是金山银山"为导向的中国生态文明战略，为世界可持续发展提供了"中国方案"和"中国版本"。党的十九大报告提出"必须树立和践行绿水青山就是金山银山的理念"，该理念写入党的报告。2017 年 10 月，"增强绿水青山就是金山银山的意识"写进《中国共产党章程》。2018 年 5 月 18 日，在全国生态环境保护大会上，习近平总书记再次强调坚持"绿水青山就是金山银山"基本原则。

　　经济发展至关重要，我们要建设中国特色社会主义生态文明，并不反对经济发展，而且要建立在坚实的经济发展基础之上，如果说忽视生态环境保护搞经济发展是"涸泽而渔"，那么，离开经济发展讲生态环境保护则是"缘木求鱼"。2014 年 3 月 7 日习近平总书记在参加十二届全国人大二次会议贵州代表团审议时发表讲话指出，绿水青山和金山银山决不是对立的，关键在人，关键在思路。我们强调不简单以国内生产总值增长率论英雄，不是不要发展了，而是要扭转只要经济增长不顾其他各项事业发展的思路，扭转为了经济增长数字不顾一切、不计后果、最后得不偿失的做法。要从实际出发，坚持以生态文明的理念引领经济社会发展，切实做到经济效益、社会效益、生态效益同步提升，实现百姓富、生态美的有机统一。因此，关键在于坚持经济发展与生态环境相统一的发展观，提高经济水平不能以破坏生态环境为代价。我们要建设中国特色社会主义生态文明，也并不反对现代化，而只是反对错误的现代化发展模式，从而实现更好的绿水青山与金山银山相统一，实现人与自然和谐共生的中国式现代化，既满足人们的物质财富和精神财富需要，又满足人们优美生态环境需要。

三　系统阐明建设中国特色社会主义生态文明的实践方略

　　中国特色社会主义生态文明建设事业，包括但不仅限于环境保护、资源节约、生态修复，而且是一项迈向人与自然和谐共生现代化的系统工程，需要从主体、途径和环境来加以统筹谋划、系统推进。生态文明行动观、生态文明治理观和生态文明全球观系统回答了怎样建设中国特色社会主义生态文明这个问题。

（一）生态文明行动观——全社会共同参与

生态文明建设是关涉每个人的全局性事业，需要党和政府、市场、社会组织及公民个人等各类主体共同参与，调动各方面积极性，"构建政府为主导、企业为主体、社会组织和公众共同参与的环境治理体系"[1]。习近平总书记强调："要探索政府主导、企业和社会各界参与、市场化运作、可持续的生态产品价值实现路径，开展试点，积累经验。"[2]

全面加强党对生态文明建设的领导，强化政府的生态文明建设职能和作为。党的坚强领导是中国特色社会主义现代化建设事业全局的关键，也是生态文明建设事业的关键。习近平总书记强调，生态环境问题是关系党的使命宗旨的重大政治问题，打好污染防治攻坚战时间紧、任务重、难度大，是一场大仗、硬仗、苦仗，必须全面加强党对生态文明建设的领导。

积极调动市场在生态文明建设中资源合理配置和正向激励作用。生态环境问题是一个公共性的问题，容易导致内部成本或效益外部化。要发挥市场作用以解决生态环境问题，一方面要落实自然资源确权和有偿使用，将公共的生态正外部效益内部化；另一方面要完善排污权交易等市场体制机制，推广市场机制以减少污染并提高资源效率，将公共的生态负外部效益内部化。

充分调动各类组织和个人在生态文明建设中发挥主人翁精神。生态文明建设同每个社会主体都息息相关，大家都既是生态文明事业的建设者，也是生态文明成果的受益者。一方面要理顺生态文明建设的利益关系，真正实现奉献者获益、损害者赔偿的公平局面；另一方面要加快建立健全以生态价值观念为准则的生态文化体系，不断加强生态文明宣传教育，在全社会牢固树立尊重自然、顺应自然、保护自然的生态文明理念，推动形成全社会共同参与生态文明建设的良好风尚，把建设美丽中

---

① 习近平：《决胜全面建成小康社会　夺取新时代中国特色社会主义伟大胜利——在中国共产党第十九次全国代表大会上的报告》，人民出版社 2017 年版，第 51 页。
② 习近平：《推动我国生态文明建设迈上新台阶》，《求是》2019 年第 3 期。

国化为自觉行动。

（二）生态文明治理观——用最严格制度最严密法治保护生态环境

社会主义国家在解决公共性的生态环境问题方面具有制度优势，中国也从"五位一体"总体布局的战略高度整体谋划生态文明建设，然而中国目前生态环境保护还存在突出问题，生态环境形势依然严峻，原因何在？习近平总书记对这个问题给出了清晰回答。

经典文献

我国生态环境保护中存在的突出问题大多同体制不健全、制度不严格、法治不严密、执行不到位、惩处不得力有关。要加快制度创新，增加制度供给，完善制度配套，强化制度执行，让制度成为刚性的约束和不可触碰的高压线。要严格用制度管权治吏、护蓝增绿，有权必有责、有责必担当、失责必追究，保证党中央关于生态文明建设决策部署落地生根见效。

——习近平：《推动我国生态文明建设迈上新台阶》，
《求是》2019 年第 3 期

只有健全完善制度、坚定贯彻执行，才能实现对生态环境问题的有效治理，充分发挥社会主义制度在治理公共性的生态环境问题的优越性。

2015 年 9 月国务院印发《生态文明体制改革总体方案》，确立了包括自然资源资产产权制度、国土空间开发保护制度等在内的生态文明八项制度，建立起了生态文明制度体系的"四梁八柱"框架。在系统化的生态文明制度体系当中，生态文明法律制度是重中之重。生态保护根本在于建立健全生态保护法律制度，对破坏生态的行为进行严厉的处理，为生态建设提供坚强的制度保障。用最严格的制度、最严密的法治保护生态环境，必须建立健全生态文明法律体系，不断提高生态保护法制化水平。习近平总书记反复强调，保护生态环境，不仅要有立竿见影的措施，更要有可持续的制度安排。"只有实行最严格的制度、最严密的法治，才能为生态文明建设提供可靠保障。"① 要采取超常举措，坚持源头严防、过程严管、后果严惩，治标治本多管齐下，全方位、全地域、全过程开展生态环境保护。

（三）生态文明全球观——共谋全球生态文明建设

"我们生活在同一个地球村，应该牢固树立命运共同体意识。"② 人类命运共同体具有丰富内涵，其核心内涵包括政治上持久和平、安全上普遍安全、经济上共同繁荣、文化上开放包容、生态上清洁美丽。可见，共谋全球生态文明建设，建设清洁美丽的绿色家园，是人类命运共同体的共同梦想，也是人类命运共同体的共同责任。

面对全球性的生态环境问题，任何国家都不可能独善其身，必须加强合作，共同应对。生态文明的建设不仅是区域性的、民族国家的事业，更是世界性的、全人类的共同事业。2021 年 4 月 22 日，习近平主席在"领导人气候峰会"上的讲话中指出，气候变化带给人类的挑战是现实的、严峻的、长远的。面对全球环境治理前所未有的困难，国际社会要以前所未有的雄心和行动，坚持人与自然和谐共生，坚持绿色发展，坚持系统治理，坚持以人为本，坚持多边主义，坚持共同但有区别的责任原则，携手合作，不要相互指责；持之以恒，不要朝令夕改；重信守诺，不要言而无信；共同为推进全球环境治理而努力。中国生态文明建设不搞以邻为壑，不搞污染转移，而是从人类命运共同体的高度，与世界其他国家一起共谋全球生态文明建设，深度参与全球环境治理，形成世界环境保护和可持续发展的解决方案，引导应对气候变化国际合作。③

2021 年 10 月 12 日，习近平主席在《生物多样性公约》第十五次缔约方大会领导人峰会上的主旨讲话中指出，生态文明是人类文明发展的历史趋势。国际社会要秉持生态文明理念，携手同行，开启人类高质量

---

① 中共中央文献研究室编：《习近平关于社会主义生态文明建设论述摘编》，中央文献出版社 2017 年版，第 99 页。

② 习近平：《共同创造亚洲和世界的美好未来——在博鳌亚洲论坛 2013 年年会上的主旨演讲》，《人民日报》2013 年 4 月 8 日第 1 版。

③ 参见中共中央党史和文献研究院编《十九大以来重要文献选编》（上），中央文献出版社 2019 年版，第 453 页。

发展新征程。要以生态文明建设为引领，协调人与自然关系；以绿色转型为驱动，助力全球可持续发展；以人民福祉为中心，促进社会公平正义；以国际法为基础，维护公平合理的国际治理体系。作为全球生态文明建设的参与者、贡献者、引领者，中国积极参与全球生态治理，引领新一轮绿色发展潮流，积极承担碳减排国际义务，公布碳达峰碳中和时间表路线图，力争 2030 年前实现碳达峰、2060 年前实现碳中和，承诺将完成全球最高碳排放强度降幅，用全球历史上最短的时间实现从碳达峰到碳中和，赢得了世界范围越来越多的赞赏。

四　习近平生态文明思想三重逻辑

厘清习近平生态文明思想各基本观点的逻辑关系，前提是把握习近平生态文明思想的主题主线。如前所述，这个主题主线就是"为什么要建设中国特色社会主义生态文明、建设怎样的中国特色社会主义生态文明、怎样建设中国特色社会主义生态文明"，分别阐释了中国特色社会主义生态文明的建设原因、实质特征、策略方法，也揭示了生态文明何以必要的历史逻辑、何以可能的理论逻辑及何以实现的实践逻辑。

（一）生态文明何以必要的历史逻辑

生态文明何以必要的问题，是习近平生态文明思想的逻辑起点。"生态兴则文明兴，生态衰则文明衰"的生态文明历史观从历史启示维度，"良好生态环境是最普惠的民生福祉"的生态文明民生观从现实需要维度，"生态文明是实现伟大复兴中国梦的重要关键一步"的生态文明愿景观从未来愿景维度，揭示了生态文明何以必要的历史逻辑，全面回答了为什么要建设中国特色社会主义生态文明。

（二）生态文明何以可能的理论逻辑

生态的文明化和文明的生态化何以可能，这是习近平生态文明思想的理论内核。"坚持人与自然和谐共生"的生态文明本质观，破解了生态文明与现代化之间的二元对立；"山水林田湖草沙是生命共同体""人与自然是生命共同体"的生态文明自然观，破解了人与自然之间的二元对立；"绿水青山就是金山银山"的生态文明发展观，破解了经济发展与环境保护之间的二元对立。这样，习近平生态文明思想从生态文明的现代化特征、自然观特征、发展观特征三个层面，辩证阐释了生态文明与现代化、人与自然、经济发展与环境保护之间的关系，揭示了生态文明何以可能的理论逻辑，深刻回答了中国特色社会主义生态文明在理论形态上应该怎么样。

（三）生态文明何以实现的实践逻辑

生态文明何以实现，需要具备哪些基本条件，这是习近平生态文明思想的实践智慧。"全社会共同参与"的生态文明行动观从建设主体环节，"用最严格制度最严密法治保护生态环境"的生态文明治理观从治理途径环节，"共谋全球生态文明建设"的生态文明全球观从国际环境环节，揭示了生态文明何以实现的实践逻辑，系统回答了中国特色社会主义生态文明怎样建设的问题。

习近平生态文明思想的主题主线、基本观点及它们之间的三重逻辑关系如表 3-1 所示。

表 3-1　　习近平生态文明思想的主题主线、基本观点、逻辑关系

主题主线	为什么建设	建设什么样	怎样建设
基本观点	生态文明历史观——生态兴则文明兴，生态衰则文明衰（历史启示维度）	生态文明本质观——坚持人与自然和谐共生（现代化特征）	生态文明行动观——全社会共同参与（建设主体环节）
	生态文明民生观——良好生态环境是最普惠的民生福祉（现实需要维度）	生态文明自然观——山水林田湖草沙是生命共同体、人与自然是生命共同体（自然观特征）	生态文明治理观——用最严格制度最严密法治保护生态环境（治理途径环节）
	生态文明愿景观——生态文明是实现伟大复兴中国梦的重要内容（未来愿景维度）	生态文明发展观——绿水青山就是金山银山（发展观特征）	生态文明全球观——共谋全球生态文明建设（国际环境环节）
逻辑关系	历史逻辑（生态文明何以必要）	理论逻辑（生态文明何以可能）	实践逻辑（生态文明何以实现）

第三节　习近平生态文明思想的时代价值

习近平生态文明思想具有马克思主义政党理论新发展的理论价值、解决当代中国资源环境问题的指导思想的实践价值、推进全球可持续发展新价值理念的世界价值。[①] 本节将从时代引领价值和国际借鉴价值等方面，阐释习近平生态文明思想的时代价值。

一　习近平生态文明思想的时代引领价值

生态环境问题在空间上具有公共性，因此人们常常陷入"公地悲剧"困境，在时间上具有滞后性，因此人们迷信"先污染后治理"模式。习近平生态文明思想的时代引领价值，集中体现在为回答"公地悲剧"等时代之问提供中国智慧和中国方案。

（一）坚持三管齐下，避免重演西方"公地悲剧"

"公地悲剧"（The tragedy of the commons）是英国经济学家加勒特·哈丁于 1968 提出的一个假说：对于一片公共牧场，每个牧牛人都希望自己的收益最大化，因而不顾牧场的承受能力，增加牛群数量，结果导致公共牧场状况迅速恶化，最终每个牧牛人受损。[②]

地球生态系统是人类最大的"公地"，环境污染、资源枯竭、生态退化是正在上演的"公地悲剧"。西方之所以逃不脱"公地悲剧"，是因为以生产资料私有制为基础、从自我利益最大化角度考虑问题的所谓"经济人"，不惜以破坏生态公共福祉为代价，侵占自然资源这种正外部性，排放环境污染这种负外部性。解决"公地悲剧"的根本之策，就在于承认并保障生态、环境、资源公共性的前提之上，将外部性的成本和效益内部化。

社会主义国家在解决公共性问题上有其制度优势。习近平生态文明思想正是基于社会主义制度立场和马克思主义理论立场，从生态、环境、

---

① 赵建军：《习近平生态文明思想的科学内涵及时代价值》，《环境与可持续发展》2019年第 6 期。

② 王全权：《加勒特·哈丁的生态思想及其启示》，《合肥工业大学学报》（社会科学版）2013 年第 5 期。

资源问题的公共性出发，坚持三管齐下，充分发挥市场调节手段、法治监管手段和政策激励手段，避免重演西方"公地悲剧"。

第一，利用市场调节。落实自然资源确权和有偿使用，将公共的生态正外部效益内部化。党的十九大报告特别强调要强化机构改革，完善对生态文明建设的管理，建立健全自然资源和自然生态相关管理监督部门，将公共的自然资源资产真正管起来，并且由国家统一行使全民所有自然资源资产所有者职责，由国家来承担起全民所有自然资源资产看管的职责，避免全民所有的自然资源资产受到像无人看管的"公共牧场"那样的侵蚀。

第二，强化法治监管。用最严密的法治，加大对各类社会主体破坏生态环境行为的惩治力度，严格而有效地监管环境破坏这只"看不见的脚"，防止环境负外部效益外溢，限制污染制造者将污染治理的内部成本外部化为社会成本。另外，强化政府的环境治理责任，坚持在政绩考核上重视生态环境指标，落实生态环境离任审计制度，对生态环境事故终身追责，迫使政府部门及领导担当起保护环境治理污染的主体责任。

第三，重视政策激励。激励各级政府为广大人民群众供给最普惠的生态公共产品和民生福祉。中国从生态、环境、资源问题的公共性出发，基于中国社会主义的制度背景，并从"人类命运共同体"的高度，公开承认并强调生态环境是最公平的公共产品，发挥社会主义制度的优越性，加强对政府生态文明建设的考核激励，为广大人民群众提供青山、蓝天、净水等公共生态产品，满足人民群众日益增长的生态环境需求，不断提高人民群众对美好生态的获得感，并将其看作"很大的政治"来勇敢承担。

（二）实施三大战略，避免重蹈"先污染后治理"覆辙

20 世纪 90 年代，美国学者格罗斯曼（G. Grossman）和克鲁格（A. Krueger）提出关于经济发展与环境污染相关关系的"环境库兹涅茨倒 U 形曲线"（Environmental Kuznets Curve，EKC）假说[①]：在一个国家或地区，污染会随经济发展而加剧，只有当污染达到拐点后，产业升级

---

① 孙波、李惠：《环境库兹涅茨曲线研究述评及启示》，《哈尔滨商业大学学报》（社会科学版）2009 年第 4 期。

转型完成带来环境治理的内生动力，人民富裕了之后关注环境质量带来环境治理的外生动力，环境质量才会随经济的进一步发展而好转。

"环境库兹涅茨倒 U 形曲线"假说，在很多国家和地区得到过验证，也被认为是"先污染后治理"发展模式的理论基础。然而，"环境库兹涅茨倒 U 形曲线"假说及"先污染后治理"论具有三大缺陷：一是缺乏辩证思维，把经济发展和环境保护割裂开来、对立起来，认为发展经济必然破坏环境，保护环境必然牺牲经济；二是缺乏底线思维，没有考虑生态系统对污染的承载极限，局部地区先污染后治理可以，如果全世界都先污染后治理，那么，污染的累积效应可能在治理之前就摧毁全球生态系统；三是缺乏整体思维，没有考虑不同生态功能区的不同特点和整体协调，将一些生态功能区保护起来不受污染，而是抽象地认为所有生态功能区都应走先污染后治理道路。

中国作为负责任的大国，在空间上，不管是在国际层面，还是在国内区域间，不能也不会采取区域间的污染转移策略；在时间上，不能也不会采取代际间的污染转移策略。党的十八大以来，中国共产党人结合历史经验教训，另辟蹊径走出一条非转移性的生态保护道路，即坚持三大思维，克服"先污染后治理"论的三大缺陷，贯彻落实三大战略，确保避免重蹈"先污染后治理"的覆辙。

第一，坚持辩证思维，实施绿色发展战略。坚持以经济环境双赢为目标，强调经济发展与生态保护的内在一致性。正如习近平总书记所强调的，"保护生态环境就是保护生产力、改善生态环境就是发展生产力"，坚持发展保护和改善生态环境的生产力；"绿水青山就是金山银山"，坚持绿水青山与金山银山相统一的绿色发展，强调发展和生态是相辅相成、相互促进的关系，在正确认识两者关系的基础上，可以实现经济发展和生态保护互利共赢。

第二，坚持底线思维，实施生态优先战略。坚持以生态安全为底线，划定自然保护区、湿地、林地、耕地、草地等"生态红线"，避免经济发展对基础生态环境造成破坏。考虑生态系统对污染的承载极限，要在发展经济的同时，坚守生态环境稳定的底线，决不以牺牲环境为代价去换取一时的经济增长，贯彻实施生态优先战略。习近平总书记强调指出，绿水青山既是自然财富，又是经济财富。要坚决贯彻新发展理念，把生态保护好，把生态优势发挥出来，实现生态效益和经济社会效益相统一，才能实现高质量发展。

第三，坚持整体思维，实施主体功能区战略。树立全国一盘棋思想，根据生态环境和经济发展水平情况，将各地区划分为"农产品提供、人居保障、生态调节"三类生态功能区，在科学合理划分三类生态功能区的基础上，优化布局"生产、生活、生态"三个空间，合理划定"优化开发、重点开发、限制开发、禁止开发"四类主体功能区，优化国土空间开发格局。禁止污染向生态调节区转移，避免生态调节区（大多是经济欠发达地区）重蹈经济发达地区"先污染后治理"的覆辙。

习近平生态文明思想坚持三管齐下，避免重演西方"公地悲剧"，实施三大战略，避免重蹈"先污染后治理"的覆辙，为解决全球性的生态环境难题提供了中国方案，引领全球新一轮绿色发展和人与自然和谐共生现代化新潮流。西方就有学者指出，"生态文明的希望在中国"，"中国是当今世界最有可能实现生态文明的地方"。①

二　习近平生态文明思想的国际借鉴价值

绿色发展是全球发展潮流。习近平生态文明思想及中国生态文明建设实践，高扬人类命运共同体理念，以建设美丽中国和清洁美丽的世界为目标，对于各国加快绿色发展转型、特别是对于广大发展中国家选择不同于过去"先污染后治理"的现代化老路提供了全新选择，拓展了发展中国家走向现代化的途径。

（一）高扬人类命运共同体理念，引领各国加快绿色发展转型

习近平主席一再强调："我们生活在同一个地球村，应该牢固树立命运共同体意识"。② 习近平主席以广博的胸怀，推动当今世界从"我们只有一个地球"到"人类命运共同体"的观念转变。③ 各国只有同舟共济、

---

① 柯布、刘昀献：《中国是当今世界最有可能实现生态文明的地方——著名建设性后现代思想家柯布教授访谈录》，《中国浦东干部学院学报》2010 年第 3 期。

② 习近平：《共同创造亚洲和世界的美好未来——在博鳌亚洲论坛 2013 年年会上的主旨演讲》，《人民日报》2013 年 4 月 8 日第 1 版。

③ 张海滨：《略论习近平生态文明思想的世界意义》，《环境与可持续发展》2019 年第 6 期。

共谋发展，才能确保全球可持续发展，为子孙后代确保稳定发展的未来。"生态文明建设关乎人类未来，建设绿色家园是人类的共同梦想，保护生态环境、应对气候变化需要世界各国同舟共济、共同努力，任何一国都无法置身事外、独善其身。我国已成为全球生态文明建设的重要参与者、贡献者、引领者，主张加快构筑尊崇自然、绿色发展的生态体系，共建清洁美丽的世界。"① 世界自然基金会全球总干事马克·兰博蒂尼（Marco Lambertini）也指出："包括气候变化、生物多样性持续下降等自然环境风险是全人类共同的挑战。面对这一挑战，没有哪个国家可以独善其身。各国、各界需要精诚合作，才能在地球自然边界约束下实现人类福祉。我们迫切需要在全球范围内进行改革，为绿色转型的创新和推广提供相应的机制和政策环境。"②

习近平生态文明思想的贯彻落实，不仅极大地推进了我国生态文明建设进程，并且在国际上起到了良好的示范作用，获得了国际社会高度重视和好评。2016 年 5 月，在第二届联合国环境大会上，联合国环境规划署发布关于中国生态发展战略与行动的报告，意味着习近平生态文明思想走出中国，中国生态文明建设经验被国际社会所看重。一些美国学者认为"在世界各国中，要建设新文明，中国发挥的是引领作用，这是她的特殊使命"③。兰博蒂尼对中国大力推动的绿色转型给予了高度评价，他特别指出："中国的实践为世界提供了一些绿色转型的可选项。希望中国继续积极与其他国家和机构进行国际交流与合作，共同促进全球绿色转型。"④

（二）为发展中国家走绿色发展道路提供了有益示范

对于世界上绝大多数发展中国家而言，中国的生态文明建设和绿色发展道路，在西方生态现代化道路之外，提供了一种新的人与自然和谐共生的现代化道路选择。这是习近平生态文明思想的国际借鉴价值的突出体现。

---

① 习近平：《推动我国生态文明建设迈上新台阶》，《求是》2019 年第 3 期。
② 《中国为世界提供了绿色转型方案》，《光明日报》2020 年 12 月 23 日第 12 版。
③ ［美］菲利普·克莱顿、贾斯廷·海因泽克：《有机马克思主义——生态灾难与资本主义的替代选择》，孟献丽、于桂凤等译，人民出版社 2015 年版，第 9 页。
④ 《中国为世界提供了绿色转型方案》，《光明日报》2020 年 12 月 23 日第 12 版。

经典文献

　　中国式现代化是人与自然和谐共生的现代化……我们坚持可持续发展，坚持节约优先、保护优先、自然恢复为主的方针，像保护眼睛一样保护自然和生态环境，坚定不移走生产发展、生活富裕、生态良好的文明发展道路，实现中华民族永续发展。

　　　　——习近平：《高举中国特色社会主义伟大旗帜　为全面建设社会主义现代化国家而团结奋斗——在中国共产党第二十次全国代表大会上的报告》，人民出版社2022年版，第23页

　　人与自然和谐共生的现代化，既是可持续的现代化模式，也是更加公平正义的现代化模式，"习近平生态文明思想明确指出，中国在发展的过程中，绝不走发达国家老路，而是千方百计内部化自己的环境成本，与发展中国家共同实现可持续发展。毫无疑问，这将彻底改写国际环境秩序的基本规则，塑造公平正义的国际环境秩序"①。

　　中国作为发展中大国，面临同时实现现代化与生态化的双重任务。我们站在人与自然和谐共生的高度谋划发展，成功探索了绿色发展新道路，"坚持山水林田湖草沙一体化保护和系统治理，统筹产业结构调整、污染治理、生态保护、应对气候变化，协同推进降碳、减污、扩绿、增长，推进生态优先、节约集约、绿色低碳发展"②。广大发展中国家与中国具有相似的同时实现现代化与生态化的发展任务。人与自然和谐共生现代化发展道路，绿色低碳发展的"中国方案"，为发展中国家走绿色低碳发展道路提供了有益示范。③

---

　　① 张海滨：《略论习近平生态文明思想的世界意义》，《环境与可持续发展》2019年第6期。
　　② 习近平：《高举中国特色社会主义伟大旗帜　为全面建设社会主义现代化国家而团结奋斗——在中国共产党第二十次全国代表大会上的报告》，人民出版社2022年版，第50页。
　　③ 张海滨：《略论习近平生态文明思想的世界意义》，《环境与可持续发展》2019年第6期。

思考题

1. 如何全面深刻理解习近平生态文明思想的内涵外延？

2. 习近平生态文明思想的主题主线是什么？

3. 习近平生态文明思想的核心要义是什么？

4. 习近平生态文明思想的三重逻辑是什么？

5. 如何领会习近平生态文明思想的时代价值？

文献阅读

1. 中共中央文献研究室：《习近平关于社会主义生态文明建设论述摘编》，中央文献出版社 2017 年版。

2. 习近平：《决胜全面建成小康社会　夺取新时代中国特色社会主义伟大胜利——在中国共产党第十九次全国代表大会上的报告》，人民出版社 2017 年版。

3. 中共中央宣传部、中华人民共和国生态环境部编：《习近平生态文明思想学习纲要》，学习出版社、人民出版社 2022 年版。

第四章

生态文明制度体系建设

生态文明建设是关乎中华民族永续发展的根本大计。新时代我国把生态文明建设纳入"五位一体"总体布局,以前所未有的力度,推动生态文明建设从理论到实践都取得历史性、转折性、全局性进步,但生态环境保护结构性、根源性、趋势性压力尚未根本缓解。要坚持用最严格的制度、最严密的法治,为持续推进生态文明建设、实现人与自然和谐共生提供可靠保障。本章从生态环境保护、资源高效利用、生态环境治理以及生态环境损害责任追究四个方面,系统梳理我国生态文明制度体系,力图客观呈现生态文明制度建设的成效和不足,以期更好地为新时代中国生态文明建设贡献制度力量。

第一节　生态环境保护制度

生态环境保护制度是生态文明制度体系建设的首要之意,是涉及源头预防、过程控制、损害赔偿、责任追究的生态环境保护体系。

一　空间规划制度体系

作为国家空间发展的指南,空间规划制度体系是各类开发保护建设活动的基本依据,是生态环境保护制度的空间蓝图,是新时代国土空间开发保护的新格局所在。空间规划制度体系的意义在于综合考虑人口分布、经济布局、国土利用、生态环境保护等因素,科学布局生产空间、生活空间、生态空间,以解决各级各类空间规划类型过多、内容重叠冲突等问题。

（一）"三区三线"

"三区"是根据农业空间、生态空间、城镇空间三种类型的空间，分别对应划定的耕地和永久基本农田、生态保护红线、城镇开发边界三条控制线这"三线"。"三区"突出主导功能划分，是功能分区和内容分类的基础；"三线"侧重边界的刚性管控，是"三区"内部最核心的刚性要求。"三线"的协调划定坚持生态优先的总原则。在规划冲突或模棱两可的时候，优先划定生态红线和基本农田保护红线，在此基础上划定城市开发边界，从而使得区域的自然资源始终处于安全的保护框架内。

"三区三线"的科学划定和严格管控，是国家生态文明建设和经济建设协同发展的必要前提，是发挥国土空间规划战略性、引领性、约束性、载体性作用的重要基础，是编制国土空间规划的关键所在。"三区三线"的划定，为土地用途分类管控提供了依据，为责任人的离任审计、绩效评价，责任追究明确了范围，是实现开发与保护双赢的基础。

（二）"多规合一"

"多规合一"是国家对空间规划制度体系作出的重大部署。"多规合一"是指在同一个国土区域空间内，将主体功能区规划、土地利用规划、城乡规划等多个空间规划融合为统一的国土空间规划，建立国土空间规划体系并监督实施，以实现一个市县一本规划、一张蓝图，解决现有各级各类规划类型过多、内容重叠冲突、缺乏衔接等问题，强化空间规划制度体系对各专项规划的指导约束作用。

"多规合一"的基础是"多规"，主体功能区规划、土地利用规划、城乡规划是"多规"中具有代表性的三类规划；而关键在"合"，是各类规划分析协调、叠加统一的过程；重心在"一"，这既是"合"的结果，也是"一个市县一本规划、一张蓝图"的目的和体现。

（三）"五级三类四体系"

"五级三类四体系"是空间规划制度体系的系统性、整体性、重构性构建，是新时代中国的空间规划制度体系的框架，是对过去规划类型过多、内容重叠冲突，审批流程复杂、周期过长，地方规划朝令夕改等阻碍城市发展的规划体系的结构性突破。

"五级"规划自上而下编制,体现我国国土空间在编制过程中不同的空间尺度和编制深度要求。在规划层级上,"五级"规划由国家级、省级、市级、县级、乡镇级组成,分别对应我国五个行政管理层级。其中,国家级规划侧重战略性,对全国和省域国土空间格局作出全局安排;省级规划侧重协调性,协调对下层级规划的约束性要求和引导性内容;市级、县级和乡镇级规划侧重实施性,实现各类管控要素精准落地。

"三类"规划根据不同的规划类型,分为总体规划、详细规划、相关专项规划三种规划类型。总体规划是对国土空间作出的总体安排,如"五级"规划;详细规划是对具体地块用途等作出的实施性安排,具有很强的操作性,比如由乡镇政府组织编制"多规合一"的实用性村庄规划;相关专项规划是对空间开发保护利用作出的专门安排,比如京津冀城市群规划、自然保护地规划,或者交通规划、能源规划等。

"四体系"涉及具体的国土空间规划编制和管理,由编制审批体系、实施监督体系、法规政策体系、技术标准体系等四个具体规划运行体系组成。编制审批体系按照一级政府、一级事权、一级规划的原则组织各级政府编制审批国土空间规划,是整个体系执行的基础;实施监督体系包括实施、监测、评估、预警、考核、完善这一套实施流程,与编制、审批形成一个完整的流程闭环;法规政策体系和技术标准体系是国土空间规划编制中的两个支撑与保障。

二 国土空间开发保护制度

国土空间开发保护制度通过对国土空间的合理占有、妥善开发、严格保护等措施,确保每一寸国土都能得到更合理地使用,更好地促进人与自然和谐发展,包括完善主体功能区制度、健全国土空间用途管制制度、建立国家公园体制、完善自然资源监管体制四项制度。到2035年逐步形成城市化地区、农产品主产区、生态功能区三大空间格局。

构建国土空间开发保护制度,既需要按照不同区域的主体功能从而开发利用国土,也需要通过建设自然保护地和资源监管保护国土。

（一）完善主体功能区规划制度

主体功能区规划是刻画未来国土空间开发与保护格局的规划蓝图，是整合各类空间规划的实用平台和科学基础。主体功能区规划制度根据各区域的不同特质，统筹谋划人口分布、经济规划等要素，确定各区县的主体功能，划分不同的功能区，并据此明确开发方向，各个地区因其主体功能的不同，相互分工协作，共同发展，逐步形成人口、经济、资源环境相协调的国土空间开发格局。

（二）健全国土空间用途管制制度体系

国土空间用途管制制度体系是通过政府管理而完善土地使用的系统行动章程，主要包括四个方面：其一，规划许可制度明确了建设开发的关系与责任，是从申请受理、作出许可到不动产登记的完整过程，是用途管制最重要的手段；其二，行政强制制度是用途管制的强制保障，是对已经生效的规划许可的终止、撤回和对违法建设行为的强制措施；其三，违法处置制度是对违法建设的行政处罚，是用途管制的法律保障；其四，主动作为制度是指政府对于土地使用的规划，包括土地供应、储备、整理与基础设施建设等。

（三）建立国家公园体制

为了保护自然生态系统的原真性和完整性，加强对重要生态系统的保护和永续利用，国家整合土地资源，协调周边经济社会发展的需要，国家自上而下统筹设立国家公园，形成以国家公园为主体、自然保护区为基础、各类自然公园为补充的自然保护地体系。国家公园设立优先区域主要是名山大川、重要自然和文化遗产地。国家公园体制在我国自然保护地体系中居于主体地位，是进行国民自然教育的重要场所，是国家现代化治理能力和治理体系的代表，是生态文明建设的重要发力点。

2021年10月在云南昆明召开的《生物多样性公约》第十五次缔约方大会上，中国正式宣布设立三江源、大熊猫、东北虎豹、海南热带雨林、武夷山等第一批国家公园。

三 环境治理体系

我国自然生态系统在经济社会发展过程中面临着巨大的压力，环境问题正成为制约经济社会持续发展的瓶颈。环境治理体系，是国家治理体系的重要组成部分，也是支撑生态环境保护的重要基础；是推动生态文明建设的必然要求，也是推进国家治理体系和治理能力现代化的重要支撑。

新时代以来，党中央和国务院深入实施大气、水、土壤污染防治三大行动计划，加快了管理体制、执法机制、排污许可等制度的改革，促使环境治理能力得以进一步提升。《关于构建现代环境治理体系的指导意见》提出"健全现代环境治理体系"需要从治理主体、治理手段和治理能力三方面着手。

（一）治理主体

环境治理要落到实处、取得实效，需要充分调动政府、企业和社会公众参与环境治理的积极性，推动多主体共治。

一是健全环境治理领导责任体系，发挥好政府的主导作用。以环境保护监督和目标评价考核为依托，促使各级政府落实财政责任，形成中央统筹、省负总责、市县抓落实的工作机制。

二是健全环境治理企业责任体系，调动企业参与的积极性。以全面落实排污许可制度为抓手，通过公开各地环境治理信息，从而促使各个企业加强环境治理责任制度建设，提高治污水平，推进生产服务绿色化。

三是健全环境治理全民行动体系，动员全社会行动起来。各群团组织要动员社会组织的参与，调动志愿者乃至全民的积极性，通过社会监督强化对环境治理的导向，从而培养公民自觉参与环境治理的习惯。

（二）治理手段

环境治理需要综合运用多种环境治理手段。

一是健全环境治理监管体系，在巩固行政手段作用的同时，兼以使用法治手段。一方面，需要完善"双随机、一公开"的监管体制，通过推进信息化的建设强化监测能力建设；另一方面，需要制定和修订各领域、各区域、各环节的环境保护法律法规，加强法治手段的作用。

二是健全环境治理市场体系，大力发挥市场手段的调控作用。深入推进现有市场的改革，构建规范开放的市场，通过对环境治理模式的创新和对价格收费标准的调控引导各类企业和资本参与环境治理。

三是健全环境治理信用体系，通过现有的信用体系促进企业环保信用评价制度，将失信记录依托"信用中国"网站等依法依规逐步公开。

（三）治理能力

不断加强环境治理能力建设，需要在完善环境治理法律法规的基础上制定和修订环境保护标准，建立健全稳定的中央和地方环境治理财政资金投入机制，从而既能够构建生态保护的环境治理理论基础，也能够促进关键环保技术的研发力度和相关人才的培养力度。

拓展阅读

深入打好污染防治攻坚战

污染防治攻坚战是党的十九大提出的我国全面建成小康社会决胜时期的"三大攻坚战"之一，是以习近平同志为核心的党中央着眼党和国家发展全局，顺应人民群众对美好生活的期待作出的重大战略部署。总的要求是以改善生态环境质量为核心，以解决人民群众反映强烈的突出生态环境问题为重点，围绕污染物总量减排、生态环境质量提高、生态环境风险管控三类目标，突出大气、水、土壤污染防治三大领域，推动形成绿色发展方式和生活方式，加强生态系统保护和修复，推进生态环境治理能力和治理体系现代化。

"十四五"时期，党中央明确提出要深入打好污染防治攻坚战，并出台了《关于深入打好污染防治攻坚战的意见》。污染防治攻坚战从"坚决打好"到"深入打好"，两字之差，意味着攻坚战触及的矛盾问题层次更深、领域更广、要求更高。

战略层面，保持战略定力，坚持方向不变、力度不减。总体上，我国环境质量的改善还是在中低水平上的提升，离人民群众对优美生态环境的需要也还有较大差距，需要接续努力。同时，坚持稳中求进工作总基调。把生态环保放在经济社会发展大局中去考量，更好统筹好疫情防控、经济社会发展和生态环境保护，守好生态环境安全底线。

战术层面，一方面，突出精准、科学、依法治污。尤其是要做到问题、时间、区域、对象、措施"五个精准"；坚持用法律的武器治理环境污染，用法治的力量保护生态环境。另一方面，坚持系统治理、源头治理、综合治理，协同推进降碳、减污、扩绿、增长。重点是做好"五个统筹"，即统筹减污降碳协同增效，统筹 PM2.5 与臭氧协同治理，统筹水资源、水环境、水生态治理，统筹城镇与农村生态环境保护，统筹传统污染物与新污染物治理，尤其要建立健全有毒有害新化学物质环境风险管控体系。

行动层面，继续打好八大标志性战役。蓝天保卫战方面，深入打好重污染天气消除、臭氧和柴油货车污染治理攻坚战。碧水保卫战方面，深入打好黑臭水体、重点海域、长江和黄河治理攻坚战。净土保卫战方面，开展以农村生活污水和黑臭水体治理为重点的农业农村污染治理攻坚战。

资料来源：2022 年 9 月 15 日，生态环境部部长黄润秋在中央宣传部"中国这十年"系列主题新闻发布会上介绍"贯彻新发展理念，建设人与自然和谐共生的美丽中国"有关情况。

中央生态环境保护督察

中央生态环境保护督察是我国生态环境保护重大体制创新和改革举措。2015 年底开始试点，到 2018 年完成第一轮督察，并对 20 个省（区）开展"回头看"。2019 年启动第二轮督察，到 2022 年分六批完成对全国 31 个省（区、市）和新疆生产建设兵团、2 个部门和 6 家中央企业的督察。

督察始终深入贯彻落实习近平生态文明思想，坚持服务大局，坚持系统观念，坚持严的基调，坚持问题导向，坚持精准科学依法，统筹做好经济平稳运行、民生保障、常态化疫情防控和生态环境保护，牢固树立制度刚性和权威，夯实了生态文明建设政治责任，解决了一大批突出生态环境问题，助力经济社会绿色转型发展，成为推动美丽中国建设的重要力量。截至 2022 年上半年，第一轮督察和"回头看"整改方案明确的 3294 项整改任务，总体完成率达到 95%。第二轮前三批整改方案明确的 1227 项整改任务，半数已经完成。第四、第五、第六批督察整改正在积极有序推进。两轮督察受理转办的群众生态环境信访举报 28.7 万件，已完成整改 28.5 万件。

通过两轮的督察推动，习近平生态文明思想更加深入人心，"绿水青山就是金山银山"的理念成为全党全社会高度共识，各地区各部门切实落实生态环境保护"党政同责""一岗双责",坚定不移地走生态优先、绿色发展新路子,取得"中央肯定、百姓点赞、各方支持、解决问题"的显著成效。2018年5月,习近平总书记在第八次全国生态环境保护大会上表示:"特别是中央环境保护督察制度建得好、用得好,敢于动真格,不怕得罪人,咬住问题不放松,成为推动地方党委和政府及其相关部门落实生态环境保护责任的硬招实招。"2021年《中共中央关于党的百年奋斗重大成就和历史经验的决议》明确指出,"开展中央生态环境保护督察,坚决查处一批破坏生态环境的重大典型案件、解决一批人民群众反映强烈的突出环境问题"。

资料来源:2022年7月6日,生态环境部副部长翟青在国务院新闻办举行的中央生态环境保护督察进展成效发布会上答记者问。

督察案例

一段时期内,祁连山乱采乱挖、乱占乱建,冻土破碎,植被稀疏,生态受损。2016年底,中央环境保护督察组进驻甘肃,直指祁连山矿产资源违规开发、水电资源无序过度开发、生态破坏整改不力等问题。2017年2月12日至3月3日,由党中央、国务院有关部门组成中央督查组开展专项督查。7月,中办、国办专门就甘肃祁连山国家级自然保护区生态环境问题发出通报。2019年7月,第二轮中央生态环境保护督察正式启动,甘肃进入第一批被督察的名单。祁连山生态破坏问题成为督察重点之一。督察组对照党中央要求,对当地整改进展逐一开展现场核实。如今,144宗矿业权全部分类退出,42座水电站全部分类处置,25个旅游设施项目全面完成整改……祁连山逐步恢复水草丰茂、骏马奔腾的风貌。

资料来源:《为了建设美丽中国——以习近平同志为核心的党中央关心推动中央生态环境保护督察纪实》,新华社2022年7月6日通稿。

第二节　资源高效利用制度

合理开发利用资源,推进生产方式、生活方式绿色低碳转型,是我国现阶段生态文明建设的重要抓手。党的十九届四中全会明确提出全面建立资源高效利用制度,就是把自然资源的使用标准化、制度化、透明化,改变传统的"大生产、大消耗、大排放"的生产模式和消费模式,使资源、生产、消费等要素相匹配适应,协调生态环境保护与社会经济发展矛盾冲突的现状,既让当代人过上资源富足的幸福生活,也满足了后代人对于永续发展的需要。这是人与自然和谐共生的必然要求,更是事关中华民族永续发展的战略规划。

一 自然资源资产产权制度

自然资源资产产权制度是加强生态保护、促进生态文明建设的重要基础性制度。自然资源资产,是以自然资源形式存在,在自然中稀缺并且能够在市场产生价值的、有明确的产权主体与清晰的产权边界的自然物质资源。自然资源资产产权制度是以资源保护优先,坚持市场配置、政府监管,平等保护各类自然资源资产产权主体合法权益的制度;从功能上来说,自然资源资产产权制度就是对于自然资源怎样控制、怎样受益、止损及其怎样补偿的规章制度,以解决自然资源所有者不到位、使用权边界模糊等问题。

目前国家开展了三类试点:一是在福建、江西、贵州、海南等地探索开展全民所有自然资源资产所有权委托代理机制试点,明确委托代理行使所有权的资源清单、管理制度和收益分配机制;二是在各类自然保护地开展促进生态保护修复的产权激励机制试点,鼓励和支持社会资本参与生态保护修复;三是在农村土地开展资源集约开发利用和加强产权保护救济的试点,部署一批健全产权体系、促进资源集约开发利用和加强产权保护救济的试点。

但是,自然资源资产产权制度的建设存在自然资源资产整体性被忽视、产权权利边界不够清晰、自然资源资产产权发展程度不够平衡等问题。这需要在深化推进自然资源资产产权的同时,协调发展生态补偿制度、绿色低碳市场等。

(一) 健全自然资源资产产权体系

自然资源资产产权制度中的产权体系是基于所有权,包括使用权、经营权与管理权的一组权利关系。健全产权体系的重点内容是处理好自然资源资产所有权与使用权的关系，创新自然资源资产全民所有权和集体所有权的实现形式。与国土空间规划和用途管制相衔接，分类科学的自然资源资产产权体系推动自然资源资产所有权与使用权分离，着力解决权力交叉、缺位等问题。

（二）明确自然资源资产产权主体

为明确自然资源资产产权主体，国务院授权国务院自然资源主管部门统一行使全民所有自然资源资产所有权的资源清单和管理体制；委托省级和市（地）级政府代理行使自然资源资产所有权的资源清单和监督管理制度。

（三）开展自然资源统一调查监测评价

自然资源统一调查、监测、评价制度是掌握重要资源的数量、分布、保护和开发利用状况的重要制度，也是编制自然资源资产负债表的核心制度。开展自然资源统一调查监测评价需要动态监测自然资源，及时跟踪掌握各类自然资源变化情况，并通过自然资源调查监测评价信息发布和共享机制让统计部门在第一时间得到信息。

（四）加快自然资源统一确权登记

自然资源统一确权登记是界定全部国土空间各类自然资源资产的产权主体，划清各类自然资源资产所有权、使用权的边界的重要制度。加快自然资源统一确权登记，需要总结自然资源统一确权登记试点经验，建立健全登记信息管理基础平台，逐步实现自然资源确权登记全覆盖。

（五）强化自然资源整体保护

自然资源整体保护是从全局布控，从战略高度保护自然资源。强化自然资源整体保护，在于编制实施国土空间规划，划定并严守生态保护红线、永久基本农田、城镇开发边界等控制线；建立健全国土空间用途管制制度，对国土空间实施统一管控，强化山水林田湖草沙整体保护。

（六）促进自然资源资产集约开发利用

自然资源资产集约开发利用是指集中投入劳动、资金等生产要素，以达到更合理、更高效的自然资源开发利用方式，既通过完善价格形成机制，扩大竞争性出让，发挥市场配置资源的决定性作用，又通过总量和强度控制，更好发挥政府管控作用。

（七）推动自然生态空间系统修复和合理补偿

自然生态空间系统修复和合理补偿是国土空间生态修复规划的重要制度。坚持谁破坏、谁补偿，谁修复、谁受益的原则，鼓励社会公众投入生态保护修复，严惩破坏生态环境的个人和组织。

（八）健全自然资源资产监管体系

自然资源资产监管体系是自然资源资产产权制度在执行过程中的关键一环。通过自然资源督察机构对国有自然资源资产的监督，结合生态环境保护责任追究制度的落实，使自然资源资产产权制度得到重视。

（九）完善自然资源资产产权法律体系

自然资源资产产权法律体系是自然资源资产产权制度得以落实的关键保障。有机衔接、相互协调、多元化的自然资源资产产权法律体系重点围绕土地管理法、国土空间开发保护法等。

典型案例

青海启动全民所有自然资源资产所有权委托代理机制试点

2022 年 5 月 6 日，青海省全面启动全民所有自然资源资产所有权委托代理机制试点，此次试点以"主张所有、行使权利、履行义务、承担责任、落实权益"为主线，以调查监测和确权登记为基础，积极构建归属清晰、权责明确、保护严格、流转顺畅、监管有效的自然资源资产产权制度，促进资源高效配置，实现资产保值增值。

青海省委办公厅、省政府办公厅印发了《青海省全民所有自然资源资产所有权委托代理机制试点实施总体方案》，明确了改革任务的时间表、路线图。针对全民所有的土地、矿产、森林、草原、湿地、水和国家公园等 7 类自然资源资产开展所有权委托代理机制试点，重点探索对象为草原资源、湿地、水资源和国家公园。玉树藏族自治州、果洛藏族自治州、黄南藏族自治州对全民所有草原、湿地、水进行试点探索；三江源国家公园作为独立单元开展委托代理试点。

在试点推进中，青海省着力摸清资产家底，启动了森林、草原、水资源和湿地专项调查，完成了 2021 年度地下水资源调查监测评价工作；完成了三江源国家公园园区内水流、森林、草原、荒地、滩涂等全要素全民所有的自然资源确权登记；积极探索资源转化为资产的通道，初步搭建完成了各类自然资源资产省级清查价格体系，黄南藏族自治州全民所有自然资源资产清查工作稳步推进，共处理 26.5 万个图斑，完成国有土地 5.804 万公顷、森林 45.01 公顷、草原 121.9 万公顷、湿地 5.98 万公顷、矿山企业 35 个的实物量清查。

　　资料来源：叶文娟、王丽华：《青海全面启动全民所有自然资源资产所有权委托代理机制试点》，《青海日报》2022 年 5 月 6 日。

二　自然资源有偿使用制度

（一）自然资源有偿使用制度的重点和发展

　　自然资源主要包括国有土地资源、水资源、矿产资源、国有森林资源、国有草原资源、海域海岛资源等。宪法规定各类自然资源由国家所有。为了保障自然资源的可持续利用，自然资源有偿使用制度是国家向使用自然资源的单位和个人收取自然资源使用费或其他等价单位的制度。自然资源有偿使用制度重点在于建立合理的资源有偿使用方式、权责清晰的自然资源使用权，明确自然资源使用权转让、出租、作价出资、抵押、授权经营的范围、期限、条件、程序和方式等。自然资源有偿使用制度是自然资源资产产权制度的基础，是生态市场建立的基础，对生态文明建设有着十分重要的意义。

　　自然资源有偿使用制度在很多领域的发展已经趋于成熟完善。各地政府实行差别水价电价政策，完善污水处理收费和垃圾处理收费政策，开征资源税和环境保护税。但是，有些资源的有偿使用体系还不成熟，并且资源使用的规范性政策还不够配套，再加之部分资源开发利用者存在资源免费的原始理念，使得该制度仍存在部分亟待解决的问题。因此，对于资产有偿使用制度的规则完善在于健全自然资源开发利用的政府管制规则，完善自然资源资产有偿使用的市场化规则，健全自然资源资产的合理利用规则，完善自然资源资产的绿色使用规则。

　　2016 年，国务院发布《关于全民所有自然资源资产有偿使用制度改革的指导意见》，要求到 2020 年，基本建立产权明晰、权能丰富、规则完善、监管有效、权益落实的全民所有自然资源资产有偿使用制度，并针对土地、水、矿产、森林、草原、海域海岛等六类国有自然资源分别提出了建立完善有偿使用制度的重点任务。

（二）自然资源有偿使用制度的重点任务

1. 完善国有土地资源有偿使用制度

国有土地资源有偿使用制度是指个人或组织向国家租借一定时期内的土地使用权，按照合同向国家缴纳土地使用费的制度。国有土地有偿使用的方式包括国有土地使用权出让、租赁、作价出资或者入股。国有土地资源是最重要的自然资源资产之一。

2. 完善水资源有偿使用制度

水资源有偿使用制度是指国家在水资源开发利用的过程中向水资源开发利用者或水资源使用者收取费用的制度。水资源有偿使用制度包括水资源费制度和水价制度。完善水资源有偿使用制度，在于强化水资源节约利用与保护，严守水资源开发利用控制、用水效率控制、水功能区限制纳污三条红线，严格控制和合理利用地下水。

3. 完善矿产资源有偿使用制度

矿产资源有偿使用制度是指矿产资源探矿权、采矿权有偿取得的制度。完善矿产资源有偿使用制度，在于全面落实禁止和限制设立探矿权、采矿权的有关规定，强化矿产资源保护。

4. 建立国有森林资源有偿使用制度

国有森林资源有偿使用制度是指国家通过划拨国有森林资源，设立国有林业局、国有林场等，授权其依法占有、使用、收益、处分国有森林资源资产。建立国有森林资源有偿使用制度在于严格执行森林资源保护政策，充分发挥森林资源在生态建设中的主体作用。

5. 建立国有草原资源有偿使用制度

国有草原资源有偿使用制度以落实草原禁牧、承包经营、基本草原保护、生态红线保护制度为基础，以自然资源资产统一确权登记工作为前提，严格保护草原生态。国有草原资源有偿使用制度的重点内容在于推进国有牧场草原使用权确权登记，规范国有牧场草原有偿承包经营程序和承包经营权流转。

6. 完善海域海岛有偿使用制度

海域海岛有偿使用制度以生态保护优先和资源合理利用为导向，对需要严格保护的海域、无居民海岛，严禁开发利用。对可开发利用的海域、无居民海岛，要通过提高用海用岛生态门槛，完善市场化配置方式，加强有偿使用监管等措施，建立符合海域、无居民海岛资源价值规律的有偿使用制度。

三 资源总量管理和全面节约制度

资源总量管理和全面节约制度是国家对于资源利用的全面统筹规划制度。就制度而言，目前各类资源的保护利用制度仍需要不断细分，比如耕地保护制度和土地节约集约利用制度、水资源管理制度、建立天然林保护制度、草原保护制度、湿地保护制度、沙化土地封禁保护制度、海洋资源开发保护制度、矿产资源开发利用管理制度等，离不开资源总量管理制度的宏观调控。资源总量管理的目的之一也是为了实现全面节约，使资源的开发与利用处于合适的水平，而资源全面节约制度是实现资源高效利用的重要制度。

国家发展和改革委员会经济体制与管理研究所的最新研究报告指出，资源总量管理和全面节约制度目前的推进效果明显，国家实行了最严格的耕地保护制度及建设用地、水资源、能源总量和强度"双控"制度；更加完善矿产资源开发利用管理制度；建立了天然林、草地、湿地、海洋资源开发保护制度；通过垃圾分类、建立再生资源回收利用、农业废弃物资源化等政策初步建立资源循环利用制度。

（一）建立能源消费总量管理和节约制度

能源消费总量管理和节约的重点在于通过用能预算、节能审查、能耗双控考核的过程建立一个完备的制度，具体落实在对国家重大项目实行能耗统筹，严格管控高耗能高排放项目，鼓励地方增加可再生能源消费，鼓励地方超额完成能耗强度降低目标，推行用能指标市场化交易，使能源消费总量管理和节约制度因地制宜，弹性落地。

（二）建立各类资源的保护利用制度

各类资源的保护利用制度需要不断细分到每一种具体可利用的资源，不能停留在一个大、泛、空的标准。具体而言，各类资源的保护利用制度主要分为资源完善耕地保护制度和土地节约集约利用制度、水资源管理制度、建立天然林保护制度、草原保护制度、湿地保护制度、沙化土地封禁保护制度、海洋资源开发保护制度、矿产资源开发利用管理制度。

（三）完善资源循环利用制度

资源循环利用制度对保障国家资源安全，推动实现碳达峰、碳中和，促进生态文明建设具有重大意义。资源循环利用强调减少原生资源的使用，而促进可再生资源利用，以达到节约资源、减少排放、促进生态文明建设的目的。完善资源循环利用制度主要通过建立健全资源产出率统计体系，加快建立垃圾强制分类制度，完善限制一次性用品使用等制度实现。

第三节　生态环境治理制度

生态保护修复制度既是面向生态欠账问题的补救，也是面向未来实现经济社会可持续发展的提前布局，是生态文明制度体系建设的关键一环。沿用资源高效利用制度将资源产权化市场化的思路，解决环境污染和生态破坏的问题也需要通过市场机制让企业、公众都参与到生态保护修复制度的建设中来。为避免在生态保护修复制度执行过程中出现新的生态破坏、发生"一边污染一边治理"的情况，配套法律是不可或缺的制度保障。

生态系统不仅需要立足现状妥善保护，更需要在保护的同时正视过去在生态方面的欠账，加以修复弥补。生态保护与生态修复需要协同发力，通过构建生态保护市场体系，从补偿和惩治协同生态补偿制度，着力统筹山水林田湖草沙一体化保护和系统治理，建立新时代生态保护修复制度。

一　生态保护市场体系

生态保护市场体系，是指政府通过推行各类环境资源交易机制，优化各类市场配置，构建绿色金融机制，完成生态保护市场的初步建立，以达到引导生态受益者与社会投资者进入生态保护市场，完成对生态保护者的补偿的目的。生态保护市场体系以改善生态环境质量为核心，以壮大绿色环保产业为目标，以激发市场主体活力为重点，以培育规范市场为手段，推动体制机制改革创新，塑造政府、企业、社会三元共治新格局，为推进生态保护制度打下坚实基础。

2017年，国家发展和改革委员会、生态环境部印发《关于培育环境治理和生态保护市场主体的意见》，指出近年来环境治理领域市场化进程明显加快，市场主体不断壮大，但生态保护市场体系仅处于初步探索阶段，还存在着诸多问题。目前，创新驱动力不足，恶性竞争频发，生态保护领域公益性较强，生态保护市场的交易机制还需要完善；综合服务能力偏弱，执法监督不到位，市场不规范等影响了市场主体的积极性，巨大的市场潜力未能得到有效释放。

（一）培育环境治理和生态保护市场主体

在生态保护市场体系中，生态环境治理需要由过去的政府推动为主转变为政府推动与市场驱动相结合，充分发挥市场配置资源的决定性作用，培育和壮大企业市场主体，提高环境公共服务效率，形成多元化的环境治理体系。

政府需要构建生态保护市场的基本制度与监管执法体系，完善信息公开机制与信用体系建设；鼓励社会资本敢于投入生态保护市场，要求国有资本加大对于绿色环保产业的试点与投入，推动环保产业的形成；推动社会公众树立环境资源保护意识，自觉参与环境治理行为，从而推动形成多方合作共治的新格局。

（二）推行用能权、碳排放权、排污权和水权交易制度

习近平总书记在中共中央政治局第二十九次集体学习时指出："要全面实行排污许可制，推进排污权、用能权、用水权、碳排放权市场化交易，建立健全风险管控机制。"作为生态环境市场重要组成部分的用能权、碳排放权、排污权和水权交易制度，能够将资源开发利用的成本体现到生态保护市场中，对于加快建设全国统一大市场具有重要意义。全国统一生态环境市场主要有三方面要求：建设全国统一的碳排放权、用水权交易市场，推进排污权、用能权市场化交易以及推动绿色产品认证与标识体系建设。

1. 用能权

用能权是指企业获取直接或间接使用各类能源总量（如电力、煤炭、

天然气等）限额的权利。用能权交易，则是在区域用能总量控制的前提下，以分配的用能总量指标为交易标准，使指标不够用的用能单位和指标多余的单位完成交易，在能源总量恒定的情况下通过市场调节能源的分配。国家在具有代表性的浙江省、福建省、河南省、四川省开展用能权有偿使用和交易试点，试点地区要根据国家下达的能源消费总量控制目标，推进用能权有偿使用，建立能源消费报告、审核和核查制度。

2. 碳排放权

碳排放权，是指排放主体获取可向大气排放二氧化碳等温室气体总量额度的权利，也就是获取一定数量的气候环境资源的使用权。碳排放权交易，是指交易主体在碳交易市场开展排放配额和国家核证自愿减排量的交易活动，以加强对温室气体排放的控制和管理，推动实现二氧化碳排放达峰目标和碳中和愿景，促进经济社会发展向绿色低碳转型。2021年3月，生态环境部办公厅起草了《碳排放权交易管理暂行条例》，强调重点排放单位应当控制温室气体排放，如实报告碳排放数据，及时足额清缴碳排放配额，依法公开交易信息，并接受设区的市级以上生态环境主管部门的监督管理。目前在北京、天津、上海、重庆、湖北、广东以及深圳7个省市开展了碳排放交易试点工作。

3. 水权

水权，是水资源所有权、水资源使用权、水产品与服务经营权等与水资源有关的权利。水权交易主要是指水资源使用权的交易，在合理界定、分配水资源使用权的基础上，通过市场机制实现水资源使用权在地区间、流域间、流域上下游、行业间及用水户间流转的行为。目前国家已经初步建立了水权确认、交易、监管等制度，并在北京成立了中国水权交易所，以充分发挥市场在水资源配置中的决定性作用，更好地发挥政府作用。

4. 排污权

排污权是指在污染物排放总量控制指标确定的条件下，利用市场机制，建立合法的污染物排放权利。它通过创建市场，有效配置污染削减责任（容量资源），来降低污染控制的社会成本。现在全国共有28个省份开展排污权有偿使用和交易试点，有11个省份和青岛市是国家批准的试点，其余的是各个省份自发开展的试点。2016年起，湖北省成立了环境资源交易中心，印发了《湖北省主要污染物排污权交易办法》，通过推行排污权抵押、重点减排项目融资等绿色金融支持政策，推动绿色资本市场建设。

（三）建立绿色金融体系

发展绿色金融，是实现绿色发展的重要措施，也是供给侧结构性改革的重要内容。绿色金融体系通过创新性金融制度安排，引导和激励更多社会资本投入绿色产业，同时有效抑制污染性投资。绿色金融体系包括支持和鼓励绿色投融资的一系列激励措施，通过绿色信贷、绿色债券、绿色股票指数、绿色发展基金、绿色保险、碳金融等金融工具和相关政策，以支持经济向绿色化转型。

2016 年 8 月，中国人民银行、财政部等七部委联合印发了《关于构建绿色金融体系的指导意见》，代表着中国将成为全球首个建立了比较完整的绿色金融政策体系的经济体。2017 年以来，国务院先后在全国六省九地设立绿色金融改革创新试验区，探索"自下而上"地方绿色金融发展路径。

（四）建立统一的绿色产品标准与认证体系

绿色产品是指在全生命周期过程中，符合环境保护要求，对生态环境和人体健康无害或危害小、资源能源消耗少、品质高的产品，具有资源节约、环境友好、消费友好的特点。统一的绿色产品标准与认证体系是将目前分头设立的环保、节能、节水、循环、低碳、再生、有机等产品统一整合为绿色产品，建立统一的绿色产品标准、认证、标识等体系，并完善其产业链上下游的标准，包括研发生产、运输配送等。《绿色产品评价通则》明确绿色产品评价指标体系由满足节能环保法规等方面的基本要求和包括资源、能源、环境等方面的评价指标要求两部分组成。

2018 年 4 月，市场监管总局发布了第一批绿色产品评价标准清单，包括人造板和木质地板、涂料、卫生陶瓷、建筑玻璃、太阳能热水系统、家具、绝热材料、防水与密封材料、陶瓷砖（板）、纺织产品、木塑制品、纸和纸制品共计 12 类产品，对应产品的绿色评价标准也于 2018 年7 月正式开始实施。

二 生态补偿制度

2018 年，国家发展和改革委员会、财政部、水利部等九部委联合发布《建立市场化、多元化生态保护补偿机制行动计划》，初步建立市场化、多元化生态保护补偿机制，初步形成受益者付费、保护者得到合理补偿的政策环境；2021 年，中共中央、国务院印发了《关于深化生态保护补偿制度改革的意见》，进一步强调要统筹运用好法律、行政、市场等手段，把生态保护补偿、生态损害赔偿、生态产品市场交易机制等有机结合起来，协同发力，有奖有惩，进一步推进生态保护补偿制度建设。

（一）生态保护补偿

生态保护补偿制度作为生态文明制度的重要组成部分，是落实生态保护权责、调动各方参与生态保护积极性、推进生态文明建设的重要手段。生态保护补偿制度以经济补偿为纽带，引导社会各方参与，推进市场化、多元化补偿实践；以法律制度为保障，清晰界定各方权利义务，实现受益与补偿相对应、享受补偿权利与履行保护义务相匹配。

首先，生态保护补偿制度需要聚焦重要生态环境要素，综合考虑生态保护地区经济社会发展状况、生态保护成效等因素确定补偿水平，对不同要素的生态保护成本予以适度补偿。其次，生态保护制度要围绕国家生态安全重点，坚持生态保护补偿力度与财政能力相匹配、与推进基本公共服务均等化相衔接，按照生态空间功能，实施纵横结合的综合补偿制度，促进生态受益地区与保护地区利益共享、良性互动。最后，生态保护补偿需要依靠市场的机制作用，按照受益者付费的原则，通过市场化、多元化方式，促进生态保护者利益得到有效补偿，激发全社会参与生态保护的积极性。

（二）生态损害赔偿

生态损害赔偿制度是生态文明制度体系的重要组成部分。2017 年，中央发布了《生态环境损害赔偿制度改革方案》，确定了生态环境损害所指范围是"因污染环境、破坏生态造成大气、地表水、地下水、土壤、森林等环境要素和植物、动物、微生物等生物要素的不利改变，以及上述要素构成的生态系统功能退化"，明确了生态环境损害赔偿范围、责任主体、索赔主体、损害赔偿解决途径等，形成相应的鉴定评估管理和技术体系、资金保障和运行机制，逐步建立生态环境损害的修复和赔偿制度，加快推进生态文明建设。

生态损害赔偿不拘泥于固定的形式，而是依据我国各地经济社会发展、生态环境资源禀赋发展的不平衡要求恢复原状或者经济赔偿，既体现相关法律、规范要求，又需要兼顾执行过程中的灵活性、适宜性。

第四节　生态环境损害责任追究制度

生态环境保护责任追究制度是建立生态文明制度体系的关键保障。生态环境的问题要归因于人类在日常生产生活实践中对待自然生态的不合理不科学，因此治理生态环境问题，不能光靠"人治"生态，还需要"法治"人类。生态环境保护责任追究制度依托考核评价和责任追究制度规范人与人、人与自然之间的关系，通过"后果严惩"的警示作用达到"源头预防"的目的。

经典文献

要建立责任追究制度，对那些不顾生态环境盲目决策、造成严重后果的人，必须追究其责任，而且应该终身追究。

——《习近平在十八届中央政治局第六次集体学习会议上的重要讲话》，2013 年 5 月 24 日

领导干部的特殊身份决定其在生态文明制度建设和执行过程中起着举足轻重的作用，要让生态文明制度建设落到实处，就要增加生态文明在领导干部考核评价中的权重。企业主体责任和政府监管责任也需要严格落实，对损害生态环境的行为，无论是企业个人，还是领导干部，都要真追责、敢追责、严追责，终身追究。

一 生态文明绩效评价考核

生态文明绩效评价考核制度是评价生态文明建设成果的尺度工具。生态文明绩效评价考核制度确立了党和国家确定的重大目标任务的完成标准，为地方政府、企业的生态文明制度制定了评价、监督与反馈的渠道，扩大了公众在生态文明建设过程中的获得感与满足感。2016年，中共中央办公厅、国务院办公厅印发《生态文明建设目标评价考核办法》，明确了生态文明绩效评价制度从评价、考核、实施、监督四个部分展开。

（一）评价与考核

落实生态文明绩效评价考核制度的核心在于考核。通过考核评价，能够真实地反映一个地区在一个时期内建设生态文明的绩效，能够督促被考核对象切实完成生态文明建设任务，引导形成树立尊重自然、顺应自然、保护自然的生态文明理念；并及时发现考核评价过程中出现的新问题，不断完善生态文明制度体系建设，促进生态文明建设的良性发展。

考核评价指标是考核评价的重要组成部分，能够反映生态文明建设的努力方向，突出经济发展质量、生态环境建设、生态文化培育、生态制度完善等方面要求。在具体考核指标设计时，既要考虑到所在区域的整体水平，也要兼顾与设定目标相比的完成程度和与过去相比的生态文明建设程度。目标考核采用百分制评分和约束性指标完成情况等相结合的方法，根据考核结果划分考核等级，并结合领导干部自然资源资产离任审计、领导干部环境保护责任离任审计、环境保护督察等结果，形成考核报告。

（二）实施与监督

考核实施需要结合考核报告，由有关部门组织开展专项考核认定的数据、相关统计和监测数据，将上级考核、群众考核、专家和第三方评估有机结合，进行综合判定。

生态文明建设涉及多方主体。生态文明建设直接关系到群众福祉，公众能够直接感受生态文明建设所带来的变化，因此公众最具有知情权、考核权与监督权。地区上级领导和行业主管部门常常能够以更全面的视野看到考核期内新的发展变化，也因此能够对执行单位作出合理的考核评价与监督。具有公信力、客观、公正的第三方或专家进行第三方考核评价、监督、评估，能够增强评价考核与监督的科学性、客观性、权威性。

二　损害追责制度

制度的生命力在于执行，关键在真抓，靠的是严管，生态环境损害责任追究制度是生态文明制度建设体系的重要组成部分。随着中央对生态文明建设的要求不断提高、环保法律法规的日益严格和人民群众环保意识的加强，国家对各级党政领导干部在生态环境保护方面的要求不断提高，对损害生态环境行为的追责力度也不断加强。

（一）编制自然资源资产负债表

党的十八届三中全会提出，"探索编制自然资源资产负债表，对领导干部实行自然资源资产离任审计。建立生态环境损害责任终身追究制"。自然资源资产负债表确认了自然资源存在价值，把自然资源看作一种资产、一种财富，进而把自然资源的增加或减少当作新增资本资产或资本资产损耗来看待。而自然资源负债的概念，是指为治理生态系统或恢复自然资源状态，实现可持续发展所需要付出的代价。因此，自然资源资产负债表通过量化自然资源资产和权益，以落实资源和环境审计为前提，为生态文明绩效评价考核和生态环境损害责任追究提供依据。

2015 年 11 月，国务院办公厅印发《编制自然资源资产负债表试点方案》，对编制自然资源资产负债表试点工作进行了全面部署。福建、江西、贵州三个首批国家生态文明试验区针对土地、林木、水、海洋资源、矿产资源等编制了自然资源资产负债表。自然资源资产负债表编制试点工作在全国顺利开展。

（二）对领导干部实行自然资源资产离任审计

自然资源资产离任审计是审计机关依法依规对主要领导干部任职期间履行自然资源资产管理和生态环境保护责任情况进行的审计，主要围绕自然资源资产使用情况、自然资源资产管理情况和自然资源资产监管情况三方面。

党和国家在 2015 年和 2017 年先后印发《开展领导干部自然资源资产离任审计试点方案》和《领导干部自然资源资产离任审计规定（试

行）》，标志着自然资源资产离任审计由多地试点转向全国全面铺开。不过，在实际推行中，一个自然资源资产审计项目往往涉及城、镇、乡村多个分散区域，涉及水、土、林等多方面的内容，需要结合运用常规审计方法与环境科学、生态环境法学、自然资源监测等专业知识。

要做好自然资源资产离任审计，审计机关应当充分考虑被审计领导干部所在地区的主体功能定位、自然资源资产禀赋特点、资源环境承载能力等，针对不同类别自然资源资产和重要生态环境保护事项，分别确定审计内容，突出审计重点。过去对于党政领导干部的问责习惯于内部处理，或者遮遮掩掩，重拿轻放；或者调换一下环境，让本单位和新单位的人都不知原委。一方面，对于损害生态环境的责任追究需要"利剑出鞘"，用严法保证责任能够落到实处。另一方面，为了避免"严法不严"的情况，一是需要避免责任的落实由上级出面实施、层级隔离导致效力减弱；二是需要同时严格追究责任人本身与其对事件的责任。

（三）实行生态环境损害责任终身追究制

责任需要制度来保障，因此，对于各类各级领导干部究竟应该承担哪些生态环保职责、失责之后又应该如何追究，不能仅仅只靠道德号召和工作号召，需要一个清晰的标准和统一的操作流程，即生态环境损害责任追究制度。

2015年8月，中共中央办公厅、国务院办公厅印发《党政领导干部生态环境损害责任追究办法（试行）》，一共规定了25种追责情形，列出了党政主要领导、党政分管领导、政府工作部门领导和其他具有职务影响力的领导干部四种类型，责任主体与具体追责情形一一对应，形成"分类—定责—惩处"完整的追责链条；通过强调"党政同责"，明确把干部追责的结果与其评优、提拔、转任等挂钩。2017年，甘肃省祁连山国家级自然保护区生态环境问题等一些典型案例被通报；2018—2019年，中央通过雷霆手段整治秦岭北麓违建别墅事件，集中拆违行动共清查违建别墅1194栋，依法追究西安市国土局原局长、规划局原局长、环保局原局长等相关领导干部的责任。

典型案例

秦岭北麓违建别墅事件

一、秦岭违建别墅问题

秦岭是中国南北地理分界线，更是涵养八百里秦川的一道生态屏障，具有调节气候、保持水土、涵养水源、维护生物多样性等诸多功能。中央虽然三令五申、地方也出台多项政策法规，要求保护好秦岭生态环境，但还是有很多人盯上了秦岭的好山好水，秦岭北麓不断出现违规、违法建设的别墅，试图将"国家公园"变为"私家花园"，严重破坏了生态环境。

2014年5月到2018年7月，习近平总书记先后六次就"秦岭违建"作出批示指示。但陕西省和西安市没有引起真正重视，2018年7月，中央专门派出中纪委领衔的专项整治工作组入驻陕西，展开针对秦岭违建别墅的整治行动。

二、秦岭北麓集中拆违行动

2018年7月下旬，中纪委领衔的专项整治工作组入驻陕西，展开针对秦岭违建别墅的整治行动。秦岭北麓集中拆违行动共清查违建别墅1194栋，其中依法拆除1185栋，依法没收9栋，收回国有土地4557亩，退还集体土地3257亩。

三、责任人处罚

陕西省省纪委监委把秦岭北麓西安境内违建别墅问题专项整治工作作为践行"两个维护"的现实检验，加强对违建别墅排查、资金追缴等工作的监督检查，彻底查清违反政治纪律的人和事。严肃查处西安市秦岭办首任主任、规划局原局长和红星，市国土局原局长田党生，市环保局原局长罗亚民，市政府原秘书长焦维发，原户县县长张永潮等严重违纪违法问题。

资料来源：

1.《陕西省委、西安市委在秦岭别墅问题上严重违反政治纪律》，《人民日报》2018年11月13日。

2.《陕西大规模整治秦岭北麓违建别墅》，《人民日报》2018年11

月 14 日。

3. 央视新闻：《独家关注 "秦岭违建"为何惊动中央?》，2019 年 1 月 8 日。

4.《揭开整治秦岭违建别墅幕后故事：多名干部上镜作检讨》，人民网—中国共产党新闻网，2019 年 1 月 10 日。

5.《因秦岭违建别墅问题落马的重要官员，一审获刑 12 年》，《新京报》2019 年 9 月 14 日。

思考题

1. 生态环境保护制度制定的严格性要求体现在哪些方面？在制定严格的制度的同时，如何协调好发展与保护的平衡？以"三区三线"制度为例，如何避免划定生态红线时"一刀切"，将森林、大江大河不加区分地划定为"生态屏障"的情况？

2. 案例中青海省的自然资源资产所有权委托代理机制试点体现了哪些生态文明制度的建设？这些制度建设是围绕什么展开的？你认为有哪些地方还可以做得更好？

3. 谈一谈资源有偿使用制度和生态保护市场体系的区别与联系。联系其他制度，谈一谈新时代生态文明制度体系建设是如何将各个方面制度联系成一个有机整体。

4. 生态文明制度体系在具体落实的过程中，哪些制度体系起了关键的作用？还有哪些现实问题需要解决？

5. 拓展延伸：生态文明制度体系的建立不能只靠国家通过出台政策文件来执行，学校、企业、个人在这个过程中可以做些什么？对于生态文明教育，你认为可以从哪些角度展开？

文献阅读

理解本章所提到的制度体系建设的最好起点，是从党和中央历年印发的纲领性文件入手：党的十八届三中全会通过了《中共中央关于全面深化改革若干重大问题的决定》，首次确立了生态文明制度体系，强调

"建设生态文明，必须建立系统完整的生态文明制度体系"，"用制度保护生态环境"。2015 年，中共中央、国务院先后出台《关于加快推进生态文明建设的意见》和《生态文明体制改革总体方案》。前者概括了全面系统的生态文明建设制度体系，成为今后一个时期推动生态文明建设的行动指南；后者明确了由"自然资源资产产权制度""国土空间开发保护制度"等"八项制度"构成的生态文明制度体系的"四梁八柱"。2019 年 10 月 31 日，党在十九届四中全会提出"坚持和完善生态文明制度体系，促进人与自然和谐共生"，并通过了《中国特色社会主义制度推进国家治理体系和治理能力现代化若干重大问题的决定》。这些文件中的每一条细则都对以后的生态文明制度体系的建设产生了重要影响。

　　同时，另一条快速理解本章知识的路径，是去阅读学者们在各个领域具有代表性的研究成果。张永亮等在《最严格环境保护制度：现状、经验与政策建议》中提出了源头严防、过程严管、后果严惩、经济调节、公众参与制、生态环境保护管理等制度以建立和完善最严格环境保护制度。黎祖交在《正确认识资源、环境、生态的关系——从学习十八大报告关于生态文明建设的论述谈起》中强调资源、环境、生态是分别体现自然对于人类不同功能的三个既相互联系又相互区别的概念。高吉喜就《生态环境损害赔偿制度改革试点方案》提出生态环境损害赔偿制度实施的重难点以及相关建议。北京林业大学生态文明研究中心 ECCI 课题组完成了系列《中国省域生态文明建设评价报告》，建立了比较完善的生态文明建设评价指标体系。

第五章

生态经济发展与绿色 GDP

　　党的二十大报告提出，要促进人与自然和谐共生，就需要尊重自然、顺应自然、保护自然，这是全面建设社会主义现代化国家的内在要求。必须牢固树立和践行"绿水青山就是金山银山"的理念，站在人与自然和谐共生的高度谋划发展。生态经济寻求的是生态可持续、社会可持续和经济可持续。绿色 GDP（Green GDP）则是国民经济核算的一个重要指标，它主要测度了经济活动的成果和经济活动对环境的影响等，是考虑了环境成本的经济产出。通过本章学习，主要掌握生态经济发展与绿色 GDP 的关系，了解绿色 GDP 核算和相关案例等。

第一节　生态经济发展和实现

一　生态经济发展认识历程

　　生态经济的发展源于人们对生态价值的认识，也源于对生态系统与经济关系及其价值的认识、理解与完善。生态经济主要是在生态承载力范围内，根据经济学原理和系统工程方法等，探索生态系统和经济系统所构成的复合系统的结构、功能、行为及其规律的方法体系。生态经济在长期的发展中逐步形成了一个学科体系，即生态经济学（Ecological E-conomics），它是一门跨学科的学科，也是生态学和经济学相结合而形成的一门边缘学科。

　　（一）国外对生态价值的认识

　　古典政治经济学和重农学派认为土地不是劳动生产物，而是自然物质，土地的价值是资本化的地租，各国应充分利用本国的土地、气候等资源，生产出比别国成本更低、生产力更高的产品。商品的价值不仅由直接劳动决定，还由间接劳动决定，而间接劳动主要指生态资源环境等。良好的生态环境是劳动者的权利，它有助于提高生产效率。

效用价值论则认为，效用是资本（生产工具）、土地（自然因素）和劳动三要素结合起来共同创造的。物品的价值取决于物品的效用性和稀缺性，并认为价值是由边际效用决定的。

福利经济学认为，产业的社会福利应等于消费者剩余加上生产者剩余，是二者之和，或产业的社会福利应等于总消费效用与生产成本之差，增加国民收入总量有利于提高经济福利，也有利于生产资源在各生产部门中达到最优配置状态。

凯恩斯在其经济学说中指出："资本的边际效率递减会引起社会投资不足，并引起'有效需求'不足"[1]，同时，也认为提高生态价值，应从分析有效需求和生态资本的边际效率等着手。

在西方经济学分析方法中，一般用 IS－LM 模型解释国民收入决定理论，该模型对生态经济的价值认识和评价等有一定的启示，其中提到生态系统、资源环境等参与了经济系统的"劳动"，能够增加社会经济系统的福利。

因此，从经济学对生态经济的价值认识和经济学发展历程可以看出，不同经济学流派对生态价值的看法是不同的。从劳动创造价值的层面来说，劳动不仅包括人类的劳动，也包括生态、资源环境和土地等生产资料的"劳动"。从效用价值论方面来说，普遍认为价值取决于商品边际效用的大小，商品价值也由生产成本的节约和消费者剩余的增加反映出来。因此，在对生态价值的认识和利用中，无论进行生态价值评价、生态环境价值核算，还是进行生态价值开发利用等，均应从生态经济复合系统的生产成本节约和剩余价值的增加两方面考虑，并要考虑增加社会经济福利，实现收入分配的均等化等。

---

① Eatwell, J. and Millgate, M., *The Fall and Rise of Keynesian Economics*, New York: Oxford University Press, 2011, p. 14.

（二）马克思、恩格斯关于生态价值的观点

恩格斯说："劳动和自然界在一起才是一切财富的源泉，自然界为劳动提供材料，劳动把材料转变为财富。"[①] 马克思认为人通过自己的劳动与自然界发生联系，并协调与自然的关系。因此，这种联系不仅表现为人与自然之间的物质变换关系，即本质上的自然生态关系，还表现为人与人之间的相互交换劳动，即社会经济关系。马克思主义认为资本主义生产方式造成了"物质变换的断裂"，而人类应"合理地调节""共同地控制""最适合于人类本性地"进行物质交换。这正是我们今天发展生态经济的目标所在，也正是我们今天所倡导的生态、社会和经济发展的可持续性问题。

（三）中国对生态价值的认识

我国对生态价值的认识和生态经济的开发利用源远流长，在古代，儒、释、道家就以各自的观点阐释了对生态价值的认识，总体来讲，是基于一种仁道的情感维度来审视世间万物。

经过长期的探索和发展，当前我国逐渐认识到生态价值的本质就是人与自然是同为一体的"生命共同体"，良好的生态环境是维持经济社会活动良性运转的基础，以牺牲生态环境换取经济快速发展是不可持续的。为了实现经济高质量发展，需要构建新时代生态经济体系。通过发展生态经济，降低经济发展的生态成本、资源成本和环境成本，提高各种资源的使用效率，建立资源节约型和环境友好型国民经济体系，减小经济增长对资源环境的压力。

二　我国生态经济发展进程

生态经济强调经济发展和生态环境的协调共生，当代我国对生态经济的开发利用主要经历了三个阶段，积累了丰富的经验。

（一）起步阶段（1972—1991 年）

1972 年在斯德哥尔摩召开的联合国人类环境大会，是新中国恢复联合国合法席位以来参加的第一个大型国际会议。生态环境保护的相关法律体系和政策制度体系也开始建立。1973 年 8 月，第一次全国环境保护

---

① 　恩格斯：《自然辩证法》，人民出版社 2018 年版，第 303 页。

会议的召开，推动了生态环境保护意识在全社会的普及和推广。1983年，将生态环境保护确立为我国的基本国策，并推动实现"经济建设、城乡建设、环境建设同步规划、同步实施、同步发展，实现经济效益、社会效益、环境效益相统一"的"三同步"发展。1989 年召开的第三次全国环境保护会议，提出了新时期环境保护要"预防为主、防治结合，谁污染谁治理和强化环境管理"的三大政策，使我国生态环境保护正式进入发展阶段。

（二）可持续发展初始阶段（1992—2006 年）

1992 年，中国改革开放和经济建设进入高速发展时期，乡镇企业的崛起和无序发展，致使环境污染开始从城市蔓延到乡村，环境问题日益突出。同年，中共中央和国务院颁布《环境与发展十大对策》，将可持续发展作为国家发展战略。1994 年 3 月发布《中国 21 世纪议程》，这是世界上首个国家级的可持续发展战略，标志着中国经济发展方式逐步发生转变，并开始落实和实施可持续发展战略。2005 年 10 月，《中共中央关于制定国民经济和社会发展第十一个五年规划的建议》提出了必须加快转变经济增长方式，大力发展循环经济，加大环境保护力度，切实保护好自然生态，认真解决影响经济社会发展特别是严重危害人民健康的环境突出问题，推动全社会形成资源节约的增长方式和健康文明的消费模式。"十一五"时期经济社会发展的目标之一是资源利用效率显著提高，单位国内生产总值能源消耗比"十五"期末降低 20% 左右，生态环境恶化趋势基本遏制，耕地减少过多状况得到有效控制。伴随着经济发展方式的转变，我国生态经济发展进入可持续发展初始阶段。

（三）生态经济理论体系建设阶段（2007—2021 年）

经典文献

必须坚持节约优先、保护优先、自然恢复为主的方针，形成节约资源和保护环境的空间格局、产业结构、生产方式、生活方式……

——习近平：《决胜全面建成小康社会　夺取新时代中国特色社会主义伟大胜利——在中国共产党第十九次全国代表大会上的报告》，人民出版社 2017 年版，第 50 页党的十七大，标志着中国特色社会主义生态文明理念的正式确立。在 2018 年全国生态环境保护大会上，习近平总书记指出：要加快构建"以产业生态化和生态产业化为主体的生态经济体系"①。这既是对经济发展的指导原则，也是方法论。2021 年 2 月，国务院印发了《关于加快建立健全绿色低碳循环发展经济体系的指导意见》，并提出建立健全绿色低碳循环发展经济体系，促进经济社会发展全面绿色转型，是解决我国资源环境生态问题的基础之策。这些意见和建议为加快我国生态经济理论体系建设指明了方向，画出了路线图，也使我国生态经济理论体系建设进入新阶段。

三　生态经济概念和特征

（一）生态经济概念

生态经济是指在生态系统承载能力范围内，运用生态经济学原理和系统工程方法改变生产和消费方式，挖掘一切可以利用的资源潜力，发展一些经济发达、生态高效的产业，建设体制合理、社会和谐的文化以及生态健康、景观适宜的环境。生态经济是实现经济腾飞与环境保护、物质文明与精神文明、自然生态与人类生态高度统一和可持续发展的经济。生态经济是一个"社会—经济—自然"复合生态系统，不仅包括物质代谢关系、能量转换关系及信息反馈关系，还包括结构、功能和过程的关系，具有生产、生活、供给、接纳、控制和缓冲功能。

以产业生态化和生态产业化为主体的生态经济体系中的"生态"通常指"自然生态系统"，"产业化"通常指设计和实施的生态工程能够满足人类物质文化需求或满足人类从事经营性经济活动的产业。生态产业化，应当是从区域自然生态系统优势出发，将生态资源转化为经济优势的过程。产业生态化，将遵循自然发展规律作为经济开发的理论导向，把现存或者新建的企业、产业或整个行业按照自然生态系统运行机理转型为相互补充、绿色发展的有机生态系统的过程。这个过程包括"生产者—消费者—还原者"整个全产业链，在这个循环过程中每个环节产生

---

① 中共中央党史和文献研究院编：《十九大以来重要文献选编》（上），中央文献出版社 2019 年版，第 454 页。

的废物会成为下一个环节的生产原料，通过物质流、信息流、能量流达成生产资料利用效率最佳的状态。

（二）生态经济特征

生态经济主要研究社会经济发展同自然资源和生态环境的关系等。生态经济的本质就是把经济发展设定在生态环境可承受的范围之内，实现经济发展和生态保护的"双赢"，建立经济、社会、资源、生态良性循环的复合型生态系统。

生态经济具有三个基本特征：一是时间性，主要指生态资源利用在时间维度上的持续性，要实现经济社会永续、和谐的长期发展，必须重视自然资源的再生和生态资源的维护；二是空间性，主要指经济发展要以生态基础作为支撑条件，利用资源发展经济要限制在保持生态平衡的安全阈值范围内，并要保持资源节约、环境友好的高效利用方式；三是技术先进性，即经济发展与保持生态环境平衡是统一的，发展经济是目标，生态环境是基础，技术是手段，发展经济就是要有效利用自然资源，促使经济利益最大化，不断增进人类社会的福利。因此，保持技术的先进性，加强技术创新，有利于生态利用效率的提高和生态目标的实现。

四 生态经济发展原则

"江山就是人民，人民就是江山"，为民造福是立党为公、执政为民的本质要求。促进生态经济发展要始终坚持发展为了人民，遵循人与自然和谐共生的原则，要利用自然但又要受制于自然，实现经济与生态协调的大发展格局。

（一）利用自然又受制于自然原则

经济发展的实质是人类通过利用自然资源实现人与自然的物质转换。人类利用自然资源发展经济已经有数百万年的历史，但事实证明，人们对人与自然之间关系的处理一直不十分融洽，这正是人类社会经济不能实现可持续发展的基本原因。要牢固树立人与自然和谐发展理念，坚持可持续发展战略目标，既着眼当前，又考虑未来，实现经济、社会、人口、资源和环境的协调发展。要在保持经济增长的同时保护自然资源，维护良好的生态环境，促进人的全面发展，推进经济、政治文化的进步和物质文化生活水平的改善。

（二）经济主导与生态平衡相互制约、相互促进原则

对人类社会经济的发展来说，自然生态平衡应该区分为积极的生态平衡与消极的生态平衡。生态平衡是动态和相对的平衡。因此，在发展社会经济的过程中，自然生态平衡是可以被打破的，只要同时建立起新的平衡，能够维持生态系统的正常运行，又有利于社会经济的发展，这个平衡就是积极的生态平衡，反之则是消极的生态平衡。积极的生态平衡理论的建立，有利于人们在尊重生态平衡客观规律的基础上，充分发挥主观能动性，积极创造条件，建立各种对社会经济发展有利、有效的人工生态系统。

（三）经济有效性与生态安全性兼容原则

生态经济学理论认为，发展经济对资源的过度利用和不能确保生态系统的安全则是生态不安全性的关注点，而实现经济有效性与生态安全性的兼容协调，则是解决这一矛盾的基本措施。人们利用资源的活动，实质上是生态与经济结合的过程，这就决定了必须实现经济有效性与生态安全性的兼容协调。从生态与经济的结合上看，经济有效性与生态安全性兼容应该包括以下四个方面的内涵：一是发展是积极的而不是消极的，要把促进经济发展放在第一位；二是对自然的索取要受到一定的限制，而不是滥用；三是资源的利用要充分而不是浪费；四是反对粗放经营，提倡集约经营。

（四）经济效益、社会效益、生态效益整体统一的原则

经济效益、社会效益、生态效益是一个整体，三个效益是客观存在、相互关联、有机统一的。经济、社会、生态三种效益统一的理论主要来自生态学和经济学的有机结合。一是生态经济系统是生态系统和经济系统有机结合的系统；二是生态经济平衡主要是生态平衡和经济平衡有机结合的平衡；三是生态经济效益是生态效益和经济效益有机结合而产生的复合效益。因此，在这三大效益中，生态系统是载体，生态平衡是动力，经济效益是目的，这三种效益是统一的整体，其目的是增加人类社会的福利。

五　生态经济实现路径

（一）形成政府引导、企业主体、公众参与的协同发展格局

作为世界上最大的发展中国家，中国各级政府在推进生态经济发展过程中起着重要的引导作用。要充分鼓励激发企业自下而上的绿色发展实践创新，总结归纳企业绿色低碳的经验做法，促进区域间、企业间相互学习交流和经验借鉴，并促进企业主体地位的发挥。同时，充分发挥市场的导向性作用，为企业生态经济的发展注入活力和动力。尤其要通过政策制定和机制创新，激发企业和公众投身到生态经济发展实践中来，扩大企业的主体作用和公众参与范围，并为公众监督创造有利条件；增强公众的生态环保意识，提高公众践行绿色、低碳的生活方式，实现生产、消费知行合一，全方位促进生态经济发展。

（二）加快完善生态经济发展的法治体系

我国已经形成了比较完整的生态经济和环境保护的法律体系，但在新形势、新目标下，现有法治体系还需进一步优化和完善。需要面向新发展理念与"双碳"目标，促进相关法律法规的绿色化进程，统筹推进应对气候变化法、能源法、煤炭法、电力法、节能法、可再生能源法等制定和修订。同时，还要积极推动生态经济、绿色标准体系的完善，建立健全指标科学先进、系统协调的生态经济标准；按照可持续发展的理念等改造现有政策体系，将生态经济发展理念融入政府调控、市场调节、企业发展等领域的政策中，加快建立生态经济发展的长效机制。

（三）完善市场激励机制，保障企业绿色发展转型

在保障企业生态经济发展方面，尤其在目前的形势下，围绕企业绿色转型，积极落实《碳排放权交易管理办法（试行）》，加快全国碳排放权交易市场建设，稳步推进排污权、用能权交易等。大力推广绿色电力证书交易，促进企业资源节约、高效利用，建立健全高标准的价格信号体系。以税制绿色化改革为契机，调整征收税率及范围，使能耗高、污染重企业的发展绿色化，降低绿色产品消费税等，增加企业绿色发展内生动力，鼓励企业研发绿色科技投入，促进生态经济发展。对绿色低碳循环发展有突出作用的重大项目，优先给予资金补助、贴息贷款等政策

支持，调动不同企业主体参与生态经济发展的积极性，推动投资主体多元化，保障生态经济的实现。

案例链接

浙江省丽水市 GEP 核算

作为全国首个生态产品价值实现机制试点城市，浙江省丽水市通过开展生态系统生产总值（Gross Ecosystem Product，GEP）核算，促进生态经济发展。编制了全国首个地级市《生态产品价值实现"十四五"专项规划》，出台了《丽水市 GEP 综合考评办法》，将 GDP 和 GEP 双增长双转化等 5 类 91 项指标纳入市委综合考核，明确各地各部门提供优质生态产品的职责。把相关核算清单化、标准化、自动化、制度化，激活了 GEP 核算的价值，确保和促进了丽水市生态经济的发展，并打造了生态经济发展的"丽水样板"。

——选自丽水市发改委《丽水市建立 GEP "六进"制度，推进生态产品价值核算成果应用》，2021 年 1 月 21 日

第二节　绿色 GDP 核算

党的二十大报告指出，要加快发展方式绿色转型，实施全面节约战略，发展绿色低碳产业，倡导绿色消费，推动形成绿色低碳的生产方式和生活方式。绿色 GDP 作为核算国民经济绿色发展的重要指标，是衡量生态环境与经济发展之间是否和谐的重要工具。绿色 GDP 是从 GDP（Gross Domestic Product，GDP）中减去环境破坏和生态退化等的成本，是衡量经济与环境和谐增长的一个重要指标。该指标是对传统 GDP 的改进，主要通过国民经济核算体系来实现。

一 绿色 GDP 概念和提出背景

（一）绿色 GDP 概念、含义

绿色 GDP 是指经资源和生态环境调整后的国民生产总值，也称"绿色国内生产总值"，是指在传统国内生产总值 GDP 的基础上，把人类不合理利用自然资源与生态环境产生的资源消耗成本、环境退化成本和生态破坏成本等扣减后的核算结果。

传统 GDP 核算实际上是以牺牲生态环境和自然资源为代价，只反映经济增长的正效应，掩盖了经济生产过程中造成的环境质量退化、资源损耗和影响人类健康及福利水平的负效应等。大量的自然资产由于不符合经济资产的条件而未能纳入国民经济核算的资产范围。因此，传统的 GDP 核算不能科学衡量资源的公正分配和利用。环境降级成本和自然资源消耗成本在传统 GDP 核算中被忽略，意味着 GDP 指标不能客观反映经济增长的效率、效益、可持续性和增长质量。因此，人们意识到传统 GDP 核算的局限性，并提出绿色 GDP 核算的概念，以及加快对现有国民经济核算体系改进的重要性和迫切性。

绿色 GDP 核算思想是由希克斯 1946 年在其著作中提出的。他认为只有当全部的资本存量随时间保持不变或增长时，经济发展途径才是可持续的。因此，有些人把绿色 GDP 也称为可持续收入，即在数量上等于传统意义的国民生产总值（Gross National Product，GNP）减去人造资本、自然资本、人力资本和社会资本等各种资本的折旧。在后期的发展中，绿色 GDP 的概念得到了丰富和逐渐规范。

（二）绿色 GDP 提出的背景

1. 绿色发展理念的提出

1972 年，德内拉·梅多斯等发表了《增长的极限》，对西方工业化国家高消耗、高污染增长模式的可持续性提出了质疑，并在污染末端治理的基础上提出了绿色发展的理念。1987 年，世界环境和发展委员会发表了《我们共同的未来》，强调通过新资源的开发和有效利用，提高现有资源的利用效率，同时降低污染排放。1989 年，英国环境经济学家戴维·皮尔斯等在《绿色经济蓝图》中首次提出了绿色经济的概念，强调通过对资源环境产品和服务进行适当的估价，实现经济发展和环境保护的统一，并实现可持续发展。

2. 建立综合环境经济核算体系

针对传统的国民经济核算体系，联合国《21 世纪议程》呼吁所有成员国"建立综合环境经济核算体系"，并从经济上寻找控制环境污染、降低资源损耗等手段。1993 年，联合国统计部门等建立了国民经济核算体系（SNA）的卫星账户体系，即 SEEA – 1993，把环境污染、资源损耗等纳入 GDP 核算中。2005 年，联合国统计委员会专门成立了环境经济核算专家委员会（The UN Committee of Experts on Environmental-Economic Accounting，UNCEEA），2011 年，SEEA 变成了综合环境经济核算的国际统计标准。2012 年，联合国等部门正式出版了环境经济核算中心框架（SEEA – 2012），并编制了实验性生态系统核算账户（SEEA/EEA）。2017 年，又正式出版了《SEEA – 2012 应用和扩展》，并加入了决策和政策制定等内容。

近几十年来，我国经济快速发展。1950—2002 年，中国二氧化碳的累计排放量占世界同期的 9.33%，居世界第二位。但 2005 年以后，中国碳排放总量一直为世界第一。2020 年，中国碳排放总量约为 99 亿吨，连续第四年增长，是全球几个主要碳排放增加的地区之一。因此，"中国将提高国家自主贡献力度，采取更加有力的政策和措施，二氧化碳排放力争于 2030 年前达到峰值，努力争取 2060 年前实现碳中和"[①]。这就是中国的庄严承诺，也是我国的"双碳"目标。因此，加快绿色 GDP 核算，倡导以绿色 GDP 为主要经济指标的发展方式，走以生态、经济协调发展为核心的可持续发展道路十分必要，是 21 世纪世界经济发展的必然趋势和要求。

二　绿色 GDP 核算与方法

（一）核算目标

在我国经济发展的转型需求下，为实现生态文明建设，构建科学的经济发展框架，形成可持续发展的长效机制，并建立生态良性循环治理

---

① 习近平：《在第七十五届联合国大会一般性辩论上的讲话》，《经济日报》2020 年 9 月 23 日第 3 版。

体系成为我国当下发展的应势之需。因此，绿色 GDP 核算成为实现绿色经济发展的重要环节。

1. 生态文明建设的需要

与传统国民经济核算体系相比，绿色 GDP 核算不仅比较客观地反映了资源损耗和环境效益，而且反映了生态系统对人类发展的自然价值和福利。

改革开放 40 多年来，我国经济飞速发展，前期 GDP 以 10% 左右的速度迅速上升，但是这种高速经济增长的代价是资源的损耗和生态环境的破坏，生态环境保护与经济发展存在良性互动和相互冲突两种状态。"坚持生态保护，实现绿色发展"是我国未来经济发展的基本原则，要求经济发展不能以牺牲生态环境为代价。绿色 GDP 核算能够准确地反映出地方各项环境资产的存量和流量价值，更有利于地方生态环境保护与经济发展的动态监测和把握，实现社会、经济、环境的可持续发展。

2. 可持续发展的需要

"可持续发展"思想是《我们共同的未来》报告中提出来的，并得到世界范围的认同，其思想逐渐演变为系统化、科学化的理论，并在《21 世纪议程》中上升为 21 世纪的共同发展战略。

目前，作为经济发展核心指标的 GDP，忽视资源损耗和环境破坏的不足越来越明显。在可持续发展的目标下，需要把经济发展对生态环境的影响纳入其中，重视生态环境对经济发展的作用。因此，为进一步落实可持续发展目标，应当对我国国民经济核算体系进行调整。绿色 GDP 核算能够促进国民经济核算体系的调整，能够比较全面地反映社会经济活动对自然资源和生态环境的利用状态。因此，基于可持续发展战略的实施，绿色 GDP 核算更有利于推动可持续发展的落实。

3. 生态良性循环治理机制建立的需要

人们对美好生活向往的需要对社会经济发展质量提出了更高的要求。在生态、社会和经济的复合发展系统中，良性循环是社会绿色发展的主要基础和依托。因此，只有科学地耦合、协调自然、社会和经济系统的结构和功能，才能有利于构建"生态环境建设—绿色经济建设—生态系统功能提升—走向共同富裕"的生态良性循环治理机制。而绿色 GDP 核算通过充分考虑资源损耗、环境降级、生态系统运行状态、能源利用成本等因素，更加客观地反映我国当下对绿色经济发展的总需求，有利于建设生态良性循环治理机制。因此，推动绿色 GDP 核算体系的完善是建立我国生态良性循环治理机制的需要。

（二）基本框架和核算内容

参照联合国等 SEEA－2012 和国内环境经济核算体系，中国绿色 GDP 核算体系如图 5－1 所示。绿色 GDP 核算的基本框架主要包括资源环境实物量核算和价值量核算账户。

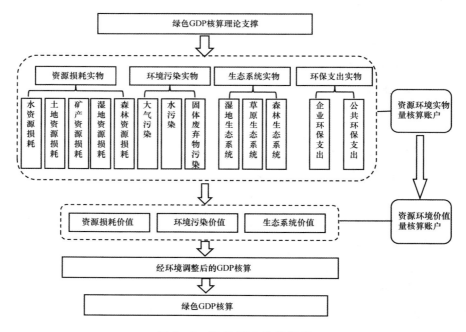

图 5－1　绿色 GDP 核算框架

1. 实物量核算账户

资源环境实物量核算账户主要包括资源损耗实物核算、环境污染实物核算、生态系统实物核算以及环保支出实物核算四大方面内容。一是资源损耗实物核算。绿色 GDP 核算体系将资源环境要素纳入国民经济核算体系，在资源损耗实物方面主要选择水资源损耗、土地资源损耗、矿产资源损耗以及湿地资源损耗和森林资源损耗五个方面进行资产存量核算。同时，将当期相应经济活动的资源利用量进行实物流量核算。二是环境污染实物核算,主要涉及大气污染、水污染和固体废弃物污染的核算。三是生态系统实物核算,主要包括湿地、草地、森林等生态系统,且不同的生态系统均具有涵养水源、保持土壤、净化大气、调节气候、保护生物多样性等功能。此项核算要依据有关统计监测数据进行,要根据不同生态系统类型和主要功能选取指标,必要时对相关核算内容进行调整。四是环保支出实物核算,根据国民经济核算理论和福利经济学理论等,在绿色GDP核算中还应当考虑环保支出的核算,并要对企业环保支出和公共环保支出进行核算,主要涉及企业和环保等部门。

2. 价值量核算账户

资源环境价值量核算账户主要包括资源损耗价值核算、环境污染价值核算以及生态系统服务价值核算。在核算中,既包括存量核算,又包括流量核算,重要的是资源环境的定价。绿色GDP主要在资源环境实物量核算账户基础上,在对资源损耗、环境降级价值评估的同时,建立资源环境的价值量账户,并对资源环境的生产消耗、环境影响和生态服务等进行生产总量核算,在传统GDP中减去资源损耗成本和环境退化、降级成本,并加上新产生的生态效益,最后得出绿色GDP核算总量。

(三)实物量核算

所谓实物量核算,是在国民经济核算框架基础上,运用实物单位建立不同层次的实物量账户和经济—环境混合核算表,描述与经济活动对应的各污染物排放量、生态破坏量等。我国在进行资源环境的核算上,一般先进行实物核算,主要包括资源资产实物量核算、环境污染实物量核算和生态破坏(或改善)实物量核算等。

1. 资源资产实物量核算

对于资源资产实物量核算,需要考虑的是资源资产的数量变动是不是由市场交易因素引起的。因为现行国民经济核算体系规定,属于非交易因素引起的资源资产变动需要设置新的账户进行核算。资源消耗实物量核算表综合反映特定时期内资源资产的期初存量、期末存量、当期变化三者的动态平衡,主要在核算期当期发生的资源存量的变化即净消耗量。"期初存量"是核算期初的资源资产总量,"当期增加量"包括"人工培育""开采使用""自然生长""灾害损失"等。"期末存量"是核算期末资源资产的总量。表中的平衡关系为:期初存量＋当期增加量－当期减少量＝期末存量。一般的资源资产实物量核算表如表 5 - 1 所示。

表 5 - 1 　　　　　　　　　　　**资源资产实物量核算**　　　　　　　单位：实物单位

	土地资源	矿物资源	水资源	森林资源	湿地资源	……	总计
期初存量							
当期存量增加							
新发现							
自然增长							
当期存量下降							
经济活动利用							
其他变动							
灾害损失							
期末存量							

资料来源：根据文献资料整理。

2. 环境污染实物量核算

环境污染排放量是人类在进行生产活动中，直接或间接地产生环境无法自净的物质，即超出生态环境自净能力的物质，从而造成环境质量下降甚至恶化的情况。人类在进行生产活动时，难以避免对环境造成损害，因此在绿色 GDP 核算中，需要对环境污染的有关排放量进行精准核算。

一是按照部门类别和地区标志污染物编制实物量核算表。横行表示各类经济活动部门和地区，其中，部门分类要与国民经济核算所采用的分类保持一致，地区按区域分为东部、中部和西部，在各区域内再按省（市）分类；纵列表示不同污染物因子的产生量、处理量和排放量，这样可以在废弃物和污染物因子两个层次上提供当期的产生量、处理量以及排放量数据（见表 5 - 2）。

表 5 – 2 　　　　　　　　　　环境废弃物实物量核算　　　　　　　　单位：实物单位

	废水、废气			固体废弃物		
	产生量	处理量	排放量	产生量	处理量	排放量
第一产业						
种植业						
畜牧业						
其他						
第二产业						
煤炭开采业						
有色金属行业						
建筑业						
石油开采业						
其他						
第三产业						
运输业						
商业饮食业						
环境服务业						
其他						

资料来源：根据文献资料整理。

　　二是将污染物排放置于经济投入产出表之中，形成"经济—环境混合核算表"。与单纯的污染物实物核算表相比，混合核算表具有以下特点：没有单纯表现污染物排放来源，而是将排放与中间产品投入并列显示出来。这在某种意义上表现出，环境对经济活动提供污染物收纳服务，也是经济活动的投入。

　　在环境污染实物量核算中，数据来源是污染实物量核算的关键。因此，需要两方面的统计和监测数据：一是各部门经济活动产生的各类污染物排放量、处理量和产生量数据；二是各地区的经济活动产生的各类污染物排放量、处理量和产生量数据。在现有统计中，工业行业的数据往往比较容易获得，但是农业和服务业的数据可获得性较低。因此，在实际核算中，对农业和服务业的数据需要进行重新监测或者采用相应的方法进行推算。

3. 生态破坏（或改善）实物量核算

生态系统服务功能的发挥，往往依附于资源资产的数量和质量的变化。因此，生态破坏（或改善）实物量核算主要依据资源资产的变化引起相应生态服务变化的监测和统计数据。如森林资源资产面积变化引起相应的固定二氧化碳和释放氧气数量的变化，草地资源资产面积变化引起相应水源涵养量的变化等。生态破坏（或改善）实物量核算，主要依靠生态监测网点的监测数据和实际统计数据，且往往只有实物流量核算。

按生态系统环境性质划分，一般将生态系统划分为森林生态系统、草地生态系统、沼泽湿地生态系统、耕地生态系统、河湖生态系统和海洋生态系统等。特别地，如果存在例如河湖生态系统、森林生态系统等跨省域实物核算时，应当适当地进行部分省（区、市）的合并计算。

（四）价值量核算

价值量核算主要是环境污染价值核算和生态破坏价值核算，自然资源资产是重要的环境要素，有关价值量核算首先需要对其资源资产进行定价，其次才能进行价值核算，相关研究较多，在此不再赘述。

1. 环境污染价值量核算

环境污染价值量核算，主要是环境污染损失的核算。相关账户主要描述经济活动过程中所形成的残余物（废水、废气、废弃物等）进入自然环境，造成环境污染损害的价值量。与资源消耗价值核算一样，在环境污染物实物量统计的基础上，采用环境保护支出或环境退化成本对经济活动过程中给环境带来的伤害进行价值量核算。具体指：一是对现行经济核算中有关环境的货币流量予以核算，主要包括污染物治理成本（或环境保护成本）的核算；二是在实物核算基础上，估算环境退化成本和生态破坏的货币价值；三是核算污染物治理成本和环境退化成本以及生态破坏价值的总成本。

2. 生态破坏价值量核算

生态破坏实物量核算是其价值量核算的基础，其价值量核算是环境价值量核算的关键部分。主要通过价值评估技术将生态破坏实物量折算为生态破坏价值量，进而计算出生态破坏的价值损失，即生态破坏损失成本，与环境污染损失成本一起对传统国民生产总值进行调整，并获得对应的绿色 GDP 总量指标。

在生态破坏价值量核算中，通常通过"价值变化量 = 期末价值量 − 期初价值量"来核算有关资源资产变化引起的相应生态服务的变化量。期末价值量主要指借助价值评估方法，对期末生态系统监测或统计的各项服务评价得出货币量；期初价值量也是指通过相同的价值评估方法，对期初生态系统监测或统计的各项服务进行评价并获得相应货币量。当价值变化量为正时，表明生态系统产生了一定的效益；当价值变化量为负时，表明生态系统服务损失了一定的货币价值，即生态破坏损失成本。

（五）经环境调整的 GDP 核算

所谓经环境调整的 GDP 核算是指把经济活动的环境成本，包括资源损耗成本、环境退化成本和生态破坏成本等从 GDP 中予以扣除，并对现行 GDP 进行调整，得到扣除这些影响之后的最终经济活动成果，即绿色 GDP。绿色 GDP 反映了国民经济增长的正面效应。绿色 GDP 核算往往要通过经环境调整的 GDP 核算来完成。

经环境调整的 GDP 或绿色 GDP 核算包括三个层次，即绿色 GDP 总值（Green Gross Domestic Product，GeGDP）、绿色 GDP 净值（Environmentally Adjusted Net Domestic Product，EDP 或 eaNDP）和绿色 GNP（Green GNP，或可持续收入）。三个层次的计算都是从计算绿色 GDP 开始的。

计算经环境调整的 GDP 主要有三种方法，一是生产法：如 EDP = 总产出 − 中间投入 − 环境成本；二是收入法：如 EDP = 劳动报酬 + 生产税净额 + 固定资本消耗 + 经环境成本扣减的营业盈余；三是支出法：如 EDP = 最终消费 + 经环境成本扣减的资本形成 + 净出口。依据所扣减的环境成本不同，可分别计算出"经环境退化成本调整的 EDP""经环境保护成本调整的 EDP""经生态破坏损失成本调整的 EDP""经环境总成本调整的 EDP"等指标。

上述三个层次计算方法的综合，形成了绿色 GDP 核算或经环境调整的 GDP 核算体系。核算中，一般将环境成本调整落实到各产业部门，计算出各产业部门绿色增加值（Economic Value Added，EVA）和绿色国内生产总值（GeGDP），再进一步计算其他相关指标。

经济活动获得预期产出的同时，也排放了污染环境的污染物，反之，是环境为经济活动提供了接纳其污染物的服务。在核算当期经济活动成果时，不仅需要从当期所获得的产品产出价值中扣除各种中间投入，也要扣除由此产生的环境资源投入。也可以说，当期所获得的产出价值以及由此形成的收入，不仅要补偿生产过程中的中间消耗，还要补偿环境资源的消耗（环境成本）和生态损失，剩余部分才是进行消费和积累的价值。

绿色 GDP 核算并非全面的绿色国民经济核算。绿色 GDP 仅仅对于经济总量指标进行局部调整，主要是对 GDP 按照环境退化成本、实际污染物治理成本（或环境保护成本）和生态破坏损失成本等进行调整。

案例分析

黑龙江大兴安岭森林绿色核算分析

表 5-3 　　　　2013—2019 年黑龙江大兴安岭森林绿色 GDP 核算 　　　　单位：亿元

项目	2013 年	2016 年	2019 年
GDP	35.46	42.17	52.63
折旧	12.49	12.68	13.38
森林培育资产产出	4.65	5.72	6.64
森林资产损耗成本	1.91	1.95	1.92
森林生态环境退化损失	0.01	0.01	0.01
GeGDP	38.19	45.93	57.34
eaNDP	25.70	33.25	43.96

资料来源：根据文献资料整理。

通过表 5-3 中的核算结果可以看出，采用生产法核算的黑龙江大兴安岭森林 GeGDP 2013 年为 38.19 亿元，2016 年为 45.93 亿元，2019 年为 57.34 亿元。2013—2019 年年均增长 7.01%；森林 GeGDP 2013 年是当年 GDP 的 107.70%，增长了 7.70 个百分点；2016 年占 108.92%，增长了 8.92 个百分点；2019 年占 108.95%，增长了 8.95 个百分点。

采用生产法核算的森林 eaNDP，2013 年为 25.70 亿元，2016 年为 33.25 亿元，2019 年为 43.96 亿元，2013—2019 年年均增长 9.36%；森林 eaNDP 2013 年是当年 GDP 的 72.48%；2016 年占 78.85%；2019 年占 83.53%。2013—2019 年年均增长 2.39%。

第三节　生态经济和绿色 GDP 核算实践

党的二十大报告指出，要持续打好蓝天、碧水、净土保卫战，要基本消除重污染天气，提升生态系统多样性、稳定性、持续性。生态经济和绿色 GDP 核算一方面帮助我们处理目前面临的生态环境挑战，另一方面帮助我们研究在当前的社会经济状况下，如何最大限度地利用所能获得的资源，做好经济、社会和环境的可持续发展，提高社会经济发展的质量，形成人与自然和谐共处的可持续发展方式。

一　实践阶段

（一）初始阶段

我国绿色 GDP 核算最早始于 1987 年的森林资源价值评价和核算，生态经济的实践更早。2004 年，国家环保总局和国家统计局联合发布了《中国绿色国民经济核算研究》，并在 2005 年，分别在北京、天津、河北等 10 个省、直辖市开展以绿色 GDP 核算为内容的环境污染经济损失调查试点工作，2006 年 9 月 7 日推出了《中国绿色 GDP 核算研究报告 2004》。基于上述一系列试点工作的开展和相关项目研究，我国逐渐形成绿色 GDP 核算体系。

（二）升级阶段

随着经济发展和产业结构调整的需要，我国绿色 GDP 核算不断升级，于 2015 年开始绿色 GDP 2.0 核算版本。此次研究分为两个阶段：第一阶段为 2014—2015 年：主要工作内容为学习借鉴国外经验，逐步构建并完善核算体系框架，强化技术规范，初步建立政策应用体系。第二阶段为 2016—2017 年：为进一步检验绿色 GDP 2.0 核算方法的可行性，在全国范围内选取不同地区开展试点工作。不同地区可根据地区经济发展和生态环境特征，选择不同的试点内容。

（三）GEP（生态系统生产总值）核算试点

据统计，目前国内已有不少省份正在开展 GEP 试点工作，包括广东、浙江、福建、内蒙古、吉林、贵州等，并同时探索核算结果应用机制，构建 GEP 与生态资产核算相关的绿色金融、生态补偿、生态环境保护等措施。其中，比较有代表性的实践如下：

2014 年深圳以盐田区为试点，率先开展城市 GEP 核算，并首次提出构建 GEP 与 GDP 核算双轨运行机制；同时在 2021 年 2 月 9 日，构建以技术为导向、生态保护为引领的"1+3"核算制度体系，并发布《深圳市生态总值核算技术规范》，使 GEP 核算更加清晰化、规范化、制度化。

2018 年 9 月，福建省将 GEP 核算作为重要改革任务，邀请行业专家，组建技术顾问团队，分别选择武夷山区和厦门作为山区试点和城市试点，探索 GEP 核算对生态经济发展的正向影响。

二 实践案例

（一）黑龙江大兴安岭地区森林绿色 GDP 核算分析

黑龙江大兴安岭地区位于我国最北部，总面积 835.17 万公顷，占国土面积的 0.87%。林业用地面积为 752.80 万公顷，占总土地面积的 90.14%。活立木总蓄积量 5.83 亿立方米，占黑龙江省总蓄积的 37.1%，占全国总蓄积量的 4.1%。全地区自 1964 年 4 月开发建设以来，林业在社会经济发展中发挥着重要作用。但是从 20 世纪 80 年代以来，随着社会经济的发展，资源、环境问题日益突出，大兴安岭在取得经济成就的同时，也陷入了可采资源急剧减少、森林资源质量下降、生态功能减弱、后续资源严重不足的困境中。因此，开展森林绿色 GDP 核算研究，对扭转目前黑龙江大兴安岭地区资源危机、经济危困等有重要的意义和价值。基于上述问题，黑龙江大兴安岭地区主要从以下三个方面进行森林绿色 GDP 核算，以保障后续经济可持续发展。

首先，在进行实物量、价值核算方面，按照《森林生态系统服务功能评估规范》（GB/T 38582—2020），黑龙江大兴安岭地区森林绿色 GDP

核算从林地、林木、林产品和森林生态环境服务等方面进行。

其次，在价值量核算方面，依据不同标准、不同生态服务贡献的程度有针对性地采取多种价值量核算方式（见表 5 - 4）。

表 5 - 4　　　　　　　　**不同森林生态服务的价值量核算方式**

划分标准	生态服务分类	核算方式
林地	减少有机质损失、减少土地损失	市场价格法
林木（按林龄划分）	幼龄林	重置成本法
	中龄林	收益现值法
	近熟林	
	成过熟林	木材市场价倒算法
生态环境服务	涵养水源	替代工程法*
		生产成本法**
	固碳	温室效应损失法
	保育土壤	替代市场法
	净化大气	大气污染物排放收费标准
	防风固沙	替代市场法
	农作物增产	
	生物多样性保护	机会成本法
	森林游憩康养	旅行费用法
林产品	供给服务	直接市场法

＊　替代市场法：是指用相近的替代产品的成本来估算其价值。例如对森林提供的牧草，采用购买等量饲料或租用相关放牧场地的花费等估价。

＊＊　生产成本法：主要是针对没有市场价格或相近的替代品的林产品，根据劳动所花费的时间机会成本进行价值评估。

最后，对森林绿色 GDP 核算，按照相关标准，调整有关宏观经济指标，并按照绿色 GDP 核算公式，计算黑龙江大兴安岭地区森林绿色 GDP。

森林绿色 GDP = GDP - 森林资源损耗价值和森林环境退化损失 - 森林资源、环境恢复费用支出 - 森林环境退化预防费用支出 - 非优化利用

森林资源而引起的调整价值

森林绿色 GDP 主要分为总值和净值，在此由于缺少相关统计数据，没有计算绿色 GNP。[①]

（1）绿色 GDP 总值，即 GeGDP，等于 GDP 扣除具有中间消耗性质的自然资源损耗成本。

（2）绿色 GDP 净值，即 EDP（或 eaNDP），等于 GeGDP 减去固定资产折旧和具有固定资产折旧性质的资源损耗成本和环境退化成本。

（二）贵州省乌当区生态系统服务价值核算

贵州省乌当区在贵州"自然资本核算与生态系统服务估价"项目支持下，于 2019 年开展了贵州省乌当区生态系统服务价值核算试点工作。贵州省统计局高度重视，精心部署，组建工作专班，增设生态价值统计处，并制定出台了《贵州省自然资本核算与生态系统服务估价项目工作方案》。试点工作与联合国项目代表团等合作，以联合国等国际组织制定的《环境经济核算体系 2012 年—中心框架》《实验性生态系统核算》为依据，在前期提出的研究方案的基础上，编写完成了《贵州省自然资本核算与生态系统服务估价编制方法（初稿）》。

在试点核算中，主要核算林木、草地、湿地、农田、水域和城市六大生态系统服务的价值。核算的生态系统服务内容主要包括供给服务、调节服务和文化服务三部分。核算的主要方法为：生态系统服务总值 = 生态系统供给服务价值 + 调节服务价值 + 文化服务价值；生态系统服务价值 = 生态系统服务总值 − 非自然因素价值；非自然因素价值 = 人力、机械、原材料等投入成本 + 生态恢复成本 + 日常维护成本 + 其他非自然成本。不同生态系统的核算指标体系和估价方法，按照联合国等环境经济核算中心框架（SEEA – 2012）和实验性生态系统核算账户（SEEA/EEA）的规定要求进行（见表 5 – 5）。

核算结果表明：2019 年，贵州省乌当区生态系统服务总价值为 121.89 亿元。其中供给服务 72.893 亿元，占总服务价值的 59.80%；调节服务 39.021 亿元，占总服务价值的 32.01%；文化服务 9.976 亿元，

[①] 绿色 GNP，即 Green GNP，它是在不减少现有森林资源资产水平的前提下所必须保证的收入水平（Davis & Moore，1998）。

表 5 – 5

贵州省乌当区生态系统服务价值及变动

服务功能	指标名称	服务总值/亿元			非自然因素价值/亿元			服务价值/亿元		
		期初	期末	比例/%	期初	期末	比例/%	期初	期末	比例/%
供给服务	农业产品		20.584	25.5						
	林业产品									
	畜牧业产品					8.49	11.65		64.403	88.35
	渔业产品									
	水资源									
	能源产品		52.309	64.8						
调节服务	土壤保持									
	固碳释氧		7.508	19.201						
	水源涵养		15.01	38.387						
	洪水调蓄					8.37	21.45		30.651	78.55
	大气净化									
	水质净化									
	气候调节		16.503	42.207						
	病虫害防治									
	自然景观		9.976	86.5						
文化服务	科研					4.91	49.22		5.066	50.78
	教育									

资料来源：贵州省统计局，2019 年。

占总服务价值的 8.19%。在乌当区生态系统服务总价值中，供给服务占比最高，文化服务占比最低。另外，非自然因素价值为 21.77 亿元，服务价值为 100.12 亿元，分别占生态系统服务总价值的 17.86% 和 82.14%。说明生态系统服务在当地的社会经济发展中发挥了重要作用，也说明生态系统服务对当地的绿色发展有重要的价值。该核算案例对生态经济发展和绿色 GDP 核算等具有重要示范作用。

思考题

    1. 生态经济的概念和特征是什么？

    2. 生态经济发展原则是什么？

    3. 生态经济与绿色 GDP 有着怎样的关系？

    4. 绿色 GDP 含义是什么？

    5. 绿色 GDP 怎样核算？

文献阅读

    1. ［美］比尔·盖茨：《气候经济与人类未来》，中信出版集团 2021 年版。

    2. 胡森林：《能源的进化：变革与文明同行》，电子工业出版社 2019 年版。

    3. 常志刚：《生态优先 绿色发展》，《红旗文稿》2021 年第 4 期。

    4. 中华人民共和国国务院新闻办公室：《新时代的中国绿色发展》白皮书，2023 年 1 月 19 日发布。

第 六 章

绿色科技创新创业

当前，绿色科技与创新创业正在形成合力，成为促进生态优先、绿色发展理念落到实处并提质升级的核心驱动力。本章从梳理绿色科技创新创业内涵出发，解析绿色科技创新体系、揭示绿色科技创业价值，并围绕共同富裕、数字经济和永续发展展望绿色科技创新创业的未来动向，以期认识和理解绿色科技与创新创业融合带来的理论前沿和实践探索，更好地紧跟科技大潮、提升创新创业素养，为中国绿色低碳发展贡献创新智慧和创业力量。

第一节　绿色科技创新创业内涵

绿色意味着科技创新创业不是单以经济价值实现为目标的商业活动，而以面向未来的经济、环境、社会和心理等多重价值创造为目标的机会开发过程。创新创业活动虽然常被视为解决经济增长问题的"万灵药"，但也有可能是一把破坏生态环境、降低社会福祉的"双刃剑"。本节将围绕绿色科技创新创业内涵，着眼于绿色科技与创新创业如何有机融合并义利兼顾问题，挖掘绿色科技创新创业的理论要义与实践规律。

一　绿色循环低碳的新科技

中国正在毫不动摇实施可持续发展战略，坚持绿色低碳循环发展，坚持节约资源和保护环境的基本国策，绿色循环低碳的新科技日益发挥关键作用，成为描绘绿水青山就是金山银山的画笔，筑牢发展和生态两条底线的利器。

（一）绿色技术

绿色技术是指降低消耗、减少污染、改善生态，促进生态文明建设、实现人与自然和谐共生的新兴技术，包括节能环保、清洁生产、清洁能源、生态保护与修复、城乡绿色基础设施、生态农业等领域，涵盖产品设计、生产、消费、回收利用等环节，包括能源技术、材料技术、生物技术、污染治理技术、资源回收技术、环境监测技术、清洁生产技术等在内的一套技术体系。

绿色技术创新发展意义重大。从国内看，有助于促进经济社会发展全面绿色转型，为打好污染防治攻坚战、推进生态文明建设、推动高质量发展提供重要支撑；从国际看，有助于在创新资源全球配置背景下，积极参与全球环境治理，在全球新一轮科技革命新兴领域取得优势地位。中国正在加快构建市场导向的绿色技术创新体系，激发绿色技术市场需求，壮大创新主体，优化创新环境，强化产品全生命周期绿色管理，形成产学研深度融合发展的新局面。

（二）循环技术

循环技术旨在通过物质封闭循环利用来提升资源利用效率，包括资源节约、污染防治、清洁生产等技术手段，在产品全生命周期通过多层次技术实现环境影响最小化、资源利用最大化。循环技术的类型主要包括：聚焦废弃物无害化处理的末端治理技术；对废弃物或中间物进行资源化转化的再利用技术；采用绿色工艺对投入原料或中间产物进行绿色化处理的清洁生产技术；从企业生产经营系统出发，对不同产品或产业进行组合以实现物质与能源循环利用的系统化技术。

循环技术具有重要的创新价值。从技术模式看，循环技术打破了传统技术的"资源消费—产品—废物排放"的封闭型物质流动模式，开创了"资源消费—产品—再生资源"的开放型物质流动模式。从技术应用看，循环技术遵循减量化（Reducing）、再利用（Reusing）和再循环（Recycling）的3R原则，为破解"资源高效利用与经济高质发展"两难困境的循环经济提供了科技支撑。从技术价值看，循环技术有效解决经济、资源、环境发展之间的矛盾，推动可持续发展，实现中华民族永续发展。

（三）低碳技术

低碳技术从广义上是指能够减少或消除生产生活中二氧化碳排放的技术集合，具有涉及范围广、关注环节多、落地应用细等特点，推广低碳技术对扎实推进碳达峰碳中和的战略行动具有重大意义。《2030 年前碳达峰行动方案》指出：绿色低碳技术要取得关键突破，大力推进绿色低碳科技创新，开展低碳零碳负碳关键核心技术攻关，推动绿色低碳技术研发和推广应用取得新进展。

低碳技术关注领域主要包括：能源低碳转型，大力实施可再生能源替代，加快构建清洁低碳安全高效的能源体系；节能降碳增效，比如建筑、照明、供热等传统和新兴基础设施的节能升级改造；工业领域低碳发展，比如加强钢铁、有色金属、建材、石化行业等领域技术改造，坚决遏制"两高"（高能耗、高排放）项目盲目发展；城乡建设和交通运输领域低碳创新，加快先进适用技术的规模化应用；通过低碳技术推进山水林田湖草沙一体化保护和修复，提高生态系统固碳能力和碳汇增量。

新技术前沿

二氧化碳捕集、利用与封存（CCUS）技术

2021 年 10 月，中共中央、国务院正式公布《关于完整准确全面贯彻新发展理念做好碳达峰碳中和工作的意见》，首次将 CCUS（Carbon Capture，Utilization and Storage）列为实现"双碳"目标的重要技术手段，明确提出"推进规模化碳捕集利用与封存技术研发、示范和产业化应用"。我国二氧化碳地质封存潜力巨大，且具备大规模捕集利用与封存的工程能力，根据 2021 中国 CCUS 年度报告，我国通过二氧化碳强化石油、天然气开采技术可封存二氧化碳约 51 亿吨、90 亿吨，利用枯竭气藏可封存约 153 亿吨，而注入深部咸水层的封存潜力更大。中国 CCUS 技术发展迅速、种类齐全，在深部咸水层封存、二氧化碳驱提高石油采收率、二氧化碳驱替煤层气等领域正处于工业化示范阶段，与国际整体发展水平相当，但部分关键技术落后于国际先进水平，仍亟须加快创新发展步伐。

二 创新创业创造的新价值

随着创新驱动发展战略的深入实施，中国创新创业实现了从局部到整体、从现象到机制的跨越，已经成为提升就业水平的重要支撑、推动经济社会转型升级的重要动力、高质量发展新动能的重要源泉。

（一）创新

创新（innovation）研究以关注宏观经济增长与创新的关系为起点，创新过程包括从一种新思想的产生到研究、开发、试制、生产制造的首次商业化全过程，创新的经济内涵是指生产函数的新变化，表现形式主要包括以下五种：一是开发一种新的产品或一种产品的新特性；二是应用一种新的生产方式或方法；三是开辟一个新市场；四是获取或控制一种新的供应来源；五是实现一种新组织。创新管理包括技术创新和商业模式创新等诸多内容，不仅是一门理论性和系统性很强的学科，而且有助于指导政府和企业制定科学实效的创新政策和策略。

创新的想法（idea，也常被译为创意）往往是创新过程的起点，不只停留于"灵光一现"，而是将有新意的问题或需求转化成可行动的逻辑性架构。创新的来源通常包括：意外或偶然事件、不协调的事件、程序的需要、产业和市场结构、人口统计数据、认知的变化、新知识等。

党的二十大报告强调，加快实施创新驱动发展战略，坚持面向世界科技前沿、面向经济主战场、面向国家重大需求、面向人民生命健康，加快实现高水平科技自立自强。"十四五"规划提出一系列创新发展的实招硬招：全社会研发经费投入年均增长7%以上、基础研究经费投入占研发经费投入比重提高到8%以上、战略性新兴产业增加值占GDP比重超过17%、实行"揭榜挂帅""赛马"等制度、组建一批国家实验室、适度超前布局国家重大科技基础设施、增强科创板"硬科技"特色、加快建设数字经济等。

（二）创业

创业（entrepreneurship）研究通常围绕创业者和创业团队、创业机会和创业资源展开，创业管理被视为不确定性情境下，创业者或创业团队突破资源约束，对创业机会的试错性、验证性、创造性和迭代性的快速行动机制。创业行动主体不仅有创业个体或团队，还有创业型企业和非营利组织等，创业形式不局限于创办新企业，还表现为公司内创业、组织开创新事业等丰富多样的新价值创造行动。

党的二十大报告强调要弘扬企业家精神，加快建设世界一流企业，支持中小微企业发展，不断完善促进创业带动就业的保障制度。创业管理是研究各种创业现象和机理的科学，其核心在于采用科学的方法来认识、理解、分析和指导创业行为，包括观察创业现象、跟踪创业过程、分析创业行为、揭示创业机理、总结创业规律、指导创业实践，为制定创业政策优化创业环境提供科学依据。

中国的创业活动蓬勃开展，创业精神深入人心。一系列政策措施的逐步落地，推动着我国的创新创业实现了从局部到整体、从现象到机制的跨越，创新创业持续向更大范围、更高层次和更深程度推进，不断与经济社会发展深度融合，推动新旧动能转换和经济结构升级，扩大就业和改善民生，实现机会公平和社会纵向流动，已经成为推动经济增长、促进转型升级、稳定和扩大就业的重要力量。

新发展道路

塞罕坝精神中的"艰苦创业"

2017年8月，习近平总书记对塞罕坝机械林场建设者感人事迹作出重要指示，为塞罕坝精神作出定义：牢记使命、艰苦创业、绿色发展。2021年8月总书记在河北承德考察时强调，塞罕坝精神是中国共产党精神谱系的组成部分。全党全国人民要发扬这种精神，把绿色经济和生态文明发展好。塞罕坝要更加深刻地理解生态文明理念，再接再厉，二次创业，在新征程上再建功立业。塞罕坝的创业路，是播种绿色之路、捍卫绿色之路，更是一条绿色发展之路。新一代塞罕坝人没有躺在前人的功劳簿上睡大觉，而是选择奉献青春，接续奋斗。根据规划，塞罕坝将全面开展二次创业，到2030年，林场有林地面积达到120万亩，森林覆盖率提高到86%，森林生态系统更加稳定、健康、优质、高效，生态服务功能显著增强。

（三）创造

创造（creation）从词源学角度来看，本质在于新生事物的首创。创造学是研究人类的创造能力、创造发明过程及规律的科学，打破了创造才能天赋决定或遗传决定的观点，为每个人激发创造潜能和塑造创业素养打开了局面。从主体视角看创造是个体或群体生生不息的变革演进过程，从过程视角看创造是产生有创造性产品或成果的过程，从价值视角看创造既有独特的内在结构属性，更有符合社会发展需要的价值。

党的二十大报告指出，全面建设社会主义现代化国家，必须充分发挥亿万人民的创造伟力。在新一轮科技和产业变革背景下，企业日益重视价值创造，以用户为中心，优化资源配置流程，借力数字经济和数字技术赋能，抢占竞争先机、实现价值主张。高等学校通过创新人才培养机制，提升学生创造力和创造性思维水平，为人才强国战略实施提供有力支撑。

近年来，教育部着力培养能够引领未来发展的技术创新领军人才，推动从"中国制造"到"中国创造"的转型升级，并强调"以绿色发展引领教育风尚"，解决教育的科学发展、健康发展和可持续发展问题。同时，智能科技的绿色创造性也表现在工业化生产中，原始的重污染工业生产逐渐转化为绿色智造产业，创新创业时代的绿色创造人才培养必将使教育呈现出蓬勃的绿色生机和活力。

三 绿色科技创新创业的新道路

绿色科技创新指以实现人与自然和谐共生为目标，坚持可持续发展理念的一系列原创性科学发现和技术创新活动，相较于传统科技创新更加强调兼顾经济、社会和生态效益。绿色科技创业将科技作为绿色创业的核心要素，提倡创业者运用绿色科技手段识别、开发和利用绿色创业机会，实现经济效益、社会公平、环境友好和文化传承的创新价值，以创业者绿色价值观为驱动、绿色价值创造为引领。

（一）建设生态文明

建设中国特色社会主义生态文明需要推动科技创新，加强重大科学问题研究，完善技术创新体系，提高综合集成创新能力。绿色科技创新创业为生态文明建设提供创新技术的支持、创业动力的源泉，是我国经济社会发展突破资源束缚和环境压力的科学选择和前沿方向，人与自然和谐共生的实现，亟待人们创新发展绿色科技、创业开发自然资源、创造生态文明价值。

（二）推动绿色发展

绿色科技创新创业是联结创新驱动和产业发展的纽带，形成推动经济社会全面绿色转型的合力。我国目前还处于工业化和城镇化深入发展阶段，传统行业占据比重依然较高，能源结构不均衡、能源效率不高效症结尚未充分解决，重点区域和行业的污染问题也没有彻底改变，而绿色科技的创新发展和创业行动正是解决问题的关键，有效处理好保护和发展之间的关系，把资源环境从约束条件变为创业机会，把科学技术从书本知识变为市场价值，促进绿色发展效果显著。

新产业园区

国家高新区成为绿色先行军

2021 年初，科技部印发《国家高新区绿色发展专项行动实施方案》，一批国家高新区已经成为所在城市能耗最低、生态最优、环境最美的区域。广东广州高新区率先出台了国内综合力度最大、支持范围最广的碳达峰、碳中和县级专项支持政策；四川成都高新区"十四五"规划中专门部署绿色发展、碳达峰碳中和篇章；安徽合肥高新区在全国率先探索实施碳排放影响评价制度，推进企业废物零排放……聚焦绿色产业领域的专项创新创业大赛、创新挑战赛、科技成果直通车等活动，进一步助力绿色技术研发和产业化主体力量的培育壮大。

（三）实现双碳目标

"双碳目标"引领生产生活方式绿色变革，推动资源高效利用，绿色科技创新创业对"双碳目标"实现作用重大。从产业层面看，优化产业结构，推动传统产业绿色低碳改造，加速智能光伏产业创新升级和特色应用，带来"光伏＋"模式创新、配送模式集约高效。从企业层面看，强化企业创新主体地位，激发企业承担国家绿色低碳重大科技项目、推动资源开放共享。从高校层面看，推动高校加快新能源、储能、碳减排、碳汇等学科建设和人才培养，深化产教融合和产学协同。

第二节　绿色科技创新体系

当前，各行各业都在全面构建绿色科技创新体系，挖掘产品生态价值，努力解决碳排放量基数大、绿色产业链不完善等问题，企业、高等院校、科研院所、行业协会等形成合作联盟，推进绿色工艺创新和产品创新，培育高质量发展的绿色新动能。

一　活跃的市场主体

构建市场导向的绿色技术创新体系，离不开活跃的市场主体。中国正在强化企业的绿色技术创新主体地位，加大对企业绿色技术创新的支持力度，制定发布绿色产业指导目录、绿色技术推广目录、绿色技术与装备淘汰目录，通过建立政产学研用金绿色创新链打通绿色技术研发、示范、推广、应用、产业化各环节，形成多主体共创造的绿色科技创新体系。

（一）企业主力军

企业是绿色科技创新的主力军。企业既是最具市场活力和发展动力的科技创新主体，也是助力经济社会向绿色发展方式和绿色生活方式转变的主力军。近年来，绿色科技创新企业认定标准规范不断完善，众多绿色科技创新企业涌现，积极有序整合市场要素，搜集市场绿色新兴需求，加大绿色科技自主创新力度，提升绿色专利研发速度和申请数量，充分发挥企业在绿色技术研发、成果转化、示范应用和产业化中的主体作用。

（二）政府助推器

政府牵头推进绿色科技创新体制建设。各级政府部门积极发挥绿色科技创新职能，引导并支撑能源结构的调整、产业结构的升级，推进经济向低碳化、绿色化发展，不断完善绿色科技创新法律法规体系，健全知识产权保护制度等，严厉打击环境污染，倡导保护并合理利用自然资源；同时，提供积极财政支持、加大绿色科技创新研发投入强度，引领绿色科技创新市场建设，完善绿色采购制度，保障企业投入的供需平衡；制定多元化财政补贴、税收优惠政策，引导并鼓励企业进行绿色科技创新。

双奥之城协奏绿色与科技

北京，世界首座双奥之城，充分展现了北京冬奥会绿色科技的特色以及可持续发展和节俭办奥理念。开幕式以"不点火"代替"点燃"，以"微火"代替熊熊大火；摒弃混凝土、利用冰水转换系统让"水立方"变身"冰立方"；冬奥历史上第一个采用二氧化碳跨临界直冷系统制冰建设国家速滑馆"冰丝带"；兼具美感和科技感的首钢大跳台成功"出圈"……北京不仅兑现了"绿色办奥"的庄严承诺，也正在成为透视中国科技创新和绿色发展协同推进的亮丽窗口。

（三）高校驱动力

高校和科研院所是绿色科技创新的人才孵化地、成果加速器。一方面，积极开展相关学科建设，不断建立健全科研人员评价激励机制，完善专利制度，打造高素质绿色科技创新人才队伍并培养具有国际竞争力的青年科技人才后备军。另一方面，推进绿色科技创新成果的转化更加便捷化，激发科研人员社会服务积极性，共同加大绿色教育宣传和科技普及力度，提升民众的绿色环保认知水平，促进绿色消费市场的形成。

（四）公众催化剂

公众成为推进绿色科技创新的催化剂与监督者。外出就餐的小份菜和"光盘"行动、商场购物的绿色包装和低碳标识、二手衣物和老旧家电回收利用，公众日益关注并呼吁绿色消费、绿色生活，从而对绿色科技创新的要求逐渐增多。推进绿色低碳发展系统纳入国民教育体系，反映出培育公众环保意识与绿色科技创新理念的重要意义。当前，绿色科技创新产品的消费市场规模逐步扩大，打造了有利于绿色科技创新的良好社会氛围，吸引众多企业参与到绿色科技创新中来。

二 完善的制度环境

绿色科技创新成效离不开制度环境的助力。制度环境通常包括规制维度、认知维度和规范维度，具体而言，规制维度由法律、规章和政府政策等促进和限制行为的制度构成，认知维度由人们所拥有的知识和技能构成，规范维度反映的是社会公众对创业活动、价值创造以及创新思想的尊重程度。助力性制度环境包括基础设施、资本市场以及开创新企业的激励等助力性要素，有利于发挥绿色科技的知识溢出效应，催生创新创业机会的涌现。

（一）健全引导机制

面对新一轮科技革命、产业革命蓬勃兴起和人工智能颠覆创新的大背景，绿色科技创新实施提上日程，我国先后出台众多政策引导绿色科技创新进程，激发各主体积极性，促进绿色科技创新向前发展。

政府制定发布绿色产业目录、绿色技术推广目录等，吸引各大企业关注经济发展动向，引领绿色科技创新方向；同时，成立引导基金，鼓励社会资本投入绿色科技创新，为企业进行绿色科技创新解决资金之忧；在生态环保领域部署众多的国家级、地方级项目等，鼓励各大高校、科研院所以及企业积极参与，提升绿色科技创新的活力。

政府也不断完善绿色科技标准引领与绿色科技创新的评价与认证。通过出台绿色科技创新标准倒逼高污染、高能耗的企业改善产品的生产结构，编制相关的绿色科技创新评价规范以及认证制度，以确保各主体的绿色科技创新实现标准化、专业化、规范化。

（二）完善市场环境

经济新常态背景下，推进经济向低碳化、绿色化发展，引导产业向环保型、节约型转型，支持通过绿色技术创新促进绿色生产势在必行。因而，各市场主体以资源共享、优势互补为基础，以共同参与、共享成果、共担风险为准则，相互配合，充分把握市场规律，合理配置资源，完善市场环境，促进绿色科技创新向前发展。

第一，多元化财政补贴与税收优惠政策持续出台，鼓励社会资本、金融机构等服务于环境保护、节能与低碳经济的绿色科技创新项目；第二，知识产权保护与服务体系建设不断加强，知识产权价值评估体系与知识产权保护的执法和监督机制不断完善；第三，加强建设创新成果供需双方的数据画像生成机制和精准匹配机制，推进供给侧结构性改革，营造良好的市场发展环境；第四，政产学研用金协同创新，整合各主体优势，利用创新生态系统赋能创新进程；第五，媒体、高校、研究所、企业等开展绿色科技领域创新创业大赛和活动等，加强宣传力度，提升公众认知水平，形成支持绿色科技创新的社会氛围。

（三）构建转化机制

充分发挥绿色科技创新作用，关键环节是科技成果的转移转化。为此，制度建设要找准改革着力点，打通转化过程中供需两端鸿沟，突破体制机制方面的阻碍要素，最大化激发转化链条的主体活力，提升科技成果转移服务的市场化水平，使其充分转化和创造价值，从而更好发挥绿色科技对绿色发展的支撑作用。

我国正在不断构建推进绿色科技创新成果转化的生态系统。政府出台众多政策支持高校、科研院所设立创新项目孵化地与创新基地，抓住科技创新源头，促进成果转化；同时构建保障绿色科技创新成果转化的政策环境，制定绿色采购制度，发挥国家科技成果转化引导基金的作用，健全公共服务体系，扶持初创企业的绿色科技成果转化；鼓励企业自主进行科技创新，为成果转化提供资源支持，形成科技创新成果与市场的对接机制；企业与高校科研院所相互配合，引导其进行面向产业应用的绿色科技创新活动。

（四）推进国际合作

建设绿色家园是人类的共同梦想，是构建人类命运共同体的应有之义。打破利益藩篱，推进绿色发展国际科技创新合作，已经成为中国加强科技交流创新和构建全方位开放合作格局的重要窗口和现实路径。

近年来，我国不断加大国际先进绿色科技的引进力度，推动国际绿色科技创新成果在我国转化落地。各级政府依据当地条件，以适当的规模扩大市场准入，营造公平、高效的绿色科技创新市场环境，在更高的水平引进外资、开展合作创新。同时，在人类共同体发展理念的引导下，我国深度参与全球环境治理，开展绿色科技创新的交流合作，鼓励有实力的企业、高校、研究所等发挥引领作用，促进互利合作，推动全球绿色科技创新水平的进步，提升全球环境治理水平。

三　优化的管理过程

科技创新的绿色化是动态管理过程。从管理输入端看，绿色技术是新兴创新资源和创业机会，创新创业是绿色技术的重要转移方式；从管理过程看，绿色技术嵌入创新创业各环节，推动企业从追求最大化利润转向创造社会化价值；从管理输出端看，绿色技术与创新创业融合，推动企业践行兼顾经济、环境和社会的可持续发展理念，也有助于促进经济社会与自然生态各系统主体的联动。可以说，科技创新的结构、体系、功能在绿色化过程中，优化了管理全过程，使得企业成为促进人与自然和谐共生的主力军。

（一）绿色生产

在企业管理的输入端活动中，落实绿色管理理念的本质在于促进企业绿色产品的生产，从而帮助企业树立绿色品牌形象，得到更多消费者的支持与青睐。绿色生产在企业的实际生产过程中主要体现在将绿色管理理念应用于绿色采购、绿色设计、绿色包装等全生产过程中。

首先，实行绿色供应链，加大采购部门与其他部门的沟通与合作，企业在选择原材料时充分考虑其再生与可循环使用效率，将生产过程中所产生的污染及废料作为考虑内容，实现对环境的危害最小化。其次，推进绿色设计，在产品设计中注重材料等的循环利用，提高对产品资源的再利用率。在生产过程中融入现代技术，减少排污行为，进行清洁生产，实现环境污染最小化，有效保障企业生产经营的绿色管理效果。最后，在绿色包装与绿色物流方面，企业不断融合绿色环保发展理念，采用可循环利用或者可自动降解的材料，对产品包装过程中产生的废物的综合利用进行绿色科技创新等。

（二）绿色文化

在企业管理的动态过程中，文化发挥无形性、间接性和辐射性的作用。企业的绿色文化是指组织中有关绿色管理信念及价值观念的总和，引导员工对绿色环境的感知和员工的绿色行为。通过发展绿色文化，企业不仅可以应对内外部利益相关者的环保压力与期望，还能够促进企业绿色科技创新。

企业要从伦理动因及可持续发展视角进行积极的环境管理和文化构建来缓解现有环保压力，促进绿色创新。近年来，各大企业深入贯彻落实环境保护与创新驱动政策，坚决摒弃"先污染后治理"的发展思路，积极关注国家在节约资源、保护环境以及可持续发展方面的政策，着力构建绿色的组织文化，在组织文化的驱动下积极识别和开发内外部环境约束下的机会，积累绿色知识，从而更加有效地应对市场压力，进行绿色科技创新和产品创新。

党的二十大报告指出，物质富足、精神富有是社会主义现代化的根本要求，因此，绿色文化建设有助于企业通过科技创新促进物的全面丰富和人的全面发展。例如企业股东、管理者、员工多主体共同制定和参与绿色科技创新规划，认真贯彻落实节能环保政策，倡导环境友好决策和行为，设计并推进生态产品价值的实现。尤其是一线员工作为产品生产和服务提供的关键因素，应当主动将企业的绿色文化内化于心、外化于行，提升绿色科技创新素养，推进企业高效实现降碳、减污、扩绿、增长。

（三）绿色消费

在企业管理的输出端活动中，消费是重要拉动力。绿色消费是促进消费高质量发展的重要方向和新的增长点，可以为企业的绿色科技创新提供市场需求，激励企业节约资源、保护环境，从而实现健康成长和可持续发展。政府正在运用各种经济政策加强对绿色产品生产者的引导，加大对绿色消费的扶持力度，有效利用社会舆论，广泛开展主题宣传教育活动，将它转化为消费者日常生活的自觉行为，为发展绿色消费营造良好的政策环境。

绿色消费不断驱动企业绿色生产和绿色组织文化的形成，推进企业的管理过程优化。随着生态文明建设和生态环境保护的不断推进，消费者的环境意识与绿色消费认知水平迅速提升，倾向于选择有益健康的产品，注重减少浪费和污染，注重节约资源，实现可持续发展。绿色消费理念的普及，有助于扩大对绿色产品的需求，从而带动企业的绿色技术创新。

党的二十大报告倡导绿色消费，国家出台的《促进绿色消费实施方案》规划 2025 年初步形成绿色低碳循环发展的消费体系，到 2030 年，绿色消费方式成为公众的自觉选择，绿色低碳产品的绿色消费方式成为市场主流，重点领域消费绿色低碳发展模式基本形成，绿色消费制度政策体系和体制机制基本健全，这些将有助于树立消费者的环境意识和形成生态素养，规范和培育绿色市场，从而为企业走绿色科技创新之路提供源源不竭的拉动力。

第三节　绿色科技创业价值

绿色科技之所以能从一种可持续发展理念转化为实实在在的产品和服务，离不开创业者的行动，正是绿色科技创业使得创业者将"看"到的新机会转变为"做"到的新事业，促使绿色科技从创业机会转化为绿色价值的源泉。

一　促进区域协调

目前，许多国家的城市持续推出多种举措，努力完善城市生态系统，探索建设更宜居的城市。同时，传统乡村也在旧貌换新颜，绿色路网四通八达，可再生能源利用效率不断提高，这些都反映出绿色科技创业带给区域协调发展的生态价值。

（一）优化区域资源配置

绿色科技创业通过优化人员、吸引资本和提高自然资源利用率来促进区域协调发展。首先，绿色科技创业不同于普通创业，其要求创业者一般是接受了高等教育且在某一领域专研较深的群体，属于较好掌握通用知识和技术知识的高人力资本人群。其次，绿色科技创业是通过将科技落地应用于社会实践之中，不仅增加了绿色技术创新科技成果转化数量、质量、经济效益，而且提高了企业对自然资源的利用效率，从供给侧和需求侧实现资源科学管理。最后，绿色科技创业符合当今绿色发展理念，有利于激发社会资本的活力，吸引优质资本要素向绿色技术产业领域集聚，使得要素价值得到充分体现。所以，绿色科技创业有利于优化资源配置，促进地区经济社会发展和区域协调发展。

（二）健全区域营商环境

绿色科技创业离不开政府的支持。绿色科技产业方兴未艾，尽管知识、技能是绿色科技创业发展竞争优势的关键，营商环境也要使既有资源结构适应创业活动的综合性和动态性要求。一方面，绿色科技创业型企业的核心为绿色技术，需要制度为企业的知识产权保驾护航。绿色科技创业推动政府不断完善知识产权保护的法律制度和维权体系，优化创业市场环境，为绿色科技创业提供强有力的制度保障，从而又吸引更多高素质人才到该地进行创业，形成良性循环，推动区域经济高质量发展。另一方面，绿色科技创业活动很难依靠技术创业者及单个企业独立完成，需要政府主导并构建科技园区、高新区等区域网络，为处于其中从事相似和互补行业的技术创业企业提供更多交流和合作机会，促进各类信息和资源流动，提升绿色科技创业质量和成功率。所以，政府宏观调控作用深远影响绿色科技创业，进一步规范市场秩序，建立良好营商环境。

（三）加强城乡发展联动

绿色科技创业为城乡一体化发展提供了良好的契机和途径。一方面，农村科技创业能够较好地将城乡之间的劳动力、资本、技术等资源整合起来，以现代科技的力量，将城市中创新性人才、高技术人才带到农村，将城市里的创业资本引入农村，绿色科技创新与创业能够有效连接城乡资源，打破不平衡格局的关键障碍。另一方面，绿色科技创业促进工程建设全过程中的绿色建造和提高城乡基础设施体系化水平。推广绿色化、工业化、信息化、集约化、产业化建造方式，利用绿色技术实现精细化设计和施工。大力发展装配式建筑，重点推动钢结构装配式住宅建设，不断提升构件标准化水平，推动完整产业链形成，推动智能建造和建筑工业化协同发展。此外，助力城乡基础设施更新改造，提高其绿色、智能、协同、安全水平，并利用新能源和绿色技术，加快发展智能网联汽车、新能源汽车、智慧停车及无障碍基础设施，强化城乡交通设施的衔接，缩小城乡之间的差距，推动区域协调发展。

二　推动产业升级

推动传统产业绿色转型升级，离不开绿色科技革命及其创业活动带来的产业绿色变革。绿色科技创业客观上会改变传统的高投入、高污染、低效率的生产方式，而转向绿色、清洁、高效的生产方式，从而实现高能耗、重污染产业的"低碳化"发展，科技创业推动传统产业绿色化、智能化、信息化，在经济效率提高、产业转型升级过程中产业结构逐渐趋于高级化。

（一）传统产业绿色升级

绿色科技创业推动制造业绿色化。绿色科技创业将科技成果转化，通过科技助力对电力、钢铁、石化、机械等行业进行绿色化改造，削减化学需氧量、氨氮、二氧化硫、氮氧化物等主要污染物和温室气体等的产生量和排放量，推动重点行业工艺流程改进、生产设备的升级换代，提升制造企业节能降碳水平，推动制造业向绿色低碳转型。推进绿色制造和清洁生产，发展绿色生产工艺，使得制造业企业逐步实现产品全生命周期绿色管理，引领制造业高质量转型升级。

绿色科技创业推动企业高质量发展。高端化、智能化、绿色化"三化"改造，促进石化、冶金、有色金属、煤炭等产业产品向价值链高端延伸发展，壮大产业集群。推动基础用钢向结构用钢转型，重点发展用途广泛的新型金属板材；发展有色金属新材料，加大关键技术研发力度，拓展新材料应用领域，形成新材料应用产业链；发展煤炭分质利用和清洁转化；加强建材产业节能环保型、功能型新产品的研发生产。

绿色科技创业助力传统农业产业智慧转型。绿色科技创业通过将人工智能、大数据、区块链等数字技术与农业产业场景的融合应用，改变传统粗放型增长方式，走高质量集约化发展道路，优化农业产业结构，大力发展循环经济，提高供给体系质量。此外，创业者按照智能、系统集成理念，瞄准绿色发展机械化需求，推出高效节能农用发动机、高速精量排种器及喷雾机喷嘴等重要零部件研发制造，促进绿色高效技术装备和机械应用，最终推动传统农机装备向绿色、高效、智能、复式方向升级。

新农林模式

绿色农林业智慧化

黑龙江建三江七星农场通过应用无人驾驶插秧机和整地机，实现了农业生产的智慧化变革。例如，双氧快速智能程控水稻催芽技术实现了智能化控温、臭氧消毒、曝气增氧、自动化控制等环节的有机集成，提升了育苗速度，保证了水稻催芽安全，实现了远程和自动控制，大大减轻了工作量，牢牢端住了"中国人的饭碗"。

新疆林草行业通过应用大数据、云计算、物联网、5G等新技术，变得越来越绿的同时也越来越智慧，承担了建设森林生态系统、保护湿地生态系统、改善荒漠生态系统的重大使命。比如在新疆林果业，通过图、文、视频、数据合一的形式建立全区全产业链数据内容，不仅直观展示现状，更能为生态行政决策、林果企业管理提供参考和依据。

（二）绿色产业提质增效

绿色科技是立足生态环境建设的科技形态，是中国高质量绿色发展的核心动能与关键要素。绿色产业是指在生产过程中积极采用无害或低害的新工艺、新技术，以降低原材料和能源消耗，减少污染物排放的新兴产业。

绿色科技创业以科技成果落地转化为目标，旨在赋能绿色产业高质量发展。绿色科技创业通过打造能源资源消耗低、环境污染少、附加值高的新引擎，以开发、推广绿色低碳节能环保产品，拉动绿色消费需求，提高消费者的环保意识，有力促进低碳生活方式和消费模式的建立；同时，消费可以有效拉动投资，为绿色产业提供资金支持，助推节能环保产业的发展，提高经济社会绿色低碳化水平。

绿色科技创业不仅仅停留在节约资源和减少排放上，还拉动了对资源和环境的投资。党的二十大报告强调要完善支持绿色发展的财税、金融、投资、价格政策和标准体系，政府出台有关清洁能源、节能环保和碳减排技术领域政策的支持，金融机构向企业提供的碳减排贷款，推动碳减排支持工具精准支持具有显著减排效应的领域。加大对绿色发展的支持力度是金融服务实体经济的重要内容，绿色投融资激励机制将污染内生化为排污企业的融资成本，促使资金从高污染产业流向低污染产业，为绿色科技创业者提供资金来源，促进资源环境要素市场化配置体系不断完善。

三　实现环境保护

绿色科技创业是通过摒弃损害甚至破坏生态环境的发展模式，顺应可持续发展理念，推动产业结构的绿色转型，推进能源资源、产业结构、消费结构转型升级，探索经济发展和保护生态相协同的新路径，从而间接地提升应对气候变化的能力，让良好生态环境成为经济社会可持续发展的支撑。

（一）应对气候变化

国家将应对气候变化摆在国家治理更加突出的位置，不断提高碳排放强度削减幅度，以最大努力提高应对气候变化能力。坚定走绿色低碳发展道路，加大温室气体排放控制力度，在光伏、风能、可再生能源、节能技术和高新技术产业领域进一步优化能源结构，推动产业结构升级，优化城市规划和垃圾管理办法，推动智慧城市向绿色低碳发展。

绿色科技创业增强对污染源排放的监控和对末端污染排放的精准控制，从而减少空气中的污染物。创业者或创业型企业通过积极主动应用人工智能、大数据、云计算、物联网等新技术，推动环境监测体系优化，拓宽环境数据的获取渠道、创新环境数据的采集方式，积极与生态环境质量的监管、执法和应急等部门实现数据开放共享。

绿色科技创业推动低碳技术的应用和低碳产业的发展，推动国家应对气候变化能力的现代化建设。企业通过应用人工智能实现更准确的交通预测，优化商业运输方案，降低在运输过程中的碳排放量。同时，创业型项目通过提高能源利用效率，利用新能源，构建清洁高效低碳的工业用能结构，将节能降碳增效作为控制工业领域碳排放的关键措施，持续提升能源消费低碳化水平。

伴随绿色科技创业热潮，政府不断完善市场碳排放交易机制。碳排放权交易是应对气候变化的重要市场化手段，有助于降低社会总减排成本；绿色科技创业增强监测精密、预报精准、服务精细气候变化能力，提高气象服务保障能力。利用人工智能提高对热带气旋和锋面预测的准确度，改进对极端天气的预报，保护人们生命和财产安全，再利用其快速分析动态系统并对其进行仿真，生成准确的模型，助力更好应对气候变化。

（二）保护生物多样性

构建新发展格局，要扎实推进生物多样性保护重大工程，全面提升生物多样性保护水平。绿色科技创业通过新技术广泛应用，提升了加强生物多样性治理的软硬件能力，例如可以通过卫星遥感和无人机航空遥感技术应用，探索人工智能落地新场景，推动生物多样性监测现代化。依托国家生态保护红线监管平台，有效衔接国土空间基础信息平台，应用云计算、物联网等信息化手段，整合利用各级各类生物物种、遗传资源数据库和信息系统，在保障信息安全的前提下实现数据共享。

目前，国家建立起各类生态系统监测观测网络，预防和控制外来物种入侵，管理濒危物种的栖息地，降低生态系统退化和物种灭绝的风险。同时，研究开发生物多样性预测预警模型，建立预警技术体系和应急响应机制，实现长期动态监控，基于全面实时数字化感知、动态溯源网络化控制、精准有效智能化处理设计理念，提出智慧环保整体解决方案。

2022年12月《生物多样性公约》第十五次缔约方大会通过了"昆明—蒙特利尔全球生物多样性框架"，强调生物多样性保护需要多方共同努力，企业是其中的重要主体。例如，蒙牛集团入选《企业生物多样性保护案例集》，通过消费者宣传、生产经营改造等商业措施助力生物多样性保护；腾讯成立"生物多样性专项委员会"，提出生态友好地发展公司业务，利用技术促进自然资源可持续利用和保护，应用互联网工具提升公众的生物多样性认知。

第四节　绿色科技创新创业展望

党的二十大报告指出必须坚持系统观念、守正创新，更好统筹当前和长远。中国绿色科技创新创业推动广泛而深刻的经济社会系统性绿色变革和转型升级，既要立足当前、做好眼下的工作，又要有前瞻性的思考，统筹考虑短期应对和中长期发展，为未来的发展做好衔接。

一　面向共同富裕

中国式现代化是全体人民共同富裕的现代化。在扎实推动共同富裕的新征程上，需要进一步解决我国发展不平衡不充分问题，逐步缩小城乡区域发展和收入分配差距，绿色科技创新创业可以成为促进共同富裕的关键支撑，着力提高发展的平衡性、协调性、包容性，在高质量发展中促进共同富裕。

（一）共同富裕与创新发展

共同富裕是中国特色社会主义的本质要求，实现人民对美好生活的向往是现代化建设的出发点和落脚点。共同富裕就其内涵来说，可以从共同和富裕两个方面加以理解。富裕反映了生产力发展，比如社会物质财富的增长和发展；共同体现了生产关系发展，比如社会群体、劳动者之间的利益分配关系。科技是第一生产力，创新是第一动力，是建设现代化经济体系、促进共同富裕的战略支撑。共同富裕离不开创新发展，需要多元主体共同参与，形成共建、共治、共享的新局面。健全创新激励和保障机制，完善国家创新体系，实现理论创新、实践创新、制度创新、文化创新，从而为实现共同富裕提供强劲内生动力。

（二）共同富裕与绿色科技

推动绿色科技创新为实现共同富裕提供强劲内生动力，发挥绿色科技创新创业在高质量发展中促进共同富裕的关键支撑驱动作用。当前绿色科技对推动高质量发展、促进共同富裕的动能还不够强劲，比如绿色科技的研发和政策与企业产业的绿色转型之间的统筹衔接还需要加强、绿色科技成果转化能力还需要增强；同时，促进共同富裕的艰巨繁重任务仍然在农村，要以科技创新加速推动农村生产生活方式变革，助力乡村产业、人才、文化、生态、组织振兴。因此，要切实发挥绿色科技在促进共同富裕进程中的重要创新作用和创业价值，积极探索创新路径，聚焦重点领域开展创业行动，实现科技强、生态美的共同富裕。

新城乡协同

共同富裕示范区开拓绿色科技创新创业

在浙江高质量发展建设共同富裕示范区的进程中，绿色科技创新创业发挥积极作用。衢州市开化县提出打造国家公园城市的构想，依托国家公园打造绿色健康永续发展的全域生态城乡共同体，利用数字化平台，

AI 技术赋能，实现县域数字化、科学化管控，实现了生态保护与科学发展双赢。湖州市南浔区善琏镇积极发展绿色经济、清洁能源，采取"企业＋农户"合作模式，积极推进"农光互补"光伏电站建设，上方光伏板发电、光伏板下兼顾农业生产，农民通过收取土地租金、农业园区就业等方式获得多重收益。湖州市安吉县作为"两山理论"诞生地，绿色科技创新创业新举措主要有：推广竹林栽培技术、创立竹子科技园、开拓竹木深加工产业、推动白茶传统产业绿色转型、打造高标准生态茶园等，一群整合科技创新与绿色发展的创业者和创业型企业，用行动证明了人与自然和谐共生的高质量发展之路。

二　面向数字经济

数字经济助推经济发展质量变革、效率变革、动力变革，增强了我国经济创新力和竞争力，成为推动我国经济社会发展的新引擎。《"十四五"数字经济发展规划》指出产业数字化转型过程中要积极推进绿色发展，建设智能敏捷、绿色低碳的智能化综合性数字信息基础设施，按照绿色、低碳、集约、高效的原则，持续推进绿色数字中心建设。

（一）数字经济与科技创新

数字经济成为未来全球经济增长的新引擎，通过活跃动态的数字技术来优化整体层面的资源配置效率，实现资源配置的协调与高效。数字经济能充分体现信息技术创新、商业模式创新以及制度创新的要求，激发市场活力，开辟发展空间。营造鼓励就业模式创新的政策氛围，激活全社会创新创业创造积极性。数字经济助力建设高效的现代经济体系和先进的生态文明范式，成为建设人与自然和谐共生的现代化的创新性力量。例如《中共中央　国务院关于构建数据基础制度更好发挥数据要素作用的意见》强调在智能制造、节能降碳、绿色建造、新能源、智慧城市等重点领域，提升数据流通和交易全流程服务能力。

（二）数字经济与绿色创新创业

数字经济逐渐成为助推绿色科技创新创业的新动力，而绿色科技创新创业可以平衡数字经济与生态环保之间的关系，绿色经济与数字经济的融合发展是未来可持续数字时代的必然选择。2022 年中国开展数字化绿色化协同转型发展综合试点，重点围绕数字产业绿色低碳发展、传统行业双化协同转型、城市运行低碳智慧治理、双化协同产业孵化创新、双化协同政策机制构建等方面探索可复制、可推广经验。

　　数字经济推动企业绿色转型，是领衔绿色科技创新创业的新路径，绿色科技创新创业推动数字经济，实现数字领域的绿色低碳和可持续发展。虽然数字经济极大地推动了经济发展，但是也出现了高能耗、高排放和电子废物问题，因此，必须全面贯彻绿色科技创新创业理念，加快绿色数字化转型，实现绿色科技创新创业的高效化、数字化、智能化，让绿色科技创新创业渗透于数字经济之中，形成数字化绿色化良性循环，带动新的技术进步、引领新的发展方式。

新经济底色

数字经济的绿色底色

　　2022年3月中国正式全面启动"东数西算"工程，从京津冀到粤港澳大湾区，从长三角到成渝，从内蒙古到贵州，从甘肃到宁夏，一张纵贯东西、横跨南北的全国一体化大数据中心体系落子定盘，将推动我国算力资源有序向西转移，促进建立东西部算力供需体系。加大高耗能的数据中心在资源充裕的西部布局，将大幅提升绿色能源使用比例，就近消纳西部绿色能源，持续优化数据中心能源使用效率。数据中心产业链条长、投资规模大、带动效应强，通过算力枢纽和数据中心集群建设，将有力带动产业上下游发展，延展东部发展空间，助力形成西部大开发新格局。除此之外，国家还在统筹绿色低碳基础数据和工业大数据资源，分行业建立产品全生命周期绿色低碳基础数据平台，基于平台数据，开展碳足迹、水足迹、环境影响分析评价，支撑企业、园区通过数字化转型带动绿色化提升。

三　面向永续发展
　　生态文明建设是关系中华民族永续发展的千年大计。中国是绿色发展理论和实践的积极参与者、重大贡献者和前沿引领者，通过生态文明建设为全球可持续发展贡献了绿色发展的中国方案。

（一）全球可持续发展

可持续发展意味着满足需要而不危害未来世代满足其需要之能力的发展。2021 年是联合国正式发起可持续发展目标（SDGs）未来十年行动计划的开局之年，科学技术是应对挑战、推动和落实可持续发展议程的重要杠杆，绿色科技创新创业正在全球范围内通过提高生产力、降低商品和服务成本提供创新解决方案，支撑更包容的社会和经济生活形式。中国是世界上最大的发展中国家，也是落实 2030 年可持续发展议程的积极践行者，在消除贫困、保护海洋、能源利用、应对气候变化、保护陆地生态系统等多个可持续发展目标上取得显著进展。

（二）中华民族永续发展

绿色科技创新是实现中华民族永续发展的内在要求，为我国建设优美的生态环境，满足人民对美好生活的愿望提供了根本支撑。面对新格局新形势，我国迫切需要绿色科技创新为环境挑战提出创新思路、注入创业动能。因此，坚持绿色科技创新与绿色产业发展相融合，发挥绿色科技创新的支撑性、引领性作用，推动中国实现经济有效益、社会有福祉、环境可持续的高质量发展，这对全面推进美丽中国建设、实现中华民族永续发展的千年大计具有重要意义。

（三）构建人类命运共同体

促进人与自然和谐共生，推动构建人类命运共同体，都是中国式现代化的本质要求。绿色科技创新创业有助于推进绿色低碳发展，推动建设一个清洁美丽的世界。同时，有助于建立互联互通合作网络，拓展科学合作以及人才培训，建立新的联合实验室，提供科学产业园、创新中心以及孵化设施，提高公民绿色科技素养，共享绿色科技成就。万物并育而不相害，道并行而不相悖。绿色科技创新创业对于应对人类生存发展压力、构建绿色低碳发展行动共同体具有重要作用。

思考题

1. 请结合所学专业和身边实例，说明绿色科技如何与创新创业有机融合。

2. 你熟悉哪些绿色新科技？请查阅相关资料，说明这些绿色科技有什么创新之处。

3. 你的家乡有什么绿色科技新企业、新产品或新产业？请选取这些企业或产业的某位创业者或创业团队，分析影响他们进行绿色科技创业的关键影响因素是什么。

4. 立足共同富裕、数字经济或永续发展，谈谈你对绿色科技创新创业未来方向的认识。

文献阅读

1. 中共中央文献研究室：《习近平关于科技创新论述摘编》，中央文献出版社 2016 年版。

2. 《2030 年前碳达峰行动方案》（国发〔2021〕23 号）。

3. 中华人民共和国国务院新闻办公室：《新时代的中国绿色发展》，人民出版社 2023 年版。

4. 丛书编写组编：《推进绿色循环低碳发展》，中国市场出版社、中国计划出版社 2020 年版。

5. 《绿色低碳发展国民教育体系建设实施方案》（教发〔2022〕2 号）。

第七章

山水林田湖草沙系统治理

　　现阶段，我国生态系统质量呈现稳中向好的总体趋势，森林资源总量持续快速增长，草原生态系统恶化趋势得到有效遏制，土地荒漠化、石漠化和水土流失治理成效举世瞩目，河流、湖泊、湿地、海洋生态保护与修复效果显著，生物多样性保护水平整体提升，国家重点生态功能区生态服务功能稳步增强，系统构建了国家生态安全屏障的基本骨架。然而，我国生态系统脆弱性、生态与环境承载力问题依然突出，特别是在生态系统质量功能、生态保护压力、生态保护和修复系统性、水资源保障、多元化投入机制、科技支撑能力等方面依然面临较大挑战。

　　进入新时代后，从生态文明建设的全局出发，习近平总书记提出了"山水林田湖草沙生命共同体"，强调全方位、全地域、全过程加强生态环境保护，对我国新时代生态系统治理工作作出了坚强有力的指导。

经典文献

　　我们坚持绿水青山就是金山银山的理念，坚持山水林田湖草沙一体化保护和系统治理，全方位、全地域、全过程加强生态环境保护，生态文明制度体系更加健全，污染防治攻坚向纵深推进，绿色、循环、低碳发展迈出坚实步伐，生态环境保护发生历史性、转折性、全局性变化，我们的祖国天更蓝、山更绿、水更清。

> ——习近平：《高举中国特色社会主义伟大旗帜　为全面建设社会主义现代化国家而团结奋斗——在中国共产党第二十次全国代表大会上的报告》，人民出版社2022年版，第11页

第一节　山水林田湖草沙系统治理的内涵与意义

一　系统治理理念的产生

生态作为一个有机的系统，其治理也应该遵循系统思维、坚持整体观念，这样才能顺应生态保护修复的内在规律。2013年，党中央提出了"山水林田湖是一个生命共同体"的理念和原则，论述建设生命共同体必须遵循自然规律，说明遵循自然规律的原因。草原占我国国土总面积的40%，是生态退化的重要区域。2017年，中央出台的《建立国家公园体制总体方案》将"草"纳入"山水林田湖"，自此"山水林田湖草"生命共同体形成，将"草"纳入生命共同体，对我国生态保护修复具有非常重要的科学和实践意义。我国荒漠化土地面积为257.37万平方公里，沙漠化土地面积则高达168.78万平方公里，土地荒漠化和沙漠化的危害影响全国4亿人口，造成的年均经济损失超540亿元，是我国面临的重大生态环境问题之一。在2021年十三届全国人大第四次会议参加内蒙古代表团审议时，习近平总书记强调"统筹山水林田湖草沙系统治理，这里要加一个'沙'字"，"山水林田湖草沙怎么摆布，要做好顶层设计，要综合治理，这是一个系统工程，需要久久为功"。将"沙"纳入"山水林田湖草系统"使生命共同体内涵更加广泛、完整，对我国生态系统保护和修复具有重要意义。2022年7月习近平总书记前往西藏考察调研时，提出"坚持山水林田湖草沙冰一体化保护和系统治理，切实保护好地球第三极生态"，为生态环境系统增添了"冰"这个新元素，体现生态保护的特殊针对性。

二　系统治理的科学内涵

（一）联系密切，相互影响

山水林田湖草沙生命共同体内的各生态要素彼此联系、相互依靠、互为补充、不可替代，共同构成了丰富、多样、完整的生物圈系统。人的命脉在田，田的命脉在水，水的命脉在山，山的命脉在土，土的命脉在林和草，而在针对第三极生态时，冰雪也是重要资源，山水林田湖草沙冰是人类生存发展的物质基础。以人为始，将"山水林田湖草沙冰"各要素串联，更体现了自然的有机统一。

山水林田湖草沙生命共同体各生态要素存在相互影响，需要顶层设计，统筹管理。生命共同体不仅具有高度的系统性和整体性，同时也兼具外部性、不可逆性和不可替代性特征。当人类开发利用某种自然资源时，必然对其他自然资源及生态环境产生影响。因此，零散、分割的管理模式难以构建高效的治理体系，充分发挥治理效能，必要统筹山水林田湖草沙生命共同体各生态要素，做好生态系统治理的顶层设计。

（二）正确处理系统治理的主要矛盾

1. 人与自然

山水林田湖草沙生命共同体不仅为人类提供了物质产品，同时提供了生态产品。如果人类忽视对自然的保护，只注重一味地开发获取物质产品，山水林田湖草沙生命共同体就会遭到破坏，人类生存发展所依赖的物质和生态产品进而遭到破坏，人与自然生命共同体也因此受到破坏，最终伤及人类自身。对于山水林田湖草沙冰的保护、治理、利用，必须从各地区、各生态系统自身的条件出发，既不能简单地屈从于生态系统的各种变化，更不能仅仅按照人类的主观意志对其进行强行干预。违背生态学规律的举措，不仅会劳民伤财，甚至可能会引发严重的生态学灾难。

2. 局部与整体

将山、水、林、田、湖、草、沙、冰等自然资源作为生命共同体的子系统，必须考虑其他资源和整个生命共同体的相互影响，理解它们相互制约和促进的关系，强化对各种自然资源和生命共同体的保护。充分意识到它们作为生命共同体的整体性，决不能只偏重一点、不及其余，最终影响整体。同时，更要遵循生态系统自身的生态学规律，清晰地把握它们在整个生物圈中所处的地位和功能，在此基础上充分发挥人的主观能动性，从而达到人与生物圈和谐发展的目的。

3. 发展与保护

发展是人类永恒的主题，保护是发展的基础，只有做好山水林田湖草沙系统保护，才能为发展提供保障。要坚持保护优先，坚持山水林田湖草沙冰综合防护和系统治理，守护好生灵草木、万水千山。由于过度放牧，青海草场曾出现严重退化的现象，草地生态生产功能衰退，当地经济停滞不前。为了保护生态，促进发展，当地采取了两项措施：利用机械化补种牧草、改良草种，通过禁牧封育等多种方式进行保护。措施落实后当地的畜牧业发展迅速，旅游业兴旺，实现了当地生态和经济的协同发展。青藏高原是地球上最洁净的地区之一，也是全球气候变化的敏感区，近年来由于出现冰川退缩、冻土消融等问题，必须对青藏高原坚持保护优先，严守生态安全红线，把生态环境保护作为区域发展的基本前提和刚性约束，才能保证生态环境得到恢复，推动当地生态可持续发展。

经典文献

我们既要绿水青山，也要金山银山。宁要绿水青山，不要金山银山，而且绿水青山就是金山银山。

——中共中央宣传部：《习近平总书记系列重要讲话读本》，学习出版社、人民出版社 2016 年版，第 230 页

（三）统筹管理生态系统

统筹山水林田湖草沙系统治理。山水林田湖草沙冰生态系统包含多种自然资源，具有调节气候、固碳释氧、保持水土、防风固沙、涵养水源、保护生物多样性等丰富的生态服务功能。遵循生态系统的特征、保护生态系统的约束和开发利用自然资源的目标的前提下，通过系统的、

整体的、协调的、综合的方法，做好自然资源和生态系统调查、评价、规划、保护、修复和治理等工作，保证和提升生态系统规模、结构、质量和功能。

建立完善生态系统管理制度。在自然资源和生态环境管理体制改革中，通过将资源、资产管理、生态环境管理相结合，实现自然资源资产管理由多部门的分散管理到单一部门的统一管理的转变，由单一资源管理到多元资源和生态环境综合管理的转变，从资源开发利用的增量管理到增量存量结合管理的转变，从保障资源供给的数量型速度型管理到质量型效益型管理。既保障资源供给，又保障环境健康、生态安全和国家利益最大化。

三 系统治理的重要意义

山水林田湖草沙系统治理主要针对的问题包括在生态保护修复过程中实施的措施整体性和系统性不足、连续性和持续性较差等，此系统从生命共同体角度出发，结合人类生产与生活行为，有机融合区域内山、水、林、田、湖、草、沙、冰等自然要素，统筹兼顾、整体施策、多措并举，实现区域复合生态系统协调发展，建设生态安全屏障，对构建国家安全体系、提升国民安全具有重要意义。

构建国家生态安全体系的重要基础。山水林田湖草沙系统治理是实现我国生态安全格局优化、生态系统过程稳定、生态系统功能提升的重要途径，是建设国家生态文明和美丽中国的关键进程，与国家生态整体安全和持续发展密切相关。对流域受损生态系统进行整体、全面的保护修复，为国家生态安全夯实了生态建设与绿色发展的基础。生态保护修复对国土安全的要素及其之间相互作用的诠释与梳理，构建了国土安全等非传统安全建设的基础。

提升国民安全的重要途径。国民安全是国家整体安全体系的核心，也是国家安全体系建设的出发点与落脚点。国民安全主要体现在国民的生存安全、健康安全和发展安全。系统治理的主要工作内容是针对关系国家安全与居民健康的生态系统、环境质量、资源破坏、服务降低或丧失等方面的不利状况，进行生态环境修复，实现生态功能提升，资源保护与科学利用等目标，山水林田湖草沙系统治理是国民安全建设的重要一环。

第二节　山水林田湖草沙系统治理的理论基础

一　生态系统生态学理论

生态系统生态学是最基础支撑理论，目前已形成"生态系统结构决定过程，而生态系统的功能可以由结构与过程产生，生态系统功能满足人类生存与发展的需求"的级联模型，这是山水林田湖草沙生命共同体理论的主线。生态系统生态学围绕区域内的土壤、植被、岸边带、水体等生态系统，种群生态学与群落生态学中关于生物个体、种群、群落之间相互影响、相互促进的作用机制以及生境理论共同丰富了山水林田湖草沙生命共同体的内涵，为山水林田湖草沙生命共同体内部生态系统的物质、信息、能量流动的方向、强度提供分析框架（见图 7-1）。

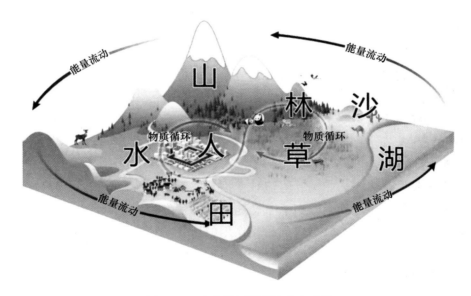

图 7-1　山水林田湖草沙生态系统

资料来源：本图来源于搜狐网题为"山水林田湖草沙是生命共同体"的新闻。

二　流域生态学理论

流域生态学主要用于综合解决流域生态环境问题，基于山水林田湖草沙生命共同体理论，阐明生命共同体的时空区域尺度与流域内部各生态系统之间的耦合机制。山水林田湖草沙生命共同体需要综合流域和区域生态环境问题的时空尺度，识别生命共同体存在的生态环境问题时空范围与程度，为生态保护修复策略提供准确数据基础。山水林田湖草沙生命共同体要诠释内部不同生态系统类型之间的相互作用机制，在设计共同体生态保护修复策略与区域绿色发展的体系中充分适应、利用这些作用机制。

　　洞庭湖作为我国第二大淡水湖，在长江流域中发挥关键的调蓄作用。作为长江流域中游的重要子流域之一，洞庭湖流域是我国农产品生产的关键区域，有着至关重要的生态系统服务。根据流域生态学理论，将洞庭湖流域的森林、灌丛、湿地、农田、草地和城镇整合为有机统一体，按照生态系统服务需求目标，评估洞庭湖流域生态系统服务重要性，检测流域生态存在的问题，提出系统性的生态保护与环境修复规划，建设流域生态安全格局。最终从产品提供、土壤保持、水源涵养、洪水调蓄、水质净化和防风固沙等不同方面发挥生态系统服务功能，实现了可持续的山水林田湖草沙生命共同体。

　　资料来源：孔令桥等：《基于生态系统服务视角的山水林田湖草生态保护与修复——以洞庭湖流域为例》，《生态学报》2019 年第 39 卷第 23 期

三　恢复生态学理论

　　恢复生态学是新兴学科，遵循自然演替规则，主要研究生态的修复或重建，对优化生态系统结构、保护生物多样性及持续性发展生态系统具有重大意义。山水林田湖草沙生命共同体内部要重点考虑营养、污染和能量的收支、输入的胁迫效应、食物网的结构、植物与传粉者间的网络关系、生态系统组分间的反馈作用、养分转移效率、初级生产力和系统分解率以及干扰体系。基于恢复生态学理论可利用多变量的复杂数量

分析方法解决山水林田湖草沙系统中的理论问题，将过去单一静态的生态系统研究转向动态研究、多状态研究、基于过程的方法和多维向恢复评价标准等特征（见图7-2）。

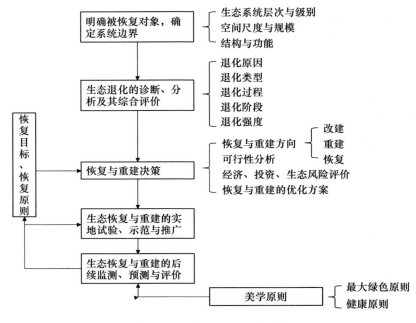

图7-2　恢复生态学理论内容

资料来源：彭少麟等：《恢复生态学》，科学出版社2020年版，第5—15页。

四　景观生态学理论

景观生态学是运用景观生态学原理的专业知识进行景观生态规划，探索景观建设与人类活动的作用，分析景观生态学的应用效果，对确立景观应用于生态过程、调节人与自然关系的和谐发展有重要意义。从景观及区域尺度出发，进行合理有效的景观规划设计，对景观结构实施有针对性的把控措施和管理建议，最终实现景观功能优化升级和景观可持续管理。景观生态学在合理的景观设计下体现出山水林田湖草沙生命共同体的美感，重复形成了特有的风俗文化，为人与自然和谐相处提供了可能（见图7-3）。

图 7 - 3　北京怀柔雁栖湖景观生态规划设计

资料来源：北京林业大学孙漪南博士提供。

五　复合生态系统生态学

复合生态系统的核心观点是构建以自然、经济、社会生态系统为骨架的"架构"体系，即"以人类行为为主导、以生态环境为依托、以景观生态为指导、以资源流动为命脉、以管理体系为经络"① 的理论框架。复合生态系统生态学是山水林田湖草沙生命共同体理论的核心支撑，根据复合生态系统中重要理论——山水林田湖草沙生命共同体理论，确保此非自然因素对生命共同体的负面作用能够降到最低甚至被消除，实现人类高质量生存发展的同时稳定满足山水林田湖草沙的生态保护修复需求，使得二者和谐统一、相辅相成。

拓展阅读

复合生态系统理论针对生态环境问题日趋严重，人与自然的关系失调的问题。复合生态系统理论系统地阐述了生态文明建设五位一体

---

① Zhao, J. Z., Liu, X., Dong, R. C., et al., "Landsenses Ecology and Ecological Planning Toward Sustainable Development", *International Journal of Sustainable Development & World Ecology*, Vol. 23, No. 4, 2016, pp. 293 - 297.

的生态整合方法，要处理好生态文明与经济建设、政治建设、文化建设和社会建设的关系，将传统单目标的物态经济转为生态经济，促进生产方式和消费模式的根本转变，强化和完善生态物业管理、生态占用补偿、生态绩效问责、生态控制性详规和战略环境影响评价等法规政策，对生态文化做好传承创新，处理好人与自然的关系，加强产业的生态建设。

——欧阳志云：《开创复合生态系统生态学，奠基生态文明建设——纪念著名生态学家王如松院士诞辰七十周年》，《生态学报》2017 年第 17 期

六　可持续发展理论

可持续发展是山水林田湖草沙生命共同体的最终发展目标和理论支撑。从理论层面来说，山水林田湖草沙生命共同体理论涵盖了其系统的完整性与可持续性；生态系统的可持续性，即生态系统在抵抗人类胁迫时具有继续进化和可持续发展的能力。通过有机融合各个子系统之间，保证生命共同体稳定、健康运转。从工程层面来说，山水林田湖草沙生态保护修复工程以提升生态系统功能为目标，以完整性与可持续性原则，将工程规划与建设实现由"头疼医头，脚疼医脚"到"系统治疗"的转变。

第三节　山水林田湖草沙系统治理要素组成

山水林田湖草沙系统是不同生态系统类型的综合，包括山地、高原、盆地等具有典型的海拔梯度的生态系统，以水为主要环境的河流、湖泊、海洋等水域生态系统，以农田为主要植被环境的人工生态系统和以森林、灌木、草地等为主要自然景观的生态系统。

山是地壳运动所形成的地貌形态，具有较大地势梯度，该地形体由岩石、土体等作为基础而成。我国山地面积约占国土面积的33%，地理分布较为分散。高海拔整山地主要分布地区为横断山区和喜马拉雅山地区；高海拔半山地主要分布地区为羌塘高原区和江河源半山地高原区。

中部和东部地区主要分布地区为长白山、太行山、大巴山和秦岭山地区东缘与浙闽和南陵山地区，山地分布不连续。

水活跃在流域系统内，是十分重要的组成要素，大多数以地表径流的形式存在。我国水资源总量约 31600 亿立方米，其中绝大多数为咸水资源，仅有 2.53% 的淡水。在全球水资源中，97.47% 是无法饮用的咸水，在余下的 2.53% 的淡水中，有 87% 是人类难以利用的两极冰盖、高山冰川和永冻地带的冰雪，真正能够利用的仅有江河湖泊以及地下水中的一部分。我国流域中水体表现形式多样化、多形态，主要包括淮河流域、西南诸河流域、黄河流域、珠江流域、西北诸河流域、辽河流域、海河流域、长江流域、松花江流域和东南诸河流域。

林是流域内依附在山体上的木本植物体系，依赖于土壤中的水和营养元素，受到当地气候及土壤水分的约束，还与山体地形属性息息相关。我国林地面积约为 28413 万公顷，其中乔木林地占比最高，高达约 19735 万公顷，灌木林地高达约 5863 万公顷，竹林地约 702 公顷，其他林地约 2113 万公顷。流域中的林木种类往往随海拔的改变而出现分异现象，具有较明显的带状分布现象；并且发生与山体坡度、坡向以及地表物质岩性有关的分异现象。林地主要以阔叶林、针阔混交林为主，空间上主要分布在南方林区、西南林区和东北林区。

田是由人类的农业生产而形成的微地貌单元，地表作物集中生长形成，其形态特征、作物类型和长势不仅受自然因素影响，也受到人为活动的影响。从古至今，田随着人类从狩猎社会到农耕社会，在流域内的占地面积逐渐增大。直至近年来，人地关系的和谐重建和城镇化建设，使田地在流域内占地面积逐渐稳定，甚至略有减少。我国农田面积高达约 12786.19 万公顷，其中水田约 3139.2 万公顷、水浇地约 3211.48 万公顷、旱地约 6435.51 万公顷，农田资源分布主要以水田为重。

湖是指地表上相对低洼处水体的集中地点，需要同时具备洼地形态和川流不息的径流两个基本要求才能形成。我国包括青藏高原湖区、东北平原与山地湖区和东部平原湖区、蒙新湖区、云贵高原湖区共五大湖区。按湖区划分，青藏高原湖区是湖泊数量和面积最多的湖区，其次是东部平原湖区。东部平原湖区和青藏高原湖区湖泊分布最为集中，形成了两大湖群，东西分布密集。中国湖泊众多，约有 2 万多个，其中东部地区（特别是长江中下游地区）分布着中国最大的淡水湖群，而西部地区多为内陆咸水湖，按面积排前五的湖泊是：青海湖、鄱阳湖、洞庭湖、太湖、呼伦湖。

草是流域中最为常见的植被生命共同体，也是最普遍、最顽强的植被体系。我国的草地高达 26453.01 万公顷，其中天然牧草地 21317.21 万公顷、人工牧草地 58.06 万公顷、其他草地 5077.74 万公顷。草地资源一般以高、中覆盖度草地为主，空间上主要分布在西藏牧区、青海牧区、内蒙古牧区和新疆牧区，其重要性从东南向西北逐步递减。目前，我国草地的主要类型有草甸草原、温性草原、荒漠草原、高寒草原、温带草丛、亚热带热带草丛、山地草甸、沼泽化草甸、盐生草甸、高寒草甸、寒温带温带沼泽、高寒沼泽等。山地草甸和草甸草原覆盖度相对最高，主要分布地区为秦岭山区、广西壮族自治区北部和云南省南部地区。草甸植被主要包括温带半湿润气候区的黑龙江和吉林省西部，祁连山地区，以及内蒙古东北部地区。荒漠草地主要分布地区为内蒙古中西部以及昆仑山地区，相对覆盖度最低。

沙广泛分布于干旱、半干旱和部分半湿润地区，主要包括沙漠、戈壁、沙地和沙漠化土地，植物稀少、气候干旱，生态环境极其恶劣。我国荒漠化土地面积高达约 257.37 万平方公里，近 4 亿人口受到荒漠化威胁，严重危害经济社会可持续发展。八大沙漠和四大沙地为代表性地貌特征，其中，八大沙漠包括塔克拉玛干沙漠、腾格里沙漠、柴达木沙漠、古尔班通古特沙漠、乌兰布和沙漠、巴丹吉林沙漠、库布齐沙漠、库姆塔格沙漠。四大沙地为毛乌素沙地、呼伦贝尔沙地、科尔沁沙地和浑善达克沙地，其中塔克拉玛干沙漠是我国面积最大的沙漠。

冰川是指极地或高山地区地表多年存在并具有沿地面运动状态的天然冰体，也是十分重要的淡水资源之一。我国冰川面积约为 59406 平方千米，冰储量为 5590 立方千米，主要分布在西部和北部地区，包括新疆、西藏、甘肃、青海、云南和四川等省区，位于喜马拉雅山、天山、横断山、昆仑山和祁连山等诸多山脉。其中青藏高原地区分布最为集中，具有雪线高、融化相对稳定的特点。我国西北地区气候干燥、降水稀少，气温更低，冰川补给少，消融也少，形成了与极地冰川类似的大陆型冰川；西南地区受印度洋季风的影响，气候湿润、降水丰富，冰川较为活

跃易形成海洋型冰川；两个区域之间存在海洋型和大陆型过渡区域，多
分布亚大陆型冰川。

第四节　山水林田湖草沙系统治理的实现路径

我国山水林田湖草沙系统面临诸多挑战，系统治理要以习近平生态
文明思想为指引，牢固树立"山水林田湖草沙是一个生命共同体"理
念，坚持节约优先、保护优先、自然恢复为主的方针，以保障优化国家
生态安全屏障体系和实现美丽中国梦为目标，以改善区域生态环境质量
为重点，按照生态系统的整体性、系统性及其变化规律，统筹考虑自然
生态各要素，进行整体保护、系统修复、综合治理。

一　山水林田湖草沙系统治理面临的挑战

困难立地①成为生态系统治理的硬骨头。我国面积广大，地质结构
复杂，地形起伏明显，又是一个雨水偏少、热量丰富的国家。山地的西
坡和东南坡一般较为干燥，土层分界不明显，土壤贫瘠，植被稀疏、生
产力较低，山地植被恢复难度大。另外，地势较高的第一和第二级阶梯
是山地主要分布的区域，地质结构复杂，地形起伏明显，自然灾害发生
频繁。尤其是环境极其特殊的青藏高原地区，冰川消融、土地沙化、水
土流失严重且自然环境极难恢复的问题日益突出。恶劣而复杂的山地情
况为生态恢复治理工程造成巨大困难，山地的自我生态修复能力较低，
一旦受到破坏，则恢复时间相当长。

淡水资源匮乏，分布不均，洪涝灾害、水体污染严重。我国河流
湖泊众多，水量丰富，但淡水资源缺乏。由于受到地形、气候等因素
的影响，我国河湖分布空间不均匀，呈现北少南多、西少东多的格局。
由于人为因素影响，生态恶化，普遍存在河道干涸、水体污染、抗洪
能力差等问题，河流健康及水生态安全面临潜在威胁。治理水生态问
题，不仅要统筹兼顾，也要突出重点，因地治水。在未来修建治水工

---

① 困难立地，指由于人为或自然因素造成生物生存的生态环境要素发生剧烈变化，通过
常规植被恢复难以取得显著效果的立地条件。

程时要注意大中小型工程共同发展，特别要注意投资少、效益高的小型工程的修建；同时，在治水实践过程中应提高科学技术的运用，构建以节水为核心的新型资源节约的生产体系，制定促进生产和使用节水应用的优惠政策，严格限制高耗水产业的用水。另外，还需要提高城市泄洪能力，注重生态保护，尤其是污水、垃圾处理等保护环境工作的推进。

森林草地资源数量少，部分区域森林草地生态系统退化严重。我国森林和草地均存在面积小、资源数量少、地区分布不均、演替缓慢、结构简单易遭破坏等问题。受气候和长期人类活动的综合影响，尤其是大面积农田的开发，森林和草地遭到较严重破坏。遭到破坏地区由于生态环境条件较差，人为干扰严重，植被恢复难度大、时间长，生态治理工程开展困难。

农田人均数量少，后备资源不足，总体质量不高，面积不断减少。农田主要连续分布于大河形成的大平原，在地形上有起伏但相对高度差异不大的高原山地散布，而受热量条件或水分条件限制的地区零星分布。受自然环境和人为因素影响，适宜大面积机械化耕作的农田面积较少，基础农田质量下降，农业生态环境每况愈下，给农田生态治理带来了较大的困难。

我国荒漠化、沙化土地面积广大，风沙灾害频繁，水土流失严重。虽然我国荒漠化、沙化土地治理成果明显，但任务仍然繁重，局部地区荒漠化、沙化土地面积仍在增加。新疆、青海、内蒙古、宁夏、甘肃、陕西等省区沙漠化土地面积巨大，沙化土地治理迫在眉睫。目前，国内外治理沙化土地恢复植被主要通过退耕还林还草、围栏封育等生物措施，或通过化学和工程措施固结沙面，减缓风蚀等方式，仍存在生态系统易破坏，恢复速度缓慢等问题。

基于以上情况，生态治理需改良土壤、恢复植被、退耕还林还草、封山育林和保护性耕种等措施的综合运用，优化土地利用结构，强化水土流失重点防治区域的综合治理，提高自然生态系统稳定性。从各地区、各生态系统自身的条件出发，做到"宜林则林、宜草则草、宜田则田、宜沙则沙"，既不能简单地屈从于生态系统的各种变化，更不能仅仅按照人类的主观意志对其进行强行干预。

经典文献

我们要推进美丽中国建设，坚持山水林田湖草沙一体化保护和系统治理，统筹产业结构调整、污染治理、生态保护、应对气候变化，协同推进降碳、减污、扩绿、增长，推进生态优先、节约集约、绿色低碳发展。

——习近平：《高举中国特色社会主义伟大旗帜　为全面建设社会主义现代化国家而团结奋斗——在中国共产党第二十次全国代表大会上的报告》，人民出版社2022年版，第50页

二　山水林田湖草沙系统治理的基本原则

整体保护，系统修复。尊重生态系统的整体性和系统性，始终将整体保护、系统修复理念贯穿始终，紧紧围绕提高生态系统完整性及服务功能的目标，全面、整体地开展保护与修复。

综合治理，科学设计。立足全局，加强顶层设计，坚持问题导向，综合治理生态退化、环境污染、景观破碎、栖息地受损等生态问题，选取可行、有效和相对成熟的治理技术和方法，提高保护修复效率。

连通耦合，互补协调。立足当前，着眼长远，将山（山脉）、水（河流）、林（森林）、田（农田）、湖（湖泊、水库等）、草（草地）、沙（沙漠）按照生态系统耦合原理连通起来，分阶段、逐步有序地实施综合治理与生态修复，统筹兼顾，加强社会、经济、自然系统的互补协调。

统筹力量，协同创新。有效凝聚各方力量，整合矿山地质环境治理、土地整治、环境污染治理、水污染防治、农村环境保护、困难立地修复和生态修复等各类工程，协同推动山水林田湖草沙生态保护修复，加强学科间专业合作和融合，提升创新能力。

三　山水林田湖草沙系统治理的总体布局

受高强度的资源开发利用和土地开发建设等因素影响，我国一些生

态系统破损退化严重,生态系统过程受阻、功能下降、格局受损,丧失了为人类生存和发展提供服务的能力。传统的生态保护修复工作由于缺乏系统性、整体性考虑,生态整治修复效果不尽理想,山水林田湖草沙生命共同体理论指导下的生态保护修复成为生态建设的重中之重。

（一）生态保护修复区域

山水林田湖草沙生态保护修复试点工程重点部署在青藏高原、黄土高原、云贵高原、秦巴山脉、祁连山脉、大小兴安岭和长白山、南岭山地、京津冀水源涵养区、内蒙古高原、河西走廊、塔里木河流域、滇桂黔喀斯特地区等国家重点生态功能区内,是国家生态安全的保障区域。

（二）生态保护修复类型

以试点工程在生态安全战略格局骨架中的区位来看,分为青藏高原生态屏障的保护修复、黄土高原—川滇生态屏障的保护修复、东北森林带的生态保护修复、北方防沙带的生态保护修复、南方丘陵山地带的生态保护修复、我国主要大江大河的生态保护修复共六类。

（三）生态保护修复与国土绿化行动

山水林田湖草沙生态保护修复试点工作有机融合了国土绿化行动、天然林保护、防护林体系建设、京津风沙源治理、退耕还林还草、湿地保护恢复等国家重大生态工程,以及区域水土流失、荒漠化、石漠化综合治理工程,体现了人类生存发展与山水林田湖草沙生命共同体的和谐发展。

四　山水林田湖草沙系统治理的主要任务

根据我国国土自然状况,以"山水林田湖草沙是一个生命共同体"理念为指导,以局部土地资源、环境容纳量、水资源、生态系统脆弱性及重要性、人口集聚度自然灾害危险性以及经济发展水平等进行调查与评估为基础,遵循自然和经济发展规律,综合规划生态系统与局部社会经济发展之间的关系,协助区域内经济布局、资源环境承载能力与人口分布相适应,促进资源环境、经济和人口的平衡,达到从根本上缓解或改变生态环境的恶化局面。

（一）编制山水林田湖草沙生态保护修复实施方案

以国土空间规划为依据和前提,按照中央有关生态文明建设的总体部署和要求，以流域、重点区域或行政区为范围，以优化国土空间格局、提高资源利用效率、改善生态环境质量、提升国土空间品质为目标导向，编制山水林田湖草沙生态保护修复实施方案。实施方案编制中要统筹考虑和布局各类生产、生活、生态用地空间，落实空间用途管制制度，划分国土空间生态保护区和修复区，分区明确生态保护修复目标任务，整合各类政策资金，布局生态保护修复工程项目，测算工程投资，提出保障措施。方案设计要注重各生态要素的相互影响与生态保护工程的内在关联，总结形成系统性保护修复总体思路。

（二）科学确定山水林田湖草沙的空间布局

国土是生态文明建设的空间载体，以区域资源环境承载能力分析等为约束，根据不同区域国土空间主体功能的定位，明确开发、保护和利用界限，合理控制国土空间开发范围，优化"三生"（生产、生活、生态）空间，严守环境质量安全底线、区域生态功能保障基线、自然资源利用上线三大红线，并且建立三大红线硬约束机制，统筹区域空间资源，将用途管制扩大至山水林田湖草沙所有自然生态空间，是提高自然生态系统利用效率和保护的根本途径。

对修复区域内生态环境现状采用卫星遥感、地理信息等当代地理信息技术，采用现场勘查、生态监测、资料收集、群众访谈、专家咨询等途径，进行系统、全面的调查，了解生态系统功能、受损情况、类型和结构，厘清区域生态环境存在的关键问题，分析这些问题产生的主要原因，思考其对地区生态系统的影响，提出地区生态保护修复计划。从自然资源、生态系统的系统性、完整性出发，对区域生态环境承载能力进行分析评估，评估人为活动对区域生态环境的影响程度和范围，并根据分区分级评估结果提出具体任务和解决方案。

（三）优化调整区域内的产业结构和人口布局

对所有自然生态空间严格进行空间用途管制，应用于山水林田湖草沙。区分生态保护红线和其他生态空间，对生态红线以内的自然生态空间严格产业和人口布局；对生态红线以外的自然生态空间限定使用，严格限制不符合主体功能定位的社会经济开发活动，防止不合理开发建设活动对生态红线的破坏，实现生态系统整体保护。调整土地利用行为，对于过度或不当利用的土地进行逐步整治，不断提高生态环境承载能力和生态保护成果，提供更多的生态用地空间。积极建设高产稳产的口粮田，开展退耕还林、生态移民、还湖。通过科学开发利用以及合理布局，优化调整与生态环境资源相匹配的人口布局和产业分布，解决生态用地空间、城乡建设用地和农业之间的矛盾，推动实施产业与人口向较好的地区迁移，逐步形成经济、人口、资源环境相协调的国土空间格局。

（四）因地制宜保护修复山水林田湖草沙生态系统

依据局部关键生态问题，按照生态功能保护修复要求，统筹考虑产业结构并调整方向，达到区域生态系统格局优化、功能提升、系统稳定目标。生态环境保护修复工程包括：修山扩林、调田节水、治水保湖和生物多样性保护类工程。修山扩林类工程主要包括矿山生态系统修复治理工程和森林草原生态系统修复治理工程。调田节水类工程包括退化污染土地修复治理工程与农村土地整治。治水保湖类工程包括江河湖泊、湖泊河流生态环境保护修复与综合治理、湿地及近海海域生态系统修复治理工程、饮用水水源地水质安全保障、畜禽养殖污染治理、近岸海域治理与修复、城镇污染治理、农业农村污染综合治理等。生物多样性保护类工程包括草原生物多样性保护和湿地、森林生物多样性保护与水体生物多样性保护等工程。

（五）多部门联动推进山水林田湖草沙生态保护修复

山水林田湖草沙生态保护修复工作具有公益性和基础性，使得修复工作十分复杂，因此需将山水林田湖草沙生态保护修复与乡村振兴、生态移民、城乡建设用地增减和新农村建设联系起来，统筹环境治理恢复、复垦利用等，统一山水林田湖草沙生态保护修复工程。同时，中央、地方和社会等相关部门要密切配合，在管理体制、机制方面进一步归纳和创新，保证资金投入，激活主体、要素和市场，才能真正提高山水林田湖草沙生态保护修复工作的治理成效。

五 山水林田湖草沙系统治理实践

为遵循"山水林田湖草沙是一个生命共同体"理念，综合自然生态各要素，实施整体保护、综合治理、系统修复。2016 年，生态环境部、自然资源部、财政部启动了山水林田湖草生态保护修复工程试点，在五省开设山水林田湖草系统保护修复试点工作，进而实施山水林田湖草一体化保护和修复工程。截至 2019 年，中央财政累计下达重点生态保护修复治理资金超过 360 亿元，根据重点生态功能区选取了 34 个山水林田湖草生态保护修复试点（见附件表 1）。2022 年底，财政部又提前下达了两批 2023 年重点生态保护修复治理资金预算，共计 119 亿元。

山水林田湖草沙整体系统保护的理念逐渐深入人心，逐步探索出全局治理新方式，积累了整体性、系统性开展生态保护修复工程的经验。北京市开展百万亩平原造林工程，解决了首都地区森林覆盖率低的问题，满足当地人民对城市森林的需求。江西省赣南存在水土流失和污染问题，在采取土地综合整治、流域水环境保护治理、矿山生态修复等措施后明显好转，流域水环境质量稳定向好、森林质量明显提高、沟坡丘壑得到有效整治，具有显著效益。河北省京津冀水源涵养区存在的农业面源污染、水土流失等问题，通过进行土地综合治理和土地修复整治，取得了多重效益。吉林省长白山区山水林田湖草生态保护修复工程区域存在采场边坡威胁及矿山破坏等问题，通过进行矿山生态修复，地质环境问题得到了有效解决，阻止了地质灾害的发生，使原有废弃土地资源恢复了使用功能。自党的十八大以来，西藏地区坚持保护优先，把生态环境保护作为区域发展的前提和刚性约束，全面开展西藏生态安全屏障、三江源、祁连山等重点区域生态保护修复，加大生态保护补偿和转移支付力度，有效遏制了青藏高原生态恶化趋势。

典型案例

北京百万亩造林绿化

2012 年，为实现建设首都绿色通道、建设生态文明城市、完善城市生态圈、促进绿色增长、改善首都人居环境的目标，北京市委、市政府开展实施"北京百万亩平原造林工程"的重大决策，规划在北京平原地区构建"两环、三带、九楔、多廊"的绿色空间总体布局。该工程主要包括四大工程——湿地保护建设工程景观、生态林建设工程、郊野公园建设工程和绿色通道建设工程。景观生态林建设工程是重点工程之一，以实现营造大尺度城市森林景观的目标，以科学配置、异龄复层混交、集中连片为原则，从而达到增加城市森林面积、构建美好森林景观、改善城市环境、涵养水源、保护动植物多样性的目的。绿色通道建设工程同样为重点建设工程，主要选择多种园林植物为当地公路、铁路、河流等重点通道进行绿化，同时增添彩色绿化树种，改善通道沿线绿化带的生态环境，提升沿线观赏性。郊野公园建设为首都提供更多旅游地点，近年来已完成如大兴区南海子郊野公园、石景山区老山郊野公园、丰台区万丰公园等一大批郊野公园，在营造良好的生态环境的同时，提升首都郊区绿化面积，保护生物多样性，为市民提供更多休闲娱乐区域。湿地保护建设工程主要包括河流、池塘、水产池塘等湿地的保护、恢复及建设，根据生态性、经济性、整体性和美学原则，建设生态特征与景观整体风貌相协调的绿化保护工程，以实现生态恢复的同时，提升生物多样性，提升水质净化、水源涵养功能。

——陈宇、郭竹梅：《北京市平原地区造林工程总体规划》，《风景园林》2015 年第 1 期；北京市园林绿化局：《北京市平原造林工程技术实施细则（修订版）》，2014 年 1 月

到 2017 年底，第一轮百万亩造林使北京平原地区的森林覆盖率增长了 10 个百分点，达到了 25%。2018 年开启新一轮的百万亩造林绿化任务。截至 2022 年底，全市森林覆盖率达到 44.8%，比 2017 年提高 1.8 个百分点。

目前，各省份山水林田湖草沙系统保护修复工程总体实施方案已编制完成并审核通过，各县具体工程实施子方案以及部分省级独立工程实施子方案也已编制完成。方案总体原则是以区域生态环境问题和主导生态系统功能为导向，改变治山、治水、护田、植树、种草各自为战的工作格局，通过资金整合，系统修复和综合治理。

思考题

1. 简述山水林田湖草沙系统治理的科学内涵。

168

2. 简述山水林田湖草沙系统治理的重要意义。

3. 简述山水林田湖草沙系统治理的理论基础。

4. 简述山水林田湖草沙生命共同体各要素的基本特征及相互关系。

5. 简述山水林田湖草沙系统治理的实现路径。

6. 简述山水林田湖草沙系统治理与传统生态治理的主要差异。

文献阅读

1. 中共中央宣传部：《习近平新时代中国特色社会主义思想三十讲》，学习出版社 2018 年版。

2. 国家发展和改革委员会、自然资源部：《全国重要生态系统保护和修复重大工程总体规划（2021—2035 年）》，2020 年 6 月。

3. 习近平：《高举中国特色社会主义伟大旗帜　为全面建设社会主义现代化国家而团结奋斗——在中国共产党第二十次全国代表大会上的报告》，2022 年 10 月 16 日。

第 八 章

新时代生态文化传承与建设

　　生态文化是生态文明建设的灵魂，也是新时代生态文明建设的重要内容，推动生态文化建设研究不仅有助于在理论上厘清人、自然与社会发展的关系问题，为公众提供理论指导与价值引领，而且在实践中有助于建构新的与生态文明相适应的生产、生活方式。加快建立健全以生态价值观念为准则的生态文化体系，关注生态文化的演变、构成及构建，从价值取向、行为方式、生活习俗等多方面提升公众生态文化素质，从智识支持、制度保障、政府驱动、社会参与等多个维度丰富生态文化的建构路径，有助于扎实推动新时代的生态文明建设。

第一节　生态文化的演变与新时代
生态文化的内涵

　　生态文化既是一种社会现象，也是一种历史现象，处理的核心问题是人与自然的关系问题，并外化为人们的生产、生活方式。生态文化的背后体现的是一种变化的自然观，是人们对一个有机的、整体的世界以及与之互动关系的理解。生态文化在东西方的历史发展中均有迹可寻，又有所差异，具备多样性、传承性等特征，最终又殊途同归，人与自然的和谐成为新时代生态文化建设的共识与核心追求。

一　生态文化的演变与溯源

（一）国际语境中生态文化的演变与溯源

时至今日，生态文化更多建立在生态学基础之上。回溯历史，生态文化发展与演变有其独特的历史语境，并植根于特定的社会存在，尤其是自 20 世纪生态危机愈演愈烈，人类开始反思生态危机，出现了一系列解释生态危机根源的理论，并力图寻求解决方案，如对机械自然观的反思，在环境伦理学范畴下出现了非人类中心主义、生命整体主义等理念，而针对资本扩张带来的生态危机，出现了生态马克思主义这样具有革命性的观点。

愈到今天，生态文化的演变愈受益于科学技术的进步尤其是生态学相关学科的进展。从词源上来讲，生态学一词可以追溯至希腊文"oikos"，但现代意义的"生态学"（Oecologie）一词最早由近代生态学创始人德国的海克尔于 1866 年提出，而后于 1893 年在英语中统一为 Ecology，到了 20 世纪 30 年代，"生态学"一词的中文用法由张珽和董爽秋引入中国。而关于生态文化这一概念的具体使用，最早可见于罗马俱乐部的创始人 A. 佩切伊，国内则由生态学者余谋昌在 1986 年从意大利杂志《新生态学》中引入。

近代生态文化演变植根于其独特的社会背景与自然哲学基础，涉及人类的生存方式与自然审美观念的转变。如 17 世纪晚期至 18 世纪早期，英国的生态文化同当时的自然神学、博物学密切相连，逐渐形成了一种自然神学传统，人们对自然物的求索与价值教化密切相关。18 世纪末至 19 世纪，新的自然审美观念开始出现，比如浪漫主义或自然主义用一种充满诗意和哲理的浪漫话语重新阐释人与自然的关系，哲学家卢梭（Rousseau）呼吁人应该回归自然，湖畔派诗人则用诗歌赞美英国农村的自然风光，而梭罗（Thoreau）的《瓦尔登湖》更是向美国人展现了一种与现代工业文明生活不同且充满了诗意的栖居方式。这与当时流行的与自然抗争搏斗的人文精神明显不同，同传统西方文学中对自然荒芜和恐惧的描述也不一样，显示出了一种新的审美意向，自然与环境成为人们的审美对象，甚至自然成为一种审美规范。

20 世纪尤其是 60 年代之后，随着生态危机的加剧，一场关于如何解释、解决生态问题的"绿色思潮"开始出现，以"罗马俱乐部"的诞生为标志，"技术"的批判开始成为焦点；后于 80 年代形成了两个重要的思想流派，即"深绿"和"浅绿"，二者均反对传统的"人类中心主义"，差异在于激进程度不同；20 世纪 90 年代，生态马克思主义为首的"红绿"逐渐成熟，强调把人、自然与社会看作一个整体，实现人、自然与社会的整体上的和谐共生与发展。而这个阶段，西方关于生态文化建设的研究涉及生态经济、国家生态规划和立法、公民生态教育、公众参与机制等多个维度。

（二）中国传统社会的生态文化

中国传统社会对自然始终保持着一种敬畏。正如习近平总书记所说："我们的先人们早就认识到了生态环境的重要性。"[1] 整体而言，中国传统社会形成了以儒家思想为主体，儒释道三家相互融合、互为补充的发展模式。儒释道三家思想各有侧重，但在对待人与自然关系的问题上，都秉承了人与自然和谐相处的自然观念，形成了尊重自然的价值观念，这同今天生态文化强调人与自然和谐相处的价值取向是一致的。可以说，中国传统生态文化对于新时代生态文化体系的建构仍具有启发价值，相比于儒道二家"天人合一""道法自然"等强调人与自然相处的自然观，佛教以缘起论为基础的平等慈悲观念对于构建超越中心划分的自然观也有着独特的贡献。

首先，以儒家思想为例，以"仁"为核心思想的儒家强调了一种友善的伦理关系，这种伦理关系不仅在人与人之间，而且适用于人与物。儒家思想是中国传统社会的思想底色，从董仲舒的"天人感应"到张载的"民胞物与"无不体现了儒家对待天人关系的生态智慧。"天人合一"强调天道与人德合一，体现了儒家效仿天地之道，将天地之道内化于人德的思想。《易传·象传上》："大哉乾元，万物资始，乃统天"，强调"天"是自然万物的资始，人是自然变化的产物，因此应对自然怀有敬畏之情。正如孔子所言："天何言哉？四时行焉，百物生焉，天何言哉？"儒家将这种对天德的敬畏融入对人德的追求当中，主张将仁爱之心扩充到他人乃至自然外物。"天人合一"的哲学思想不仅体现了中国

---

① 习近平：《深入理解新发展理念》，《求是》2019 年第 10 期。

传统社会知识分子的人生追求，而且影响了中国社会尊重自然的传统观念，对新时代生态文化体系的建构奠定了良好的思想和现实基础。

其次，道家也追求"天人合一"的价值观念。道家主张"道法自然"，其中"道"是世界万物的根本，"道"的运行要效法"自然"。这里"自然"的含义是指自然而然，即事物本来的样子。事物的发展和运作要遵循其本来的规律，"无为"而治既不是无所作为，也不是妄为、乱作为。这一观念充分体现了人是自然的一部分，人要尊重自然，与自然和谐相处，遵循自然规律。庄子《齐物论》"天地与我并生，而万物与我为一"，强调人来自自然，是自然的一部分，人不可能脱离于自然而存在，人虽然具有较高的能动性，但人的活动必须遵循自然规律，不能违背或凌驾于自然规律，彰显了道家"天人合一"的价值追求。这对今天人与自然和谐相处自然观的树立仍具有启发意义。

最后，佛教以缘起论为基础的平等慈悲观念构建了超越中心划分的自然观。唐代僧人湛然提出"无情有性"的观点，这种平等观念推广到了没有生命的无机物，佛教关心的平等不仅包括了十界众生，也把草木瓦石微生物纳入这个联系的整体之中，人只是整体的一环。基于万物平等的观念，佛教还提出了慈悲之心。慈悲之心将世间万物共情地呈现在修行者心中，由此促进修行者的善举。从积极角度来看，这种对世间万物都抱持着关怀之心的慈悲观念，对于转变当代人与自然相分离的观念具有积极意义，有助于形成平等体贴万物的新自然观念。由此建立的对世界万物抱持慈悲之心的平等自然观，可以重塑人类对待自然的态度，不是一味控制，更不是一味妥协和畏惧，而是一种良好的互动模式，这对于今天生态文化体系的构建具有积极借鉴作用。

二　新时代的生态文化内涵

新时代背景下，生态文化既是生态文明建设的重要组成部分，也是中国特色社会主义先进文化的重要内容，为生态文明建设提供理论指导、价值引领、智识保障和实践引导。

关于生态文化内涵的理解，国内外学者有不同表述，国内最早使用生态文化一词的学者余谋昌曾将生态文化作了广义和狭义之分。广义的生态文化指"人类新的生存方式，即人与自然和谐发展的生存方式"，狭义的生态文化则指"以生态价值观为指导的社会意识形态、人类精神和社会制度"。① 综观国内学者对生态文化的探讨，在结构上分为精神、物质和制度三个层面："精神文化属于社会意识范围，是人类与自然界进行交往的基础上所形成的人与自然关系思维活动的过程和结果；制度文化指对人与自然关系的认知与反思，通过理性的提升形成各种关于社会、经济以及政治的管理结构；物质文化涵盖了人文自然、人利用自然材料创造出新的人工物，以及人的保护和发展生态的生产方式、生活方式等。"②

进入新时代，国内已初步形成了关于生态文化较为一致的理解，涵盖精神、物质、制度多个层面。

（一）人与自然和谐共生的生态价值观

价值观是生态文化建设的基础问题，习近平总书记多次指出要树立尊重自然、顺应自然、保护自然的生态价值观。人与自然和谐共生的生态价值观是对马克思主义生态理论的进一步深化与拓展，包含了新时代的自然观、新发展理念的价值取向与生态文明建设的宗旨精神。

第一，"人与自然是生命共同体"是新时代马克思主义自然观的核心体现，也是生态文明建设的本质要求。人类发展史上，人与自然的关系问题经历了复杂的认知演变过程。人与自然是生命共同体意味着人与自然之间的关系在新时代被强调为"生命共同体"。这一理念把人与自然之间的关系视为有机联系的整体，强调人类自身也是漫长演化进程中生态系统的构成要素，同自然界的其他要素是相互依存的共生关系，在肯定人类自身地位的同时强调对其他要素的尊重。"生命共同体"理念关注各层级、各主体之间的利益关系，重视在全面性和长远性的基础上开展生态文明建设工作。

第二，"绿水青山就是金山银山"体现了新发展理念的价值取向以及对自然环境价值的正确认识。2005 年 8 月，习近平首次提出"绿水青山就是金山银山"的理念，强调生态环境与经济发展要两者兼顾。党的

---

① 余谋昌：《生态文明论》，中央编译出版社 2010 年版，第 10 页。
② 尚晨光、赵建军：《生态文化的时代属性及价值取向研究》，《科学技术哲学研究》2019年第 2 期。

十八大以来，"两山论"又多次得到论述，生态环境保护与生产力发展之间的关系得到进一步丰富，"保护生态环境就是保护生产力，改善生态环境就是发展生产力"①，强调贯彻新发展理念，推行绿色生产、绿色生活、绿色消费。

第三，"良好生态环境是最普惠的民生福祉"将生态保护和人民幸福融于一体，体现了生态文明建设的宗旨要求。"良好的生态环境是人类生存与健康的基础"②，生态环境是关系民生的重大社会问题，创造良好的生态环境，目的在于回应人民群众日益增长的生态产品的需求，坚持"以人民为中心"，生态惠民、生态利民、生态为民，让人民群众充分享受更多优质生态产品。

（二）经济发展与公众生活生态化

以生态价值观为准则，建设生态文化意味着人们行为方式的生态化，包括生产方式和生活方式的变革。生态环境问题归根结底是发展方式和生活方式问题，"推动形成绿色发展方式和生活方式……坚持节约优先、保护优先、自然恢复为主的方针，形成节约资源和环境保护的空间格局、产业结构、生产方式、生活方式"③。

第一，在生产方式上，建设生态文化必须提高我国经济发展绿色水平，"改变传统的'大量生产、大量消耗、大量排放'的生产模式"④，推动生态产业、环保产业和绿色产业的发展，在生产方式上实现超越。

第二，在公众的生活方式上，倡导绿色生活、生态消费。生活方式的生态化意味着一种以人自身为目标的新的生活方式，它基于人的真实需要，而非虚假欲求，要求克服工业文明资本逻辑主导下的享乐主义、消费主义、物质主义的异化陷阱，实现异化消费向生态消费的转变，在人、自然、社会和谐的前提条件下，追求健康、合理、科学的生活方式。

---

① 中共中央宣传部：《习近平总书记系列重要讲话读本》，学习出版社、人民出版社2016年版，第234页。

② 中共中央文献研究室编：《习近平关于社会主义生态文明建设论述摘编》，中央文献出版社2017年版，第90页。

③ 中共中央文献研究室编：《习近平关于社会主义生态文明建设论述摘编》，中央文献出版社2017年版，第35—36页。

④ 《习近平谈治国理政》第3卷，外文出版社2020年版，第367页。

（三）健全完善生态文明制度体系

健全完善的生态文明制度体系是建设生态文化的根本保障和重要特征。制度建设是生态文化建设的一个重要层面，制度在文化的建构和形成中起着关键作用，依靠制度自身强有力的约束和激励作用，它可以在一定程度上克服旧有文化样态的消极作用，引导、规范人们的生产和生活方式、思维习惯和价值观念。

2019 年，党的十九届四中全会决定从实行最严格的生态环境保护制度、全面建立资源高效利用制度、健全生态保护和修复制度、严明生态环境保护责任制度四个方面，第一次集中梳理、系统设计和全面呈现了我国生态文明建设的制度体系。四个方面环环相扣，逻辑上贯通，实践中关联，把生态治理体系和治理能力建设摆到更加突出的位置，把着力点放到加强系统集成、协同高效上来，强调了建立系统完备、科学规范、运行有效制度体系的重要性和迫切性。首先，生态文明制度的核心是生态环境保护，行政执法与司法联动，价格税费手段并用，解决工业文明存在的外部性问题，实现环境成本内部化；其次，资源高效利用是从源头上进行污染防治的最好生态环境保护举措，节约资源和保护环境的基本国策要统一起来；再次，生态与环保是一体两面，生态保护与污染防治密不可分、相互作用，应协同推动生态保护修复与污染防治，使分子与分母协同发力，着力扩大环境容量、扩大生态空间；最后，生态环境保护责任制度是管人的，侧重于调整人与人之间的关系，严明生态环境保护责任制兜底，实际强调了其对生态环境保护、资源高效利用、生态保护和修复等制度的促进提质作用。

当下，生态文明制度体系的不断健全和完善，是生态文化建设的重要保证，有助于规范、引导企业、公众等社会多元主体有序有效处理好人与自然关系，进一步提升整个社会的文化氛围。

总之，建设生态文化是新时代生态文明建设的时代需求，它既是对中国传统文化中"天人合一""道法自然"自然观的继承与创新，也是对西方近代生态困境的回应，新时代的生态文化建设更加基于当代生态科学和复杂性科学的发展，面向现实生态环境问题的解决。新时代的生态文化建设涉及精神、物质、制度多个层面，正如习近平总书记所指出的，生态文化建设在精神层面上要以人与自然和谐相处的生态价值观为

准则和价值取向，在物质层面上要努力转变生产、生活方式，实现经济
生活的生态化，以不断健全完善的生态文明制度体系作为根本保障，真
正发挥生态文化在生态文明建设中的灵魂作用。

　　生态文化的核心应该是一种行为准则、一种价值理念。我们衡量生
态文化是否在全社会扎根，就是要看这种行为准则和价值理念是否自觉
体现在社会生产生活的方方面面。

　　——习近平：《之江新语》，浙江人民出版社 2007 年版，第 48 页

第二节　新时代生态文化的建设路径

　　整体来讲，以习近平生态文明思想为指导构建新时代的生态文化体
系，有助于发挥文化自身的引导、凝聚、激励与约束等功能。生态文化
的建设是多维的，特别是在复杂的社会环境之下，需要将精神、物质和
制度等多个层面考虑其中，激发政府、企业、公众等多元主体的活力，
形成自上而下、自下而上的双向反馈机制，确保生态文化建设的可操作
性与现实实践的有效性。目前，我国在新时代生态文化建设的价值取向、
行为方式、生活习俗、公众生态意识培育等方向和路径层面已经有了较
多有益探索和实践。

一　完善生态文化建设的智力和知识支持体系

　　生态文化体系的构建既需要逐步完善生态文化知识供给体系，为生
态文化建设的发展提供智力层面的知识，也需要丰富生态文化人才队伍
及汲取传统智慧。

　　（一）构建生态文化知识供给体系

　　新时代的生态文化意味着对于人与自然关系的理性认识，这种理性
认识基于不同学科知识体系的支持。一方面，它需要尊重自然规律，把
生态学、林学、草学等不同自然科学领域的科学认知纳入考量；另一方

面，也需要重视社会运行规律，立足社会现实，把哲学、法学、经济学、社会学等人文社会科学的方法纳入进来，才能真正在社会现实中引领风尚。生态文化知识供给体系具有较强的学科交叉和学科综合属性，而相应知识体系的支撑也可以为新时代生态文化的科学性、系统性、前瞻性提供智力保障。

（二）挖掘生态文化特征加以利用

生态文化由多要素组成，本身具有系统性、时代性、传承性、地域性、多样性、全球性和可持续性等特征。随着自然环境、社会环境变迁和演变，生态文化建设既需要与时俱进，也需要因时而动、因地制宜，更应该充分考虑并尊重不同地区、不同民族生态文化的多元性，挖掘其具有历史、地域特征的生态智慧，并善加利用，从传统文化之中汲取有益要素，将传统智慧内化并服务于新时代的生态文化建设。

（三）打造生态文化建设的人才队伍

生态文化的建设、发展与传承需要相应的人才队伍作为生态文化建设的倡导者、组织者、推动者和实践者，需要有相应的人才培养体系、选拔机制和保障机制作支撑。结合当前生态文化建设的实际需求，可以结合高校、科研机构、政府等不同主体，以多种形式、多种路径加强人才队伍的培养与交流，与此同时通过相应的保障、激励机制引进人才、发展人才、留住人才，实现生态文化建设的可持续发展。

二　健全完善自上而下的制度保障和组织保障

作为当今世界生态文明建设的重要参与者、贡献者和引领者，尤其是党的十八大以来，中国在生态文明建设理论和实践方面取得了长足进步，引领了生态文化建设的风尚，而近年来中国生态文化建设的成绩很大程度上受益于中国相应的制度体系和组织体系的不断发展与完善，制度体系和组织体系反过来又对新时代生态文化的丰富、深化与发展演变起到引导、助推作用。党的二十大报告肯定了我国生态文明制度体系已更加健全，展望未来，生态文明相关制度上的完善和组织上的优化将进一步巩固和推进中国的生态文化建设。

（一）推进完善生态文化建设的制度保障

党的十九届四中全会强调了"坚持和完善生态文明制度体系，促进人与自然和谐共生"的重要性,明确了下一步工作的着力点和方向,强调推进并实现以治理体系和治理能力现代化为核心的生态文明制度体系建设的重要性。内容全面、落实有力的制度有利于进一步引导、强化、深化新时代的生态文化建设,制度体系与制度引领下的行为范式也是生态文化建设的重要内容和载体。

好的制度重在落实,见诸实践。做好已有制度的执行落地工作,"包括实行最严格的生态环境保护、资源总量管理和全面节约、垃圾分类和资源化利用、损害责任终身追究等制度,落实资源有偿使用、企业主体责任和政府监管责任、中央生态环境保护督察、生态补偿和生态环境损害赔偿等制度"①。近年来,这些制度在实践中取得了不错效果,并在实践中形成了相应的规范,未来仍需在实践中不断完善,加强执行落地效果。

完善、发展、建立一批制度,做到内容全面,环环相扣。党的十九届四中全会强调要健全自然资源产权制度、资源节约集约循环利用政策体系、海洋资源开发保护制度、自然资源监管制度、国家公园保护制度、生态环境监测和评价制度等,完善主体功能区制度、污染防治区域联动机制和陆海统筹的生态环境治理体系、生态环境保护法律体系和执法司法制度、生态环境公益诉讼制度等,建立以排污许可制为核心的固定污染源监管制度体系、生态文明建设目标评价考核制度、国土空间规划和用途统筹协调管控制度等。当下,生态文明建设领域的制度建设仍相对薄弱,仍有大量的工作要做。

(二) 组织体系上完善政府驱动机制

生态文化建设,既需要制度保障,也需要组织保障。政府是生态文化事业的重要建构主体和提供者,也是生态文化建设过程中多元主体的组织者和协调者。

一方面,生态文化的建设需要治理的系统性、综合性,在实际的工作开展中,需要政府自上而下对不同部门、不同主体进行整合、协调、监督来实现;另一方面,生态文化的事业多具非营利性特征,生态文化

---

① 吴舜泽:《生态文明制度建设的里程碑》,人民网(http://theory. people. com. cn/n1/2020/0313/c40531-31629989. html),2022 年 3 月 3 日。

产品的供给、生态文化的普及、生态文化公共服务体系的打造、相应产业的鼓励等都需要政府稳定的资金和人力资源的投入，需要自上而下的政策支持，才可以保证生态文化建设的长期稳定、可持续性。

总之，生态文化价值观的弘扬及具体行为的引导需要相应制度的保障与各级政府的规范与引导。进一步完善、发展、创新生态文化相关的生态保护制度、生态责任追究制度、生态损害补偿制度等，可以为政府、企事业单位、公众等不同主体起到引导、鼓励和约束价值，对于塑造生态价值观、养成良好生态行为实践均有重要作用。各级政府作为生态文化事业的主要提供部门，可以通过建立完善的绿色考核体系和奖惩机制，充分调动政府生态文化建设的活力。

三　建立健全社会参与和监督机制

生态文化建设是为了人民群众的美好生活，人民群众的认可与参与程度也是衡量生态文化建设成效的标尺，生态文化的建设需要不同社会主体为代表的人民群众的参与，并最终在公众之中形成深层次、普遍化的生态意识和生态行为。生态文化建设涉及多元主体的参与，既包括政府，也包括个人、社会组织、企业等，最终需要内化下沉到人民群众之中，实现生态文化多元主体的"共建共治共享"。

（一）落实主体责任

生态文化的构建需要根据不同主体的特征，激发主体活力与自觉。党的十九届五中全会明确指出："建设人人有责、人人尽责、人人享有的社会治理共同体。发挥群团组织和社会组织在社会治理中的作用，畅通和规范市场主体、新社会阶层、社会工作者和志愿者等参与社会治理的途径。"① 以团组织为例，共青团组织具有横向到边、纵向到底的工作体系，可以覆盖青少年群体各类基层组织，也可以借助自身平台优势、体系优势、青少年基础，组织开展各种生态文化活动。生态文化建设需要明确主体责任，充分发挥多元主体作用，充分调动社会力量，并发挥其在各主体之间的中介与桥梁作用。

---

① 《中共中央关于制定国民经济和社会发展第十四个五年规划和二〇三五年远景目标的建议》，人民出版社 2020 年版，第 36 页。

（二）构建合理的公众生态文化参与机制

生态文化建设需要公众的参与，协调不同多元主体的诉求与利益。近年来，随着环境问题频发，不同社会主体参与生态文化建设的热情越来越高涨，参与方式也越来越多样。在这个过程中，构建合理的多元主体生态文化参与机制，根据不同社会主体诉求、参与方式与路径多样性、差异性等特征，完善不同主体的生态文化需求表达路径，有利于实现生态文化建设与不同主体的活动有机结合，推动生态文化建设向基层下移，实现政府与多元主体之间的良性互动。

案例链接

"青·趣分类"青少年垃圾分类行动

共青团湖南省委积极响应党中央、团中央指示，印发《"美丽中国·青春行动"实施方案（2019—2023 年)》，开展"青·趣分类"青少年垃圾分类行动。通过"统一课程体系、统一教案教具、统一培训上岗、统一评估督导"的"四统一"模式，实施"十百千万"计划，开设"10＋N"课程体系、组建百团进社区、千名"小青荷"环保讲师团和万名"小雷锋"宣讲员，让青少年成为培养垃圾分类好习惯宣传与行动的主力军，达到了"教育一个孩子，影响一个家庭，带动一个社区，推动整个社会"的效果。项目进入107 所中小学校和47 个社区开展1018 场专项活动，光盘打卡 263 万次，累计参与 27.32 万人，累计志愿服务100.67 万小时。

资料来源：共青团湖南省委

（三）鼓励公众监督生态文化建设

生态文化的建构需要专业机构如高校、科研院所的知识输出，需要政府、社会组织等社会主体的传播与引导，最终在观念上变革公众对人与自然关系的认知，并下沉到公众实践之中，在全社会范围内形成生态文化的大氛围。一方面，应当保障公众参与生态文化建设的合法权利、主动建构公众参与生态文化建设路径；另一方面，应该重视公众的建言献策与监督功能，充分调动民智、民力，促进生态文化建设的深入推进。此外，完善对政府、社会组织等主体的监督、评价、考核机制，也有利于提高公众参与热情，有效丰富创新生态文化内涵与形式。

第三节　新时代生态文化建设探索与借鉴

新时代背景下，作为中国特色社会主义先进文化的重要内容，生态文化的内涵和外延都在不断丰富，并逐步内化为人们的价值观念，外化于人们的生产生活等现实实践，体现在意识、物质、制度等不同层面，以森林生态文化、草原生态文化、国家公园生态文化等不同的形态出现。借助于生态文化的表现形态和现实实践，我们既可以看到自然科学和人文社会科学的融合、制度的优化、公众的生态共识和参与的加强，也可以看到传统的、地方的、民族的生态智慧在不同的案例中熠熠生辉，并从中得到新的反思与启示。

一　生态文化的不同形态与内在联系

（一）生态文化形态的多样性

生态文化在价值观上以人与自然和谐为基础，涵盖物质、精神、制度多个层面，而传统文化、自然条件、民族特色、地域特色等因素又赋予了生态文化形态上的多样性，比如森林生态文化、草原生态文化、国家公园生态文化等，而不同生态文化形态因其自然禀赋的不同而表现出各自独特的特征，但彼此又交互影响。

以森林生态文化为例，森林是人类重要的栖息地和活动场所，森林生态文化的核心在于以森林资源体系为支撑，探究人、森林与社会的关系，涉及森林物质文化、精神文化、制度文化多个维度。

森林物质文化既包括人们对森林的认知，也包括森林经营与利用。不同社会发展阶段，人们对森林的认知有所不同，经历了由低到高的发展阶段，森林认知既包括木材生产、食品生产、经济林等与个体生存相关的森林物质生产功能，也包括景观、游憩、住宿等同群体生活有关的功能，还包括同生物多样性、生物质能源、碳汇林、生态公益林等社会功能。森林的经营与利用奠基于森林认知基础之上，包含经营利用的主体、工具、技术、过程、产品等多个方面，蕴含着人们对森林态度的变化。

森林精神文化包含人们对森林的认知、情感、生态伦理等，它随着社会的发展、时代的变迁衍生出更多新的内容。它既包括人们对森林本身自然物的精神寄托，如山水文化、树木文化、动物文化、花文化、茶文化等，也包括一些人们生存生活基础之上延伸出来的民俗文化、宗教文化、园艺文化、环保文化等。

森林制度文化包括与森林管理相关的机构组织、法律法规、生态行为守则、管理办法等，它也随着时代发展而不断进步。从生态机构组织体系上来讲，它包括国家林业和草原局及省市县各级林业生态管理机构和执法机构；从法律法规来讲，它包括森林法、野生动物保护法等法律、法规、部门规章、地方法规和政府规章组成的林业法律法规体系；在更广泛意义上，它也将与之相关的国际公约、乡规民约等包含在内，如《生物多样性公约》等。

（二）不同形态生态文化建设的内在联系

整体来看，不同形态的生态文化均有各自独特的自然资源为支撑，共性与差异并存，在生态文化建设的过程中，需要立足现实和需求，考虑不同形态生态文化的多样性、差异性和可持续性，充分发挥各自在景观资源、文化资源和社会资源方面的优势，充分挖掘本土特色、传统特质，更好建设生态文化。

以草原生态文化建设为例，相比于森林生态文化，它同样拥有悠久的历史传承，广阔的地域分布，多元的创造主体，以我国草原类型为例，自东向西呈现出草甸草原、典型草原、荒漠草原、高寒草原的类型特征，不同生态系统的背后是草群结构和草种的不同，也意味着不同的生产生活方式，决定了草原生态文化的丰富多样。同样，草原生态文化的建设应该充分考虑不同草原地区动植物种群特征为代表的自然资源禀赋，采猎游牧为代表的民俗文化，并将其同当地居民的生产生活结合起来，正确看待并处理人与草原之间的关系。

国家公园生态文化在中国是个较新的概念，但又契合时代需求。党的十九大报告提出要"建立以国家公园为主体的自然保护地体系"，中国正在建立世界上最大的国家公园体系，国家公园的建设有其自身的特殊性和重大意义，比如保持自然生态系统的原真性和完整性、保护生物多样性、保护生态安全屏障。国家公园建设为"国之大者"，国家公园生态文化的建设需要在全球的背景下考量，稳步推进，既要立足于中国保护地实际，依据各地实际统筹推进山水林田湖草沙系统治理，建立健全保护管理制度，充分发挥地方文化和社会资源优势，同时也要积极借鉴国际上国家公园建设的先进经验，在发挥其生态功能的同时，在公众参与中发挥其国民生态和环境教育的价值，真正让国家公园成为国家形象的代言者和软实力体现。

总之，生态文化形态的多样性随着自然环境、社会环境变迁而演变，生态文化建设也应因时而动、因地制宜。

二　云南亚洲象群北移背后的生态文化建设借鉴

生态文化建设需要顶层设计，更需要落实到每个执行者身上，需要全民的高度参与，在全社会形成生态文明建设的社会风尚，这是一个共建共治共享的过程。2021 年云南亚洲象群北移事件，彰显了中国近年来生态文明建设尤其是文化的进步与成绩，也为其他地区及不同领域的生态文化建设提供了新借鉴。

（一）人与自然和谐共生的生动范例

典型事件

2021 年 3 月 15 日，16 头野生亚洲象从云南西双版纳州进入普洱，一路北上，并于途中产下一头幼象，象群数量增至 17 头。其间，北移亚洲象群历时 5 个月持续北移并安全南返，途径普洱、玉溪、红河、昆明 4 个州（市）9 个县（市、区），迂回行进约 1500 公里。

中国云南野生亚洲象群北移南返之旅吸引了全球的目光。"据不完全统计，对云南'亚洲象北移'进行报道的国内外媒体超过 3000 家，相

关报道接近 7000 篇，覆盖全球近 200 个国家和地区。"① 云南亚洲象群北移南归事件获得了包括新华社、《人民日报》、《光明日报》、央视等国内各大主流媒体以及各类自媒体的追踪报道，来自美国、英国、法国、德国、日本等的海外媒体也客观追踪了亚洲象北移事件。该事件更获得了国内外普通公众的关注，其间，相关有效信息超过 67 万条，全网阅读量 110 多亿次。2022 年 2 月，由云南省委宣传部撰写参评的《生动讲好人与自然和谐共生的中国故事——以云南亚洲象群北移事件为例》获评中国 2021 年度"对外传播十大优秀案例"。

值得一提的是，《生物多样性公约》第十五次缔约方大会 2021 年 10 月在云南昆明召开，云南野生亚洲象群北移事件完美体现了本次大会"生态文明：共建地球生命共同体"的主题，成为中国促进人与自然和谐共生的生动范例，成功向全世界展现了可信、可爱、可敬的中国形象，也受到了国际舆论的广泛赞誉。云南野生亚洲象群北移南返之旅同中国近年来生态文明建设的举措与成绩密不可分，也反映了中国生态文化建设在专业支持、制度保障、组织保障、公众参与等全方位的进步。

（二）生态文化建设中的关键要素

1. 专业支持为生态文化建设提供内容支撑

作为一种生态文化现象，2021 年云南亚洲象群北移事件涉及公众的生态价值观演变、自然科学知识建构、地方文化传播等多个维度的智识支持。

价值观层面，"人象和谐"场面的背后是"人象冲突"到"人象和谐"价值观念转变的过程，更是中国新时代生态价值观逐步完善、发展并最终落地生根的过程。国际上，从辛格的动物解放论的提出到今天动物保护理论的成熟，全球生态价值观朝着理论更加全面系统、影响越来越深远的方向发展。在中国，马克思主义生态理论不断得到深化与拓展，尤其是新时代，随着生态文明建设的深入，尊重自然、顺应自然、保护自然的生态价值观越来越深入人心。具体到云南，虽然传统食物及栖息地问题导致人象冲突不断的难题依然存在，但"在保护中发展，在发展

---

① 谢兴龙：《保护生物多样性，促进人与自然和谐共生——以云南北移亚洲象群安全南返为例》，《创造》2021 年第 11 期。

中保护"越来越成为云南生物多样性保护工作遵循的理念。

有效的专业知识供给保证决策的正确性，同时建构公众认知的科学性、系统性和趣味性。客观来讲，象群北移事件最后很大程度上演变成了一种科学之旅、知识之旅、文化之旅，而其背后是来自全国各地的北移象群处置专家组，还有来自各大机构专业技术人员与资深大象检测员组成的专业"护象队"，大量专业人才保证了知识供给的科学性、专业性。除此之外，伴随大象之旅的还有云南风土人情、山川风物等有趣的云南故事的讲述。

2. 制度保障和组织保障是生态文化建设的重点

"云南大象的北上及返回之旅，让我们看到了中国保护野生动物的成果"①，从 20 世纪 80 年代的"人兽冲突"到如今的"人象和谐"，云南亚洲象群北移事件背后是中国生态文明制度的不断完善和政府治理能力的不断提升。

制度方面，生态文明制度的不断完善提供了人们行为的基本准则，为生态文化的发展提供了坚实的制度保障。生态文化的建构必须依托制度的保障，也必须得到制度的认可。我国从党的十八大以来坚持和完善生态文明制度体系，从根本上规范并引导社会生产与生活的生态化，客观上促进了生态环境的好转。本次亚洲象北移的一个重要背景便是近 30 年来中国野生亚洲象种群栖息地环境不断得到改善，种群数量由 80 年代的 150 头增至今天的 300 多头，且活动范围不断扩大。野生动物致害补偿保险制度的建立和完善，也使得传统"人象冲突"中人的合理利益诉求得到保障，鼓励越来越多的公众从思想到行动上参与到生态文明的建设中去。

组织层面，政府为主导的有效作为是"人象和谐"的现实保障。在这次云南亚洲象群北移事件过程中，不乏各种突发情况，但以政府为主导的不同工作部门的协调、专家的指导、群众的发动与组织、宣传上的正向引导，使得这次亚洲象群北移之后成功南返，并成功转化为全球范围的生态文明教育之旅，云南省也借助这个契机成功向全世界讲述了一

---

① 习近平：《共同构建地球生命共同体——在〈生物多样性公约〉第十五次缔约方大会领导人峰会上的主旨讲话》，《中华人民共和国国务院公报》2021 年第 30 期。

个云南生态保护的故事。

3. 公众参与程度是生态文化建设的重要标准

生态文化建设的一个重要衡量标准就是社会多元主体观念上的认可度和行动上的参与度。

深层次、普遍化的公众生态意识是亚洲象群北移事件的一个重要特征。整个事件中，沿途群众和企业表现出了良好的生态意识和行为习惯，积极配合、贯彻护象队提出的处置口诀："熄灯、关门、管狗、上楼"。事件背后良好的公众生态素养同近年来国内全社会范围内生态保护意识的提倡和广泛深入的生态文明教育大环境密不可分。

提高公众参与的动力机制，协调不同主体的合理利益诉求。生态文化建设的具体施行，需要将相关的多元主体纳入进来，考虑到不同主体的差异性与诉求，激发群众参与的动力、活力。历史上"人象冲突"的一个重要分歧就在于不同主体的利益诉求是否得到保障。近年来，随着生态补偿政策的逐步完善，不同利益主体的合理诉求得到保障，包括亚洲象群北移事件中，野生动物公众责任保险定损赔付机制消除了群众的后顾之忧。

4. 开放、包容、合作的态度铸造中国形象

生态文化的问题具有全球性特点，在生态共识的基础上，以开放、包容、合作的态度加强国际交流，既有利于借鉴吸收先进经验，也有利于增强中国特色生态文化在全球文化交流中的影响力和话语权。

宣传方面，亚洲象群北移事件中，中共云南省委宣传部统筹谋划，全面创新叙事语态，通过新闻推送、现场发布、专题采访、专家解读等方式，全程持续动态报道，主动回应社会关切，使得整个事件以更加立体、形象、专业又不乏"亲和力"的方式呈现在国内外公众面前，成功把这一起偶发的野生动物迁移事件转化为一场讲好云南故事的主场外宣活动。

新观点

坚守中华文化立场，提炼展示中华文明的精神标识和文化精髓，加快构建中国话语和中国叙事体系，讲好中国故事、传播好中国声音，展

现可信、可爱、可敬的中国形象。

————习近平：《高举中国特色社会主义伟大旗帜 为全面建设社会主义现代化国家而团结奋斗——在中国共产党第二十次全国代表大会上的报告》，人民出版社2022年版，第45—46页

生态文化的多元性是客观存在的，既要有国家站位，又要有全局视野。客观而言，由于经济社会发展的不均衡，不同国家之间的生态文化的多元差异必然存在。20世纪80年代，世界环境和发展委员会在全球性生态危机、环境危机面前，提出了可持续发展的观念，主张"既满足当代人的需要，又不对后代人满足其需要的能力构成伤害的发展"，自此，协调经济社会发展与环境保护的关系、处理好人与自然的关系成为国际共识。经过几十年的发展，中国在生态文明建设理论和实践方面取得了长足进步，在生态文化方面的影响力也越来越大，加强国际间生态文化的交流、合作与研究，有利于增进国际社会对中国特色生态文化的认同，提升我国生态文化在全球的影响力和话语权。

三 在实践中推进新时代生态文化建设

生态文化涉及多重维度。一方面，它既关注自然物之间的内在联系，又同人类社会的价值观密切联系，有特定的哲学基础。另一方面，生态文化又是跨时空跨学科的，既关涉不同历史时期人们的认知变迁，又有不同空间区域上的多元差异；既包含自然科学的定量基础，又关涉人文社会科学的现实应用。生态文化建设是新时代建设生态文明社会的迫切需要，积极探索生态文化建设的路径选择，促进公众的生态价值观塑造，更深层次推进社会生产和生活方式的转变，推进生态文明建设不断向前。

生态文化建设要立足现实社会实践，符合我国生态文明建设的现实国情，在肯定成绩的同时，也要正视经济发展和环境保护、生态问题的公共性与地区差异、群众生态意识不足、制度化和法治化问题仍需完善等问题，以政府为主导，充分调动、激发社会多元主体的积极性，确保生态文化建设的可操作性与现实实践的有效性。

生态文化建设也要以更加开放、包容的心态加强国际交流与合作，提升国际生态文化的影响力和话语权。新时代，中国是生态文明建设及文化建设的重要参与者、贡献者和引领者。在广泛生态共识的基础上，应积极提升国际传播技巧和能力，以更开放的心态加强国际生态文化的交流、合作与研究，在借鉴吸收其他国家经验成果的同时，增进国际社会对中国特色生态文化的理解与认同，塑造可信、可爱、可敬的中国形象。

总之，不断推进中国特色的生态文化建设，要在习近平生态文明思想指导下，在精神层面上以人与自然和谐相处的生态价值观为准则和价值取向，在物质层面上努力转变生产、生活方式，实现经济生活的生态化，以不断健全完善的生态文明制度体系作为根本保障，真正发挥生态文化在生态文明建设中的灵魂作用，满足人民群众对美好生活的向往。

思考题

1. 中国传统社会的生态文化有哪些？
2. 新时代生态文化的内涵是什么？
3. 新时代生态文化建设的路径有哪些？

文献阅读

1. 《中共中央关于坚持和完善中国特色社会主义制度　推进国家治理体系和治理能力现代化若干重大问题的决定》，人民出版社 2019 年版。
2. 习近平：《推动我国生态文明建设迈上新台阶》，《求是》2019 年第 3 期。
3. 习近平：《共同构建地球生命共同体——在〈生物多样性公约〉第十五次缔约方大会领导人峰会上的主旨讲话》，《中华人民共和国国务院公报》2021 年第 30 期。

第九章

绿色生活方式的建构和普及

　　建构和普及绿色生活方式是中国特色社会主义生态文明建设的重要内容，与绿色发展方式构成了生态文明建设的两个重要实践领域。国家倡导人与自然和谐共生，坚定走生产发展、生活富裕、生态良好的文明发展道路，倡导绿色消费，形成绿色低碳的生产方式和生活方式。本章主要介绍绿色生活方式的内涵，阐释倡导绿色生活方式的必要性，理解普及绿色生活方式的重要性，了解我国绿色生活方式实践现状及路径探索。

第一节　绿色生活方式的内涵与必要性

　　绿色生活方式是人与自然关系协调发展的要求，是促进人自由全面发展的要求，是兼顾当代人与后代基本生存发展权益的要求。从内涵与逻辑上看，绿色生活方式有马克思主义理论的源头活水，是社会主义本质特征的生动显现，是中华传统文化的传承创新，是中国共产党优良作风的弘扬延续。

一　绿色生活方式的内涵

　　绿色生活方式是以人为本的具有良好物质基础的美好生活方式，是反映生态文明建设人与自然和谐共赢理念，通过人们的衣食住行用等活动，通过绿色生产与绿色消费的良性互动，实现爱护生态、保护环境、节约资源的生活方式。

（一）绿色生活方式的理念

绿色生活方式是新发展理念在人民生活层面的具体化落实。绿色发展作为新的科学发展理念，包含绿色发展方式和绿色生活方式。要实现绿色发展，就要完成绿色发展方式和绿色生活方式的有机统一，将建构完善合理的绿色生活方式作为重中之重。

经典文献

"推动形成绿色发展方式和生活方式，是发展观的一场深刻革命。"

"要充分认识形成绿色发展方式和生活方式的重要性、紧迫性、艰巨性。"

——习近平：《论坚持人与自然和谐共生》，中央文献出版社 2021 版，第 168、173 页

生活方式的内涵有两个层面。狭义上，指人的日常消费方式，也就是马克思、恩格斯所强调的人们对吃喝住穿用等生活资料消费的过程总和。广义上，是劳动生活、政治生活、精神生活等人们一切生存和发展涉及的所有活动形式；本质上是由人们所处的特定社会阶段的生产方式决定的。

绿色生活方式是对在私有制生产方式基础上形成的人与自然疏离对立、过度消费生活方式的克服和超越。绿色生活方式致力于实现生态和经济，人的价值与自然价值的有机统一；强调人是生活的主体，强调健康适度的消费观念，推动社会的生产方式变革。

（二）绿色生活方式的目标

从人的发展来看，绿色生活方式旨在实现人的自由而全面的发展。首先，绿色生活方式要求具备良好的物质基础，摆脱贫困短缺对人生存发展的桎梏，为人的生存发展提供优质的条件和保障。其次，绿色生活方式反对过度消费、异化消费、物化消费，反对以消费水平、物质占有作为人的价值高低评判的标准，要求摆脱人的片面狭隘的发展观。

从自然保护来看，绿色生活方式旨在从生活理念、消费习惯、交往

方式等方面，协调人与自然之间的关系，减少、减缓因为人的生存发展而短缺不足，或过度消费、浪费而导致的环境污染、资源耗竭和生态破坏，实现尊重、顺应、保护自然，人与自然和谐共生的目的。

2018 年全国生态环境保护大会明确了绿色生活方式建设的时间表：至 2035 年节约资源和保护环境的生活方式总体形成，至 21 世纪中叶绿色生活方式全面形成。

二　社会主义社会的内在要求

绿色生活方式深刻体现了人民群众的美好生活需求中对优美生态环境、优质生态产品的需求。绿色生活方式本质上是对人生态需要维度的拓宽和满足，同时也是对私有制带来的异化消费、虚假需求的超越，是走向人与自然和解的自觉路径。

（一）以人为本，人自由全面发展的要求

生活方式的变革，实质上是人的发展。人的生活方式就是人的存在方式，人类社会的发展必然带来人的生活方式的变革。

经典著作

不仅是工人，而且直接或间接剥削工人的阶级，也都因分工而被自己活动的工具所奴役；精神空虚的资产者为他自己的资本和利润欲所奴役；律师为他的僵化的法律观念所奴役，这种观念作为独立的力量支配着他；一切有"教养的等级"都为各种各样的地方局限性和片面性所奴役，为他们自己的肉体上和精神上的近视所奴役，为他们的由于受专门教育和终身束缚于这一专门技能本身而造成的畸形发展所奴役，——甚至当这种专门技能纯粹是无所事事的时候，情况也是这样。

——《马克思恩格斯全集》第 20 卷，人民出版社 1971年版，第 317 页

人的发展状况决定了人的生活方式。恩格斯指出了资本统治下的社会真相——被奴役。人被物所奴役，进而被物化。被物剥削的同时，为

物奔波劳碌，形成不停循环运转的、畸形压抑的非良性社会现象。马克思指出，这是人与自身的类本质的异化和背离。这实际上造成了人与自然的疏离与对立。只有打破资本的统治，消灭阶级的差别，才能实现人主体性的充分独立和解放，实现每个社会个体自由全面的发展，并与自然构成真正的生命共同体。

（二）对资本主义不可持续生活方式的批判

生产方式与生活方式、人的发展状况相对应。农业文明、工业文明与生态文明有不同的社会生产方式和生活方式。资本主义私有制主导的生产方式下，资本的主体性取代人的主体性，一切以资本为本位，人和自然都受资本支配。摒弃资本主义生产方式，实现人的主体性回归，以人为本，推动人的全面自由发展和全社会的绿色发展，使自然从资本的支配中解放出来，是社会变革的要求。

资本主义私有制衍生的消费主义会引发两类"贫困积累"。一个是对自然界资源疯狂掠夺后导致的自然界的"贫困积累"，另一个是在无止境的对物质和欲望的占有和追求下形成的人的"贫困积累"，进而导致自然生态环境的破坏、人的生存和发展的危机。绿色生活方式用绿色消费、可持续消费取代铺张浪费和奢侈消费，以克制代替放纵，本质上是反消费主义的。

（三）生态文明建设的必由之路

从广义上来看，包含了生产方式在内的人的生活方式是影响和制约人与自然关系的最根本因素。消费主义的生活方式，是在过度榨取自然环境资源，归根到底是不可持续的。生态文明需要与之相应的绿色生活方式，以实现人与自然的和谐共存。

生活方式会对生产和消费两方面产生直接影响。生产方面，消费主义致使生产追求短暂的利益效果，造成自然资源的迅速耗竭和环境的大量污染。消费方面，消费主义强调对物质大量占有，导致铺张浪费和炫耀式消费，加重资源消耗和垃圾堆积。故而，从生产和消费两个方面入手，全面建构合理绿色的生活方式，将经济发展与生态环境两手抓，实现人与自然的和谐共存是生态文明建设的必然之路。

三　中华优秀传统文化的传承

绿色生活方式厚植于中华传统文化的土壤中。顺应自然、珍惜资源、爱护环境的传统生活理念，为新时代人与自然和谐相处的新生活方式提供了宝贵的精神财富。

（一）取之有节，用之有度

"取之有度，用之有节，则常足"语出《资治通鉴》，意思是，对于自然界的物产资源，要有限度地索取、有节制地使用，这样才能常保富足。传递出追求人和自然长远的、整体的、和谐可持续相处模式的思考。

人与自然和谐相处的生态理念在我国优秀传统文化中十分丰富。老子的《道德经》就从"道"的概念出发，思考世间万物以"道"为本的和谐性；以自然与人的关系为框架，构造了内蕴丰富包含着各类复杂因素的，以"道"为法则的庞大体系；追求一种"天人合一"的至高境界，追求人与自然的大和谐。其"无为""适度""均衡"等主干理念直接影响和丰富了了生态文明理念，为绿色生活的具体实践操作提供了借鉴。

"取之有度，用之有节"是生态文明的真谛，新时代的人们要追求热爱自然的情怀，树立生态环保思想，形成文明健康的生活风尚和深刻的人文情怀。

（二）克勤于邦，克俭于家

"克勤于邦，克俭于家"出自儒家经典《尚书·大禹谟》。意思是在国家事业上要勤劳，在家庭生活上要节俭。相传是舜称赞大禹所说的话。其主旨是倡导一种艰苦朴素，不过度关注物质层面，心系国家，勤劳勇敢为珍贵品质的生活方式。

先秦时期的墨家学派也提出"节用""节葬"的政治和生活理念，倡导节俭作风，不铺张浪费。一方面，倡导百姓在日常生活中形成良好朴素的生活习惯；另一方面，劝勉统治阶层舍去奢靡作风、官僚做派，将节省出的物力和人力致力于国家发展。人人从简，则国家昌盛。

（三）由俭入奢易，由奢入俭难

"由俭入奢易，由奢入俭难"出自司马光《训俭示康》。意思是从节俭生活到奢侈生活容易，但从奢侈生活转换到节俭生活很困难。习惯了锦衣玉食大手笔的铺张浪费，就很难再回归艰苦朴素的清汤寡水式的生活。由奢入俭，不仅仅是一种生活方式的变更，需要思想认知的转换。

绿色生活方式不是要求零消耗、零消费，而是强调适度节俭、理性消费。其背后的绿色理念是，无论财富多寡，应始终保持健康合理的资源利用和物质消费，在满足自己基本生活需求的同时，关怀环境、社会，实现由内而外，由个体到整体、由现代到未来的全面绿色可持续发展。

四　中国共产党优良传统和作风的弘扬

中国共产党一直秉持和弘扬绿色生活方式，无论是在物质极度匮乏、国家危难之际，还是国力强盛、民族繁荣之时，我们党都保持艰苦朴素、勤俭奋斗的作风，以及将人民和国家放在个人享受之先的政党初心。

（一）新民主主义革命时期艰苦奋斗、勤俭节约的精神

艰苦奋斗、勤俭节约是中国共产党的"传家宝"。在新民主主义革命时期，中国共产党找到了"农村包围城市，武装夺取政权"的革命新道路，扎根农村，带领人民群众进行土地革命。物资并不充裕甚至匮乏，但革命先辈们心中挽救国家危亡的民族大义之火熊熊燃烧。

土地革命时期，为保障军需，中央苏区推行节省运动，成功粉碎了围剿和经济封锁。抗日战争时期，中央实行精兵简政，大力加强节俭力度。陕甘宁边区的大生产运动，自己动手，丰衣足食，打破了敌人的严密封锁。解放战争时期，毛泽东同志在1947年"元旦指示"中提出，必须一面发展生产，一面整理财政，节省一切非必要的开支，发扬艰苦奋斗的作风，降低干部生活水平，严禁铺张浪费，打击贪污腐化。

（二）社会主义革命和建设时期艰苦朴素、反对浪费的作风

艰苦朴素、反对浪费是中国共产党在社会主义建设历程中励精图治、居安思危的"清新剂"。中华人民共和国成立初期，中国共产党在全党范围内确立了把反对浪费作为极其重要问题来抓的原则。毛泽东同志提出了"厉行节约，反对浪费"的方针，指出要提高劳动生产率，降低成本，实行经济核算，反对铺张浪费。

周恩来同志1955年在《改善和节约生活》中提出，节约是建设当中最中心的问题。他指出，干部和人民节约一点，就是对国家建设增加一分，对于国防力量增强一分；浪费一点，就是对国家的经济建设和国防建设有害。在这种清醒的忧患意识下，百废待兴的新中国，在消灭贫穷

和展开大规模建设中不断向前。

（三）改革开放时期艰苦创业、节约资源的观念

艰苦创业、节约资源是中国共产党立足经济建设和本国国情，明确社会主义现代化走可持续发展道路的"航向标"。改革开放后，我国面临的人口、环境、资源挑战日益突显。邓小平同志强调党的建设中勤俭节约教育的重要性，在改革开放初期就曾多次指出，最大的问题还是要杜绝各种浪费。他强调艰苦创业精神的延续和坚守，明确指出越发展，越要抓艰苦创业。

中国共产党明确意识到我国人均资源有限、发展方式有待转型、生态环境亟待保护的状况，将人民群众的切身利益、中华民族的永续发展放在首位。在党的领导下，20 世纪 80 年代，保护环境的基本国策确立；90 年代明确了可持续发展的总体战略、对策及行动方案；进入 21 世纪，建设资源节约型、环境友好型社会被确立为国民经济与社会发展中长期规划的重要内容。

（四）新时代倡导节俭养德、勤俭为民的理念

节俭养德、勤俭为民是新时代中国共产党赓续初心的"长明灯"。党的十八大以来，党带领群众在科学发展观、新发展理念的指导下，坚定不移地朝着中国特色社会主义道路前进并取得了卓越的成效。这些成绩的取得，离不开中国共产党始终秉持着为人民服务的党心党性，贯彻落实节俭勤劳的生活作风。习近平总书记强调："不论我们国家发展到什么水平，不论人民生活改善到什么地步，艰苦奋斗、勤俭节约的思想永远不能丢。"①

以党的改进工作作风、密切联系群众的八项规定、六项禁令为行为指向标，我们党始终在不断优化自身的行为方式，同时又坚持以绿色生活方式为准则。在这种优良传统和作风的弘扬之下，我们党日益成长健壮，国家繁荣昌盛，人民百姓生活幸福，社会发展良性可持续。

（五）疫情中坚持人民至上、生命至上的理念

人民至上、生命至上是中国共产党守护人民群众身体健康和生命安全秉持的"试金石"。在第二次国内革命战争时期，中国共产党以减少、

---

① 韩宇：《艰苦奋斗、勤俭节约的思想永远不能丢》，《红旗文稿》2019 年第 8 期。

消灭疾病作为卫生运动的重点，开展了群众卫生运动。抗日战争、解放战争时期，陕甘宁边区成立防疫委员会，开展预防鼠疫、霍乱的军民卫生运动。1952 年，中央防疫委员会成立，广泛开展以"除四害"、讲卫生为主题的爱国卫生运动。爱国卫生运动延续至今，成为中国共产党将群众路线贯彻于卫生防病工作的伟大创举。

新冠疫情期间，面对席卷全球的百年以来传播速度最快、感染范围最广、防控难度最大的重大突发公共卫生事件，习近平总书记强调，要全面提高依法防控依法治理能力，健全国家公共卫生应急管理体系[1]，深入开展健康中国行动和爱国卫生运动[2]。广大中国共产党党员，尤其是医务工作者和基层工作者，身先士卒，不畏艰险，真正将人民至上、生命至上贯彻于实际行动之中，铸就了护卫人民生命健康的血肉长城。

第二节　绿色生活方式的实现机制

绿色生活方式的实现以生态文化为先导，以绿色生产为基础，以绿色消费为关键。生态文化从理念、知识和制度层面传播生态文明思想，将生态文明教育在学校和社会范围普及，提升公民的生态文明素养，建立健全规章制度。绿色生活方式的实现以生产和消费的良性循环互动为保障，培养低碳、适度、简约的绿色消费习惯，壮大绿色消费的市场空间，增强绿色产品供给，健全绿色标准。

一　生态文化是先导

与绿色生活方式相对应的生态文化，通过加强生态文化教育促使人们确立生态价值理念，通过提升公民的生态文明素养推动认识和行为的知行合一，通过完善生态文明制度建立保障机制、激励机制和长效机制。

（一）加强生态文化教育

生态文化教育是生态文明观念普及的基本途径。绿色生活方式的建

---

① 习近平：《全面提高依法防控依法治理能力，健全国家公共卫生应急管理体系》，《求是》2020 年第 5 期。

② 习近平：《高举中国特色社会主义伟大旗帜　为全面建设社会主义现代化国家而团结奋斗——在中国共产党第二十次全国代表大会上的报告》，人民出版社 2022 年版，第 49 页。

立和普及需要依托生态文化教育。生态文化教育有主动和被动，家庭教育、学校教育、社会教育之分，在实施过程中应被细化和区分。

顶层设计应将生态文化融入国民教育全过程体系，使生态文化成为基础教育、终身教育的重要内容，引导公众形成生态文化的自觉和自律。一方面，要加大资金投入，以保障生态文化教育有充足的经济基础；另一方面，加快、深入生态文化教育的内容、方法、评价等研究，培植人才，推动生态文化教育体系的构建。

生态文化教育要按照不同人群、不同教育阶段实行有针对性教育普及。在儿童阶段，可以通过种一棵树、画一幅绿色主题的画、记录绿色活动的日记等实操性教育，养成孩子的绿色文明意识。青少年群体，可以通过理论知识来传播生态文化。在高中和大学科目中设立生态环境、生态文明类通识课程，组织绿色生活方式主题的会议论坛、艺术展览、游学实践营，激发学生的求知欲、加强对绿色生活的思考和理解。在普通民众方面，可以采取人民群众喜闻乐见的文化传播方式实现教育，例如社区活动、提问采访、媒体营造等。

绿色生活方式文化的养成，需要充分发挥家庭教育和社会教育的作用。学校与家庭相互配合，实现家校共建绿色生活。社会层面要鼓励环保组织吸引公众参与相关活动，实现学校、家庭、社会三位一体的生态文化教育体系，实现生态文化的全民教育模式。

（二）提升公民生态文化素养

提高公众生态文化素养是社会形成绿色生活风尚的必然要求。"生态文明建设同每个人息息相关，每个人都应该做践行者、推动者。"①

提升公民生态文化素养，有一些基本途径。首先，制定普及和提升纲要，明确生态文化素养的内涵、主要内容。其次，开展各类形式的宣教活动，通过线上线下相结合、传统与现代相结合的方式，吸引大众的关注和参与。最后，紧密结合现代科技，采取大多数人方便接收和学习的媒介方式进行生态文化传播。例如制作短视频、设立公众号、研发小程序和 App、组织线上打卡绿色生活方式的群。

---

① 习近平：《论坚持人与自然和谐共生》，中央文献出版社 2021 年版，第 176 页。

"候鸟守护者"行动网络

2012年，纪录片《鸟之殇》及系列爱鸟护鸟行动唤起全民候鸟保护行动。作为湖南鸟类资源保护的重要载体和生态环保志愿者参与生态文明建设的重要平台，湖南省护鸟营应运而生。该项目以"队伍建设、联动机制、法治推进、宣传行动"为着力点，广泛发动社会公众守护候鸟迁徙安全。十年来，湖南省生态保护志愿服务联合会累计在湖南建设了31个县级护鸟营、14支村级护鸟队，5000余名在地候鸟守护者累计出动巡护35.66万人次，开展鸟类生态摄影巡展、讲座等宣传活动782场，发放宣传资料78.2万册/份。2019年获"关注森林活动"组委会授予"关注森林活动20周年突出贡献单位"。

2022年，习近平总书记在《湿地公约》第十四届缔约方大会开幕式上指出中国将"保护4条途经中国的候鸟迁飞通道"。加强生物多样性保护是建设人与自然和谐共生现代化的基础。

资料来源：共青团湖南省委

（三）完善生态文明制度

制度是规范人们的行为准则和约束框架。习近平总书记指出，"只有实行最严格的制度、最严明的法治，才能为生态文明建设提供可靠保障。"①

绿色生活的制度建设首先要求加快完善绿色生活方式的政策法规，建立相应的惩罚激励制度。其次，要建立健全环境治理的监管执法制度，对危害生态环境的消费行为进行惩治和处罚。对提供不符合环保标准的产品或服务的企业和团体实行强有力的监管。最后，尤为重要的是加快建构绿色生活方式的绿色经济制度。在税收立法方面，增设有关节约环保、绿色发展的新税种，发挥税收对绿色生活方式构建的引导调节作用。

---

① 习近平：《论坚持人与自然和谐共生》，中央文献出版社2021年版，第44页。

在市场监管方面，鼓励绿色产品的生产与消费，提倡以节约为主旨的生产消费模式。

二 绿色生产是基础

生活与生产密不可分。生产满足人们的生活需要，生活需要推动生产的发展。生态文明建设追求生产、生活、生态三生共赢协调发展。绿色生活方式力求实现绿色消费与绿色生产的互动循环、协同发展。绿色生产要为绿色生活方式提供坚实的基础，通过打造绿色产品体系，提升绿色产品供给能力，通过绿色标准的设立确保绿色生产全过程的环保、集约。

（一）打造绿色产品

广义的绿色生活方式包含绿色生产和绿色消费两大部分。绿色生产从满足绿色消费的角度来说，是提供绿色产品的生产。绿色消费指适度、节制、可持续的消费行为模式，注重生态环境保护，资源利用的可持续性、人与生态的平衡性。

当前绿色产品体系的形成和完善面临着一些挑战。第一，绿色产品自身属性仍有局限性。科技投入和研发力度不够，致使绿色产品性能竞争力不够，价格普遍偏高，消费者群体购买热情不高，消费市场尚未充分激活。第二，绿色产品的有效信息匮乏。市场上不乏"绿色"标签的产品，但鱼龙混杂，往往需要消费者仔细甄别原材料、产品来源、生产过程才能筛选和辨认出真正的绿色产品，对认知、时间成本要求较高。第三，绿色产品尚未广泛普及。绿色产品和服务种类尚待齐全，销售渠道还不够全面，购买途径还不够便捷。有意向的消费者有时需要耗费较多时间精力寻找适合的绿色产品。

（二）增强绿色供给

绿色生产不仅要以提供绿色产品为目标，还需要打造完善的供给体系，从产品设计，到产品生产，再到产品销售，全过程绿色化，以同时满足绿色生产和绿色生活的双重要求。

绿色供给是供给侧改革的重要部分。加强绿色产品供应端的开发和研究，加大对供给侧的绿色投入和科技研发，使绿色真正融入供给侧的一环，成为其不可分割的一部分，在提高质量和针对性效用的同时，进一步实现生态供给，完善供给结构，优化整个经济结构和市场经济环境。

（三）健全绿色标准

针对绿色生产的供给侧改革和绿色生活的绿色产品需求。从产品设计到产品生产的各个环节，以及产品消费后废弃物的处理和回收，都应将相应的标准贯穿其中，建立起完整的绿色生产、产品标准体系。

打造绿色生产和产品标准体系，首先要加快、加强相关标准的制定，推动中国成为绿色生产和绿色产品的标准大国。其次要鼓励企业使用绿色产品标准，使之落地。最后要严格把握好生产环境友好、资源节约的底线，通过监督、监察等方式，把控绿色生产标准，对触碰红线的企业进行警告和惩罚。

三　绿色消费是关键

绿色消费的倡导和推广是绿色生活方式建设的重点任务之一。绿色生活方式和消费模式养成的方向是绿色低碳、节约适度、文明健康。绿色消费是维持生态平衡为目的的可持续性消费，是以居民健康、环境保护为宗旨，具有和谐性、适度性、节制性、可持续性等特征的各类消费行为的统称。绿色消费是生活领域实现碳达峰碳中和的根本要求，是实现经济高质量发展的内在要求。

（一）绿色低碳消费

绿色低碳消费是在满足人们基本需要和权利的基础上，以减少与消费过程相关的碳排放量为标准，以减少化石能源消耗，减缓气候变化的负面影响为目标的消费。党的二十大报告提出倡导绿色消费，形成绿色低碳的生产方式和生活方式。在第七十五届联合国大会上中国向世界发出实现碳达峰碳中和——"双碳目标"的庄严承诺。《2030 年前碳达峰行动方案》把"双碳目标"融入经济社会系统性变革，纳入生态文明建设整体布局中。生活消费方式的绿色低碳转型是通过低碳高质量发展实现"双碳目标"的全面变革之路。

绿色低碳消费在日常消费中，如衣食住行等方面，只需要对消费产品和消费方式作出低碳选择，就能减少相应的碳排放，缩小碳足迹。

着装方面，不同材质的服装生产加工过程，以二氧化碳标准排放量计算，有所不同。研究推算，一件涤纶衣物生产过程碳排放量达到 25.7

公斤，一条纯棉牛仔裤从棉花种植到旧衣回收产生 32.3 公斤碳排放量，一件纯棉女衬衫相应数据为 10.8 公斤。减少衣物购买量，减少购买快时尚类服装，优先购买有实际减排行动的品牌的服装，租用衣服等选择都有利于碳减排。在饮食方面，适当减少肉食摄入，增加素食比重，少点外卖，减少食物浪费等，都是低碳消费行为。在家居方面，选择节能家电，少用一次性物品，对垃圾进行分类处理，对购买的产品进行废物回收和再利用等，也有助于"住"的低碳化。在出行方面，通勤时每周少开一天私家车，选择新能源汽车作为居家代步车，选购自行车或乘坐公共交通工具，长途出行时提高火车出行的比重等，也有助于减少交通带来的碳排放。

小常识

碳足迹

碳足迹（Carbon Footprint）是生态足迹的一种，以定量的方式来表征人类活动所产生的温室气体及其对环境造成的影响，一般以二氧化碳排放当量作为计算标准。根据不同的主体，碳足迹可以分为个人、产品、家庭、企业、组织、城市和国家碳足迹等。碳足迹的计算方法有生命周期评价方法（Life Cycle Assessment，LCA），以及根据生产和消费过程中使用的能源矿物燃料排放量来计算的方法。以个人碳足迹为例，从产品生命周期来计算，购买一件纯棉 T 恤衫，平均消耗的资源如下：棉花原料种植过程消耗农业用水 2000 升，使用土地 4 平方米，工业加工过程中消耗用水 50 升，化学品消耗 0.4 公斤，电力消耗 5 千瓦，蒸汽消耗 4 公斤。各类资源折合二氧化碳排放量 10 公斤，即购买一件纯棉 T 恤衫产生的碳足迹估算值。

（二）节约适度消费

节约适度消费是避免浪费奢侈的绿色消费模式。进入新时代，我国社会发展的主要矛盾已经从人民日益增长的物质文化需要同落后的社会生产之间的矛盾，转变为人民日益增长的美好生活需要同不平衡不充分的发展之间的矛盾。社会生产力的发展水平与从前相较有了巨大提升，社会产品丰富程度也极大提高，但浪费型消费和炫耀性消费也日益抬头。2022 年，国家发展和改革委员会等部门印发《促进绿色消费实施方案》，其中明确指出奢侈浪费得到有效遏制是推动绿色消费实施的重要目标之一。

节约适度消费提倡消费的合理化、理性化，反对浪费型和炫耀性消费、透支消费。一般性消费从直接消费过程获得满足，人均消耗和占用的物质资源相对有限。而浪费型消费和炫耀性消费的效用满足，主要来自消费过程中的社会关系，以彰显自己的社会地位、身份和能力，人均物质资源占有大大超过一般性消费。此外，一些人通过信用卡透支、网络贷款等方式，沉迷于透支消费，甚至负债累累。这与量入为出、从实际需要、从生态环保出发的节约适度消费背道而驰。

（三）健康文明消费

健康文明消费是关注人的身心平衡发展，促进人与自然和谐共生的绿色消费模式。绿色生活方式提倡健康的饮食，良好的生活习惯，以保持身体的健康、精神的愉悦、学习和工作的高效。健康的饮食可以通过在家烹饪，多选用新鲜的本地食材，减少高盐、高油、高糖食品的摄入，合理搭配食物等实现。良好的生活习惯可以从顺应自然节奏，坚持运动，早睡早起，避免熬夜和保证充足睡眠做起。

健康文明消费要求人们作出尊重自然、保护生态的消费选择。为保护大象，打击象牙非法贸易，中国从 2018 年 1 月 1 日起全面禁止国内象牙商业性加工和销售活动。新冠疫情发生后，从防范和控制公共卫生安全风险的角度，2020 年 2 月 24 日，全国人大常委会通过了《全国人民代表大会常务委员会关于全面禁止非法野生动物交易、革除滥食野生动物陋习、切实保障人民群众生命健康安全的决定》。各地也根据此决定，修改或出台了相应的地方性法规。这些都是对绿色生活方式进行健康文明消费的引导。

第三节　绿色生活方式的践行路径

随着生态文明建设的深入推进，绿色生活建设已经在神州大地全面铺开。从学校教育的融汇到公民素养的提升；从用水用电等生活领域的资源节约，到出行出游等方式的环境友好；从生产、流通到回收的各个具体环节，绿色生活方式正以前所未有的态势掀起建设的热潮。

一　生活理念的绿色化

绿色生活方式的落地，需要人们在日常生活中增强自然资源的节约意识、生态环境的保护意识，树立起尊重自然、顺应自然、热爱自然，与自然和谐相处的生态文明意识。

（一）公众参与

绿色生活方式是公众参与生态文明建设的便捷途径、重要方式。每一位公民随时随地都可以通过节约用水、用电，坚持绿色出行，少用一次性物品，注重垃圾分类，不购买野生动物制品，传播绿色生活理念和方式等形式，参与到绿色生活方式的实践过程中。

公众在消费生活方式的绿色化上，可以从污染型消费向环保型消费转变，从奢侈型消费向节约型消费转变，从物质性消费向全面性消费转变。在政治生活方式的绿色化上，可以从较少关注生态文明建设相关的公共政策和较少参与相关公共事务，转向积极关注相关报道、公示，参与听证会、咨询会、社会公开意见征求和民意调查等。在休闲生活方式的绿色化上，可以从疏离自然向亲近自然、欣赏自然转变，从违背人身心健康的自然需要、缺乏运动和睡眠、暴饮暴食的生活方式，向顺应自然节律的、符合人身体和心理健康的适度需要转变。

典型案例

蚂蚁森林——联合国"地球卫士—激励与行动奖"

蚂蚁森林是 2016 年支付宝平台推出的公益项目，鼓励消费者选择步行、自行车、公交车等绿色出行方式，以及在线支付水电燃气费等绿色支付方式，将这些选择对应的行为转化为可视化的"绿色能量"。积累到一定数量的绿色能量可用于保护地保护和公益林树木种植。2019 年，蚂蚁森林与全国绿化委员会办公室和中国绿化基金会合作，用户完成年度 3 棵树种植任务即可获得年度"全民义务植树证书"。该功能上线 3 天即有 200 万用户成功领取证书。2019 年，蚂蚁森林项目获得联合国环境规划署"地球卫士奖"中的"激励与行动奖"。至 2021 年，蚂蚁森林用户达 6.13 亿人，产生绿色能量 2000 多万吨，累计种植 3.26 亿棵树。

（二）典型示范

绿色生活创建行动在全国多地已经进行了有益探索，树立典型、创建榜样的时机已经成熟。一批批绿色生活典型的创建，为引导公众养成绿色低碳的生活方式、形成全社会范围的崇尚绿色生活的良好风尚，发挥了典型示范作用。2019 年国家发展和改革委员会发布《绿色生活创建行动总体方案》，将节约型机关、绿色家庭、绿色学校、绿色社区、绿色出行、绿色商场、绿色建筑列为典型创建的重点领域。

在绿色学校创建方面，各省积极推进中小学及高校的绿色校园创建和评估。以北京为例，2021 年北京市教育委员会发布了《北京市绿色学校创建标准（高校）》《北京市绿色学校创建标准（中小学）》。宣传教育指标中，引导高校设立生态文明相关的学科专业或方向，开设生态文明类通识课程、讲座等开展生态文明渗透式教学。运行管理指标中，要求学校绿地率不低于 30%，建立智能化系统，推进新建绿色建筑和旧建筑绿色改造，开展校园能源资源统计和监测等。2022 年北京 60%的学校建成绿色校园。

（三）组织引领

从社会范围来看，生活方式的绿色转型还面临许多挑战。例如，公众绿色生活意识不强、参与度有待提高等。应对这些挑战，需要培育、壮大环保组织，动员社会力量，推进绿色生活建设。

我国的民间环保组织一直都是绿色生活方式宣传的主要力量，尤其是青年环保组织，在这方面做了大量有益的工作。早在 2015 年第 44 个世界环境日，全国各地青少年环保组织就已经响应共青团中央和环保部的倡议，积极组织青少年参加"绿色长征"公益健走活动和"青年环保公益创业大赛"，引导青少年践行绿色出行，贡献生产、流通、消费环节中节约资源和减排降耗的创意发明。北京各高校环保社团在北京市生态环境保护宣传中心、北京市学生联合会等的引导下，每年都举办历时两个月的首都高校环境文化季，已经形成北京的环境保护品牌活动，第十七届就是围绕引导青年人践行绿色低碳生活方式，引导全社会共同参与绿色低碳发展展开的。至2021年底直接参与活动的大学生已经累计超过10万人次。

典型案例

将保护野生动物进行到底

仅分布于我国新疆乌伦古河流域的蒙新河狸是国家一级重点保护动物，2018年种群数量为500只左右。2017年从北京林业大学野生动物保护专业毕业的初雯雯选择回到新疆工作，第二年成立阿勒泰地区自然保护协会。初雯雯通过协会发起"河狸守护者"项目，通过给河狸家族编号，为每一个河狸家庭募集云守护者、联系在地守护者共同保护河狸家族。结合"河狸守护者"，初雯雯又发起了"河狸食堂"公益项目，通过种树改善河谷林生态环境，邀请爱心人士一同为河狸种植了几十万棵灌木柳树苗。至2021年底，阿勒泰地区自然保护协会已帮助蒙新河狸由162窝提升到190窝，河狸种群数量由500只上升为598只，使种群数量增长20%。初雯雯也先后获得阿勒泰地区青年五四奖章（2017年），中国青年五四奖章（2022年），并在2021年10月11日《生物多样性公约》第十五次缔约方大会开幕式上，作为中国青年代表发言。

资料来源：王江平、牧歌：《"河狸公主"初雯雯：将保护野生动物进行到底》，《中国妇女报》2022年5月18日第4版。

二　生活领域的绿色化

绿色生活方式与人们的日常生活息息相关，在衣、食、住、行、游、养、用、办公、数字金融等领域都大有发展空间。绿色生活方式是对传统生活方式在节约资源、保护环境、爱护生态维度的全面超越和革新。

（一）绿色衣着

传统服装纺织行业对环境造成巨大压力。从生产端来看，服装制造过程中会产生许多资源消耗和环境污染，织物加工需要消耗大量的水、石油等资源，并产生粉尘、燃料等污染物。从消费端来看，被废弃的衣物总量在不断增加。中国循环经济协会数据显示，在我国，每年被直接扔进垃圾桶的旧衣服总量达到 2600 万吨。这些被扔掉的旧衣物作为垃圾被焚烧或填埋处理，增大了环境负荷和污染。此外，服装行业还存在着使用珍稀动物皮毛作为衣物原料的状况，对动物保护有害无利。

绿色衣着需要生产者和消费者共同努力。需要引导、鼓励企业使用先进装备和技术，如绿色纤维制备、旧纤维循环利用、活性印染等，提升企业供应符合环境友好、绿色低碳要求的服装的能力。应建立符合绿色生产、绿色产品规范的企业产品名单目录，为机关单位、企事业单位或学校购置绿色低碳的制服和校服提供平台。对于消费者来说，衣物购置应遵循理性、合理和适度的原则，从源头上减少旧衣物的产生，抵制珍稀动物皮草产品。进一步推广居民社区的旧衣物回收利用，推动旧衣物的合理再利用，探索成熟的公益和商业模式，形成产业循环。

（二）绿色餐饮

绿色餐饮旨在遏制舌尖上、餐桌上的浪费，树立珍惜、节约粮食，健康饮食，文明生活的理念。联合国环境规划署《2021 年粮食浪费指数报告》估算，中国家庭人均年食物浪费量为 64 公斤，人均量虽然不算高，但因人口基数大，食物浪费总量达到 9164 万吨，位居世界第一。习近平总书记多次就坚决制止餐饮浪费、培养节约习惯作出重要指示，强调要营造"浪费可耻、节约为荣"、厉行节约、反对浪费的社会氛围。为防止食品浪费，维护国家粮食安全，2021 年 4 月 29 日，《中华人民共和国反食品浪费法》通过全国人大常务委员会会议审议，公布施行。

餐饮企业，机关事业单位、高校餐厅或食堂是实施绿色餐饮的主体。

食品采购要确保食材原料符合食品安全标准，优先采购符合可追溯要求的食材，并公开来源和配送信息。厨房灶具使用的设备能耗应符合国家节能标准的要求，安装水油分离装置、油烟净化设施。在运行方面，要遵循安全操作规范和卫生规范，精准采购，及时处置临过期原料，依法处置餐厨垃圾，确保大气污染物排放得到有效控制。在服务过程中，引导消费者节俭消费，积极宣传绿色餐饮理念，尽可能减少一次性餐具的使用。

典型案例

光盘行动

2013 年初，新华社对"舌尖上的浪费"进行报道，习近平总书记作出厉行节约、反对浪费的批示，中共中央办公厅发出相关通知。来自不同行业背景的环保人士和组织不约而同地发出珍惜粮食、反对浪费、吃光盘子中食物的呼声，倡议"餐厅不多点、食堂不多打、厨房不多做"，自此掀起"光盘行动"的序章。

2019 年，共青团中央在《"美丽中国·青春行动"实施方案（2019—2023 年）》中围绕"光盘行动"设计"24 小时饥饿体验""光盘打卡""光盘挑战赛"等线上网络公益活动，以及"饭菜打包、光盘离开""不使用一次性餐具""农田餐桌探访"等线下活动。通过线上和线下活动的推广，"光盘行动"日益成为青年一代的时尚生活方式。

2020 年 4 月 22—28 日，结合世界地球日活动，共青团中央联合中华环保基金会推出光盘接力挑战赛。活动期间，通过手机小程序参与光盘打卡人数达 50 万，累计光盘打卡超过 100 万次。此次活动达到了相当于减少食物浪费 55 吨、减少碳排放 196 吨的效果。

（三）绿色居住

绿色住宅指在住宅建筑设计上实现住宅内外物质能源系统良性循环，无废、无污，能源可一定程度自给的新型住宅模式。我国积极推动绿色居住建筑体系的完善，从《"十二五"建筑节能专项规划》到《"十四五"建筑节能与绿色建筑发展规划》，我国绿色建筑得到长足发展和积极推进。至 2020 年底，全国城镇当年新建建筑中绿色建筑占比达到77%，累计建成的绿色建筑面积达到 66 亿平方米以上，累计建成的节能建筑面积达到 238 亿平方米，节能建筑占城镇民用建筑面积比例超过 63%。

居民在居住行为上也可以做到绿色化。例如，垃圾进行分类，购买环保家具、家装和低耗节能家电。培养节俭节能、绿色环保的优良生活习惯。例如淘米水浇花，废旧电池、纸箱单独回收，出门随手关灯，随手关水龙头等。

（四）绿色出行

绿色出行指低碳、环保的出行方式，以提高出行能源使用效率，减少化石能源使用及污染物排放，兼顾健康和效率为目标。传统交通出行方式，以燃油交通工具占主导，消耗大量化石燃料，并造成大量温室气体、污染空气排放，环境影响不容忽视。近年来，随着我国城镇化进程加快，私人机动车出行的比重不断增加，城市交通拥堵压力随之增大，出行成本递增。改变这些因素，绿色出行水平的尽快提升势在必行。

从硬件条件方面来看，要改善绿色出行环境，打造绿色出行服务体系，从基础设施等各方面提升服务水平和装备水平，建立起以公共交通为主体的出行模式。提高城市公共交通供给能力，提高公交运营速度，改善公众出行体验。优化步行、骑行等慢行交通体系的基础设施和环境治理建设。推进新能源车辆的规模化应用，构建完备的充电基础设施网络。2022 年交通运输部发布《绿色交通"十四五"发展规划》，为城市公交、出租车和城市物流配送领域确立了新能源汽车占比的发展目标，分别为 75%、35% 和 20%。

从软件条件方面来看，需要在全社会范围培育绿色出行文化，提升公众绿色出行的意识和主动性。多渠道宣传绿色出行方式的意义和价值，提高公众对绿色出行的认可度；设计公共交通出行、低碳出行的激励机制，完善社会监督、公众参与机制，激发公众热情和参与。

（五）生态旅游

生态旅游被认为是一种负责任的绿色旅游方式。对旅游者造访的地区来说，这种旅游方式应该对当地生态系统、环境和生物多样性等不会造成损害，甚至应该有所助益。对旅游地区的当地居民来说，这种旅游方式不应损害他们的生活和文化，而是增进他们的福利和发展。同时，旅游者和当地居民都应该通过这种旅游方式获得对生态环境保护认知的提升。不同于传统的旅游方式，生态旅游对旅游者的素养和组织开展方式等提出了较高的要求。2016 年，国家发展和改革委员会与国家旅游局发布《全国生态旅游发展规划（2016—2025 年)》，将全国划分为 8 个旅游片区，重点培育 20 个生态旅游协作区、200 个重点生态旅游目的地、50 条精品生态旅游路线、25 条国家生态风景道。

我国以国家公园为主体的自然保护地体系建设，为生态旅游的发展提供了良好的契机。2021 年，习近平主席在《生物多样性公约》第十五次缔约方大会上宣布，我国正式设立第一批国家公园。《建立国家公园体制总体方案》中指明，国家公园"兼具科研、教育、游憩等综合功能"。在国家公园的合适区域开展生态旅游，是发挥国家公园资源优势，为民众提供亲近自然、了解自然的宝贵体验机会，充分实现国家公园全民公益性的有益尝试。同时也是探索人地冲突问题、自然保护与当地居民经济社会发展矛盾问题解决的有效途径。

（六）森林康养

森林康养在狭义上是指在优质的森林资源与环境的基础之上，以促进大众健康为目标，将传统医学和现代医学相结合，开展医疗、保健、养生等项目，同时兼顾休闲、娱乐、度假等益于身心的健康活动。而广义上是指依托森林及其环境，开展维持、保持和修复、恢复人类健康的活动和过程。

森林康养是以人为本、以林为基、以养为要、以康为宿，目的是预防养生、休闲娱乐、保健康体。目前我国森林康养处于起步发展阶段。北京、湖南、四川、浙江等省份率先开展了森林疗法的实践探索。北京市组织翻译出版了专著《森林医学》，开展了森林疗养师的培训，并多次组织森林体验活动。广东省于 2011 年在石门国家森林公园规划建立了森林浴场。四川省启动了森林康养示范基地建设。2016 年国家林业局公布了率先开展全国森林体验基地和全国森林养生基地试点建设的单位名单，共 18 个基地，覆盖 13 个省（区、市）。

新标准

《公民绿色低碳行为温室气体减排量化导则》

为测算评估公民绿色行为的碳减排量，激励公众践行绿色行为，推动绿色生活方式广泛形成和贡献"双碳"目标，团体标准《公民绿色低碳行为温室气体减排量化导则》于 2022 年 4 月 29 日正式发布，为衡量消费领域的碳减排量贡献一把"标尺"。该团体标准推荐了涉及衣、食、住、行、用、办公、数字金融等 7 大类别的 40 项绿色低碳行为，明确规范了公民绿色行为碳减排量化的术语、定义、基本原则、要求和方法，适用于指导公民绿色行为碳减排量化评估规范的编制、公民绿色行为碳减排量化评估等内容，为形成绿色生活方式提供标准支撑。

——《〈公民绿色低碳行为温室气体减排量化导则〉团标正式发布》，中国日报网（https：//cn. chinadaily. com. cn/a/202205/05/ws62735564a3101c3ee7ad3c28），2022 年 5 月 5 日

三 生产、流通、回收环节绿色化

绿色生活方式从生产和消费互动系统的角度来看，是实现产品全生命周期的绿色化过程，需要从供给、流通、回收等环节开展和落实。

（一）发展绿色生产

提升三大产业的绿色生产能力，增加绿色产品的有效供给，是满足人民群众对美好生活需要的必然要求。在农业领域，根据认证标志，无公害农产品、绿色食品、有机食品都与绿色产品相关。无公害农产品强调在农药残留、重金属、有害微生物等指标方面达标即可。绿色食品对化学农药、化肥、激素等在生产过程中的使用品种、时间节点等有较为严格的规定。有机食品则强调在生产过程中不能使用化学农药、化肥和激素等。绿色农产品供给的增加在根本上依赖的是农业绿色技术体系的成熟壮大。

在工业领域，绿色产品从设计到生产，从使用到回收等环节，都将

节能环保理念贯穿其中。在设计环节，绿色产品强调环境效益优先，同时兼顾产品质量。在生产过程中，绿色产品选取环保材料，避免产生过多的资源消耗和污染排放。在使用环节，绿色产品要维护消费者的健康、安全和环保的需求。在产品回收环节，绿色产品产生的废弃物应较少，便于回收和处理。绿色供应链和绿色制造体系的成型将为绿色产品提供广阔的生长空间。

在服务业领域，绿色产品有多种形式，可以是过程性、非实体性的服务产品，也可以是实体服务产品。不管是哪一种形式，都应以有益于安全健康，减少环境污染、生态破坏和资源消耗为准则。在生产性服务业中，可重点鼓励推出绿色金融和保险产品，发展绿色物流。在生活服务业中，可引导绿色销售业发展，并培育生态观光、旅游等新增长点。

（二）提供绿色包装

在产品包装方面减少资源消耗已经势在必行。据统计，包装废弃物已经占据我国城市固体废弃物重量的30%—40%。网络购物的迅猛发展带来了诸多值得重视和亟待解决的环境问题。根据国家邮政局数据，2016年全国快递业务量为312亿件，而2021年已经达到1085亿件（见图9-1）。从快递包装产生的环境压力来看，快递使用的包装箱、包装胶带、编织袋、塑料袋、快递运单和封套等，其生产就要消耗大量的资源，包括大量的木材、石油等。仅2016年快递使用的瓦楞箱原料就相当于46.3个小兴安岭的木材供应量。快递还普遍存在超标准包装、过度包装情况。另外，消费者在收取快递后，对包装的随意废弃，又加重了环境污染。

图9-1　2016—2021年全国快递业务量（亿件）

数据来源：国家邮政局网站（https：//www.spb.gov.cn/giyzj/c100276/co0mmon_ list.shtml）。

快递包装的环保化、减量化和循环化正在逐步推广，但存在成本较高、监管缺乏、回收不足等问题。为解决相应问题，2019 年国家邮政局开始推动电子运单、二次包装和循环中转袋，取得了明显成效。2020 年，国务院办公厅转发《关于加快推进快递包装绿色转型的意见》，明确 2022 年和 2025 年可循环快递包装应用的量化目标。2021 年，《邮件快件包装管理办法》开始实施，进一步推进包装源头治理。

外卖餐饮市场的扩张也带来了沉重的环境压力。外卖餐饮市场用户 2021 年总规模达 4.69 亿。环保组织"自然大学"调研指出，平均每份外卖会使用到 3.27 个餐盒。这些餐盒绝大多数均为一次性塑料制品，不可降解，不能通过填埋或焚烧进行较好的处理，同时因为价值低廉、受到食品污染难被回收。易降解、低成本的一次环保餐具的研发和市场化将有助于解决上述问题。因此，需要加强政策引导和监管，强化企业和消费者的环保意识。

（三）展开绿色回收

近年来，我国生活垃圾产生量迅猛增长，终端处理压力不断增加，垃圾围城现象加剧。生活垃圾分类通过从源头上将可回收物、有害垃圾、厨余垃圾和其他垃圾区分投放，以减轻垃圾清运处理压力，促进资源回收利用。习近平总书记提出"要加快建立分类投放、分类收集、分类运输、分类处理的垃圾处理系统，形成以法治为基础、政府推动、全民参与、城乡统筹、因地制宜的垃圾分类制度，提高垃圾分类制度覆盖范围"[1]。2017 年国家发展和改革委员会等联合发布《生活垃圾分类制度实施方案》，明确实施生活垃圾强制分类的城市生活垃圾回收利用率达到 35% 以上，以及建立相应法律法规、标准体系，形成可复制、可推广模式的总体目标（见图 9-2）。

垃圾分类是一项复杂的系统工程，涉及前端分类、中端运输和末端处理。在前端，要制定分类标准，完善分类标志，确保分类投放和分类收集，转变垃圾收集方式，开展宣传教育，形成激励约束机制，使得居民垃圾分类行为自觉化。在中端，要分类运输，配备专门的收运车辆，保证全程分类；不能混合转运，避免影响居民分类的积极性和效果；推

---

① 习近平：《论坚持人与自然和谐共生》，中央文献出版社 2021 年版，第 161 页。

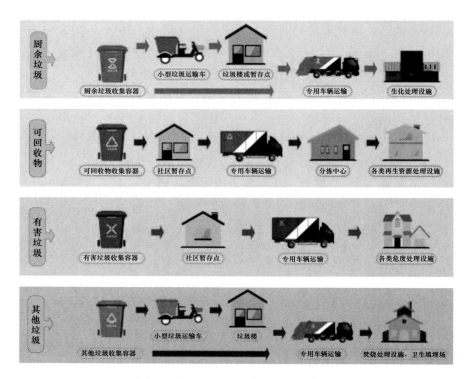

图 9-2 生活垃圾分类收运处理流程

资料来源：北京市城市管理委员会网站（http：//csglw.bejing.gov.cn）。

动中端回收，完善有害垃圾收集运送处理系统，建立合理布局的再生资源回收利用网络和信息化平台。在末端，要分类处理，而不是以填埋、焚烧等方式简单处理，促进厨余垃圾等就地资源化，探索建立将回收利用、填埋、焚烧处置一体化的生活垃圾处置利用基地。此外，还要因地制宜，出台地方性法规规章；鼓励社会资本参与，探索基于垃圾分类的经济循环体系模式，创新体制机制等。

通过本章的学习，我们可以了解到，绿色生活方式不仅着眼于人与自然的和谐共生，还关注人本身的自由全面发展。实现绿色生活方式是马克思主义的追求，也是社会主义发展的要求，是中华优秀文化传统的升华，是中国共产党宗旨的落地。绿色生活方式的实现，要求形成绿色生产和绿色消费的相互推进、互动，并有赖于崇尚绿色、尊重自然的社会文化。绿色生活方式与人人相关，在衣、食、住、行、游、养等领域都大有可为。树立典型，全过程推进是绿色生活方式普及的实践路径。

思考题

1. 如何理解绿色生活方式对生态文明建设的重要意义？
2. 绿色生活方式与中华传统文化的关系是什么？
3. 为什么说生活方式的绿色转型倒逼生产方式的绿色转型？
4. 绿色生活的主要践行路径有哪些？
5. 请你思考，当代大学生在绿色生活方式建立中如何发挥作用？

文献阅读

1. 习近平：《论坚持人与自然和谐共生》，中央文献出版社 2022 年版。

2. 中共中央宣传部、中华人民共和国生态环境部编：《习近平生态文明思想学习纲要》，学习出版社、人民出版社 2022 年版。

第十章

生态文明建设典型示范创建

进入新时代后，我国面向高质量发展阶段，生态环境的支撑作用越来越明显，全国各地借鉴国家生态文明试验区的改革举措和经验，积极推进生态文明示范建设，建立起多层次推进、全国各地有序布局的示范创建体系，有力提升了地方绿色发展。

生态环境部进一步规范国家生态文明示范区创建工作，围绕生态制度、生态安全、生态空间、生态经济、生态生活、生态文化等六大领域设置了近40项指标，在全国推广国家生态文明建设示范区、创建"绿水青山就是金山银山"实践创新基地①（文中简称"两山"基地），同时带动"绿色社区"，"绿色学校"等示范创建，向世界展现了绿色发展的"中国成就"。本章从生态文明示范区创建及"两山"基地建设历程出发，总结国家生态文明试验区的改革举措和经验，展现"绿色社区""绿色学校""绿色企业""绿色冬奥园区"等创建行动；诠释生态文明建设示范创建已经成为践行习近平生态文明思想理论与实践的典范。

第一节　生态文明示范区及"两山"基地建设

生态文明示范区创建以改善环境质量为核心，积极推进区域社会经济和环境保护的协调发展，促进生态保护修复、治理能力建设。"两山"

---

① 生态环境部：《"绿水青山就是金山银山"实践创新基地建设管理规程（试行）》（环生态〔2019〕76号），2019年9月11日。

基地建设以习近平生态文明思想为指导，积极践行"绿水青山就是金山银山"理念，全面贯彻党中央、国务院关于生态文明建设和生态环境保护的决策部署，深入实施生态文明示范创建行动计划，全面打好污染防治攻坚战，推进生态环境质量持续改善，为公众生态环境满意度持续提升，生态环境保护取得实质成效探索路径。

一　生态文明示范区及"两山"基地创建历程

20 世纪 90 年代起，国家通过生态示范区、生态建设示范区、生态文明建设示范区 3 个阶段的示范建设，大力推动生态文明建设试点示范，2017 年启动开展"两山"基地建设工作，打造了一批生态文明建设的鲜活案例和实践样本。

（一）生态文明示范区发展阶段

1994 年，国家环境保护局组织制定了"全国生态示范区建设规划"，1995 年发布了《全国生态示范区建设规划纲要（1996—2050 年）》，明确了 20 世纪末至 21 世纪初生态示范区建设的任务。

第一阶段：国家生态示范区。

1995 年，国家生态示范区建设正式启动，主要以乡、县、市域为基本单位组织实施。根本目标是以生态学和生态经济学原理为指导，合理组织、实现自然资源的合理开发和生态环境质量的改善，促进经济、社会和环境效益相统一。

第二阶段：国家生态建设示范区。

2000 年起，生态示范区建设扩大到省域。国家环境保护总局构建以生态省、生态市、生态县、生态乡镇、生态村、生态工业园区 6 个层级建设为主要内容的生态建设示范区工作体系，重点从经济发展、生态环境保护、社会进步 3 个方面，制定量化指标、出台管理规程，积极推进生态县、生态市、生态省建设工作。2012 年印发《国家生态建设示范区管理规程》等指导性文件，加强了国家生态建设示范区的管理。

第三阶段：国家生态文明建设示范区。

2013 年 6 月，中央批准将"生态建设示范区"正式更名为"生态文明建设示范区"，明确生态文明建设示范区的工作要求，增强生态文明建设示范区的保障能力。

2016 年 1 月，环境保护部印发《国家生态文明建设示范区管理规程（试行）》《国家生态文明建设示范县、市指标（试行）》，围绕优化国土空间开发格局、全面促进资源节约、加大自然生态系统和环境保护力度、加强生态文明制度建设等重点任务，推进各地以县、市为重点全面推进生态文明建设。

2021 年 2 月，为提升生态文明示范建设水平和影响力，生态环境部制定了《副省级城市创建国家生态文明建设示范区工作方案》，支持和规范副省级城市创建国家生态文明建设示范区。

（二）"两山"基地创建由来

2016 年，环境保护部将浙江省安吉县列为"绿水青山就是金山银山"理论实践试点县。安吉县积极实践，扎实推进试点工作，在生态文明建设中发挥了示范引领作用。

2017 年，在试点经验的基础上，启动"两山"基地创建，命名浙江省安吉县等 13 个地区为第一批"两山"基地。

2018 年 5 月全国生态环境保护大会后，中央出台《中共中央国务院关于全面加强生态环境保护坚决打好污染防治攻坚战的意见》，明确要求"推动生态文明示范创建、绿水青山就是金山银山实践创新基地建设活动"，命名第二批 16 个"两山"基地。

2019 年，生态环境部印发《"绿水青山就是金山银山"实践创新基地建设管理规程（试行）》，命名第三批 23 个"两山"基地。[①] 2020 年第四批 35 个，2021 年第五批 49 个，2022 年第六批 51 个"两山"基地。

迄今为止，已完成了六批共 187 个"两山"实践创新基地的表彰命名，探索"两山"理论实践路径的典型做法和经验，形成了"两山"基地建设的总体部署和工作推进格局，生态文明建设示范工作进入重点攻坚突破的新时代。

二 "两山"基地创建规范

"两山"基地是创新探索"绿水青山就是金山银山"转化的制度实

[①] 生态环境部：《"绿水青山就是金山银山"实践创新基地建设管理规程（试行）》（环生态〔2019〕76 号），2019 年 9 月 11 日。

践和行动实践，以具有较好基础的乡镇、村、小流域等为基本单元，鼓励市、县级人民政府及其他建设主体开展"两山"基地建设，重点探索绿水青山转化为金山银山的有效路径，总结推广典型经验模式。

（一）"两山"基地创建条件

省级生态环境主管部门向生态环境部申报"两山"基地，需要具备下列条件：第一，生态环境优良，生态环境保护工作基础扎实；第二，"两山"转化成效突出，具有以乡镇、村或小流域为单元的"两山"转化典型案例；第三，具有有效推动"两山"转化的体制机制；第四，近三年来中央生态环境保护督察、各类专项督查未发现重大问题，无重大生态环境破坏事件。

（二）"两山"基地建设

1. "两山"基地建设实施

"两山"基地建设实施要求：因地制宜加强"两山"转化路径探索，创新制度实践，并在全域范围内推广建设经验，总结凝练形成具有地方特色的"两山"转化模式；加强组织领导，强化实施方案推进落实，建立监督考核和长效管理机制；制定年度工作计划，细化分解建设任务和工程项目，及时总结工作进展，并通过管理平台向生态环境部提交年度工作总结材料；省级生态环境主管部门应当加强建设工作的监督管理，及时跟踪指导"两山"基地建设工作；生态环境部对获得"两山"基地称号的地区，给予政策和项目倾斜。

2. "两山"基地评估管理

生态环境部对"两山"基地实行后评估和动态管理，加强"两山"建设成果总结和示范推广，制定"两山指数"评估指标及方法（见表10-1），科学引导"两山"基地实践探索；对获得"两山"基地称号满三年的地区，适时组织开展"两山"基地建设评估工作，并在管理平台公布评估情况。评估内容主要包括：实施方案推进落实情况；"两山指数"评估情况；"两山"转化经验模式典型性、代表性和可推广性。

生态环境部根据评估情况，及时向地方反馈意见建议，对评估发现问题的地区提出整改要求；当地人民政府应当根据整改要求在限定期限内完成整改。对出现违反"两山"基地评估管理标准要求的地区，生态环境部撤销其"绿水青山就是金山银山"实践创新基地称号。

表 10 - 1   "两山指数"评估指标

目标	任务	序号	指标	目标参考值
构筑绿水青山	环境质量	1	环境空气质量优良天数比例	>90%
		2	集中式饮用水水源地水质达标率	100%
		3	地表水水质达到或优于Ⅲ类水的比例	>90%
		4	地下水水质达到或优于Ⅲ类水的比例	稳定提高
		5	受污染耕地安全利用率	>95%
		6	污染地块安全利用率	>95%
	生态状况	7	林草覆盖率	山区 >60%
				丘陵区 >40%
				平原区 >18%
		8	物种丰富度	稳定提高
		9	生态保护红线面积	不减少
		10	单位国土面积生态系统生产总值	稳定提高
推动"两山"转化	民生福祉	11	居民人均生态产品产值占比	稳定提高
	生态经济	12	绿色、有机农产品产值占农业总产值比重	稳定提高
		13	生态加工业产值占工业总产值比重	稳定提高
		14	生态旅游收入占服务业总产值比重	稳定提高
	生态补偿	15	生态补偿类收入占财政总收入比重	稳定提高
	社会效益	16	国际国内生态文化品牌	获得
		17	"两山"建设成效公众满意度	>95%
建立长效机制	制度创新	18	"两山"基地制度建设	建立实施
		19	生态产品市场化机制	建立实施
	资金保障	20	生态环保投入占 GDP 比重	

资料来源：生态环境部：《"绿水青山就是金山银山"实践创新基地建设管理规程（试行）》（https：//www.mee.gov.cn）。

三 "两山"基地创建典型案例

"绿水青山就是金山银山"理念为推进美丽中国建设、实现人与自然和谐共生的现代化指明了方向和重要遵循，"两山"基地创建为践行"两山"理论提供了实践示范。

（一）浙江安吉"两山"基地

浙江安吉县作为习近平首次提出"绿水青山就是金山银山"理念的发源地、第一批被授予的"两山"基地，积极践行生态环境保护，发展绿色经济，开展生态文明建设。安吉县准确把握"两山"理论思想内涵，落实"干在实处，走在前列"，形成了从自然的绿水青山到产业、文化、制度和社会的金山银山，构建了县域生态文明建设的"安吉模式"。随着现代化进程和人们对美好生活的期盼程度提升，农村环境问题突出显现，安吉县从"美丽乡村"建设入手，特别重视美丽乡村与特色小镇的无缝对接，形成了各具特色、层次分明的"两山"基地创建路径。"安吉模式"是"两山"基地建设的典型样本，提升了人们对"美丽乡村"建设的幸福感、满意度，极大地促进了浙江及全国各地的乡村生态环境的改善。

（二）北京丰台"两山"基地

北京丰台坚持生态文明建设及践行"绿水青山就是金山银山"理念，成为创建"两山"基地的北京样板，是生态环境部第六批命名挂牌的"两山"基地。北京作为首都，深入推进生态涵养区生态保护和绿色发展，现已有延庆区、密云区、门头沟区、怀柔区、平谷区5个生态涵养区的"两山"基地，丰台区成为首个北京非生态涵养区开展创建的"两山"基地。丰台"两山"理论转化成效突出创建6个示范：千灵山矿山生态修复带动"农文旅"产业融合发展；园博园风景拉动区域快速绿色崛起；北宫镇酸枣变"金"枣实现生态保护与产业发展良性互动；宛平街道卢沟桥"红+绿"特色旅游；槐房再生水厂为市政灰色基础设施提供绿色发展样板；南苑森林湿地公园构建首都南部生态绿肺。立足丰台资源禀赋特点，牢牢把握首都发展大局，统筹经济发展和生态环境保护建设关系，探索生态优先、绿色发展丰台道路，打造京津冀地区高质量发展"丰台样板"，为各地"绿水青山就是金山银山"实践贡献"丰台路径""丰台模式""丰台智慧"。

第二节　国家生态文明试验区创建

国家生态文明试验区创建重在开展生态文明体制改革综合试验，积极推动习近平生态文明思想实践，规范各类试点示范，国务院办公厅等部门间积极联动、合作，为完善生态文明制度体系探索路径、积累经验。

一 国家生态文明试验区设立

党的十八届五中全会提出设立统一规范的国家生态文明试验区，大力推动生态文明建设试点示范工作，重在开展生态文明体制改革综合试验，对于凝聚改革合力、增添绿色发展动能、探索生态文明建设有效模式，国家生态文明试验区建设是把习近平生态文明思想的深刻内涵转化为具有区域地方特色的实践，把宏伟蓝图转变成人民群众可感知的阶段性目标。福建省、江西省、贵州省和海南省被选为首批国家生态文明试验区。

2016—2017年，《关于设立统一规范的国家生态文明试验区的意见》及《国家生态文明试验区（福建）实施方案》《国家生态文明试验区（江西）实施方案》《国家生态文明试验区（贵州）实施方案》相继出台。

2019年，《国家生态文明试验区（海南）实施方案》要求通过试验区建设，确保海南省生态环境质量只能更好、不能变差，人民群众对优良生态环境的获得感进一步增强。

2020年，《国家生态文明试验区改革举措和经验做法推广清单》推广了国家生态文明试验区改革举措和经验做法共90项，包括自然资源资产产权等14个方面。

目前，国家生态文明试验区建设已取得阶段性成果，这些"试验田"结出的"生态果"，提供给其他地区充分借鉴、积极创新，有助于让良好生态环境成为人民幸福生活的增长点，成为经济社会持续健康发展的支撑点，成为展现地区城市与乡村良好形象的发力点。

二 国家生态文明试验区创建规范

党的十九大明确了实现富强民主文明和谐美丽的社会主义现代化目标，与"五位一体"前后对应，为建设美丽中国，国家发展和改革委员会进一步规范国家生态文明试验区建设，总结改革举措，推广成功经验。

（一）国家生态文明试验区的定位

根据《关于加快推进生态文明建设的意见》和《生态文明体制改革总体方案》，国家生态文明试验区创建的具体要求如下。

1. 指导思想

全面贯彻党的十八大和十八届三中、四中、五中全会精神，深入学习贯彻习近平总书记系列重要讲话精神，紧紧围绕统筹推进"五位一体"总体布局和协调推进"四个全面"战略布局，牢固树立创新、协调、绿色、开放、共享的发展理念，坚持尊重自然顺应自然保护自然、发展和保护相统一、绿水青山就是金山银山、自然价值和自然资本、空间均衡、山水林田湖是一个生命共同体等理念，以改善生态环境质量、推动绿色发展为目标，以体制创新、制度供给、模式探索为重点，设立统一规范的国家生态文明试验区，将中央顶层设计与地方具体实践相结合，规范各类试点示范，完善生态文明制度体系，推进生态文明领域国家治理体系和治理能力现代化。

2. 基本原则

坚持党的领导。落实党中央关于生态文明体制改革总体部署要求，牢固树立政治意识、大局意识、核心意识、看齐意识，实行生态文明建设党政同责，各级党委和政府对本地区生态文明建设负总责。

坚持以人为本。着力改善生态环境质量，重点解决社会关注度高、涉及人民群众切身利益的资源环境问题，建设天蓝地绿水净的美好家园，增强人民群众对生态文明建设成效的获得感。

坚持问题导向。勇于攻坚克难、先行先试、大胆试验，主要试验难度较大、确需先行探索、还不能马上推开的重点改革任务，把试验区建设成生态文明体制改革的"试验田"。

坚持统筹部署。协调推进各类生态文明建设试点，协同推动关联性强的改革试验，加强部门和地方联动，聚集改革资源、形成工作合力。

坚持改革创新。鼓励试验区因地制宜，结合本地区实际大胆探索，全方位开展生态文明体制改革创新试验，允许试错、包容失败、及时纠错，注重总结经验。

（二）国家生态文明试验区主要目标

通过试验探索，推动生态文明体制改革总体方案中的重点、改革任务取得重要进展，形成若干可操作、有效管用的生态文明制度成果；2020年，试验区率先建成较为完善的生态文明制度体系，形成一批可在全国复制推广的重大制度成果，资源利用水平大幅提高，生态环境质量持续改善，发展质量和效益明显提升，实现经济社会发展和生态环境保护双赢，形成人与自然和谐发展的现代化建设新格局，为加快生态文明建设、实现绿色发展、建设美丽中国提供有力制度保障。

拓展学习

国家生态文明试验区任务重点

生态文明制度试验：建立归属清晰、权责明确、监管有效的自然资源资产产权制度，健全自然资源资产管理体制，编制自然资源资产负债表；构建协调优化的国土空间开发格局，进一步完善主体功能区制度，实现自然生态空间的统一规划、有序开发、合理利用等。

生态环境监管补偿机制试验：建立统一高效、联防联控、终身追责的生态环境监管机制；建立健全体现生态环境价值、让保护者受益的资源有偿使用和生态保护补偿机制等。

推动绿色发展机制试验：探索建立生态保护与修复投入和科技支撑保障机制，构建绿色金融体系，发展绿色产业，推行绿色消费，建立先进科学技术研究应用和推广机制等。

生态环境监管补偿机制试验：建立统一高效、联防联控、终身追责的生态环境监管机制；建立健全体现生态环境价值、让保护者受益的资源有偿使用和生态保护补偿机制等。

推动绿色发展机制试验：探索建立生态保护与修复投入和科技支撑保障机制，构建绿色金融体系，发展绿色产业，推行绿色消费，建立先进科学技术研究应用和推广机制等。

建立生态文明领域国家治理体系试验：建立资源总量管理和节约制度，实施能源和水资源消耗、建设用地等总量和强度双控行动；厘清政府和市场边界，探索建立不同发展阶段环境外部成本内部化的绿色发展机制，促进发展方式转变；建立生态文明目标评价考核体系和奖惩机制，实行领导干部环境保护责任和自然资源资产离任审计；健全环境资源司法保护机制等。

体现地方首创精神的制度试验：试验区根据实际情况自主提出、对其他区域具有借鉴意义、试验完善后可推广到全国的相关制度，以及对生态文明建设先进理念的探索实践等。

三　国家生态文明试验区创建案例

为构建生态文明体系，推动"十四五"经济社会发展全面绿色转型，福建、江西、贵州、海南四省探索出一批可复制、可推广的制度成果，为建设美丽中国作出贡献。

（一）福建：让绿水青山成为优势和骄傲

福建作为全国先行先试的国家生态文明试验区，从生态省建设到全国首个国家生态文明试验区，深入开展生态文明体制改革综合试验，"福建方案"成为习近平生态文明思想在省域层面最完整的实践，形成新时代福建生态文明建设新模式。

1. 福建"生态省"建设追溯

早在 1996 年，习近平任福建省委副书记，分管农业农村工作时提出："保护生态环境，首先需要增强干部群众的生态环境保护意识，先从思想上引导。不能以牺牲生态环境为代价赢得经济的一时发展。"[①] 2000 年，习近平战略性地提出"生态省"建设思路，2002 年福建提出建设生态省战略目标，成为全国首批生态省试点省份，开始了福建最为系统、最大规模的环境保护行动。2004 年底，习近平亲自领导编制的《福建生态省建设总体规划纲要》获得国家环保总局论证批准，福建成为全国首个开展生态文明建设的省份。

沿着习近平亲自擘画的宏伟蓝图，福建用最严格的制度、最严密的法治为生态文明建设提供保障，2010 年《福建生态功能区划》正式实施，2011 年福建省政府发布《福建生态省建设"十二五"规划》。2014

---

①　黄珊、陈思：《习近平同志率先启动了福建的生态省建设——习近平在福建（十九）》，《学习时报》2020 年 7 月 29 日第 A4 版。

年11月，习近平总书记在福建考察时指出，要努力建设"机制活、产业优、百姓富、生态美"的新福建。2019年全国"两会"期间，习近平总书记亲临福建代表团审议并发表重要讲话，关注福建生态省建设的发展进程。

2. 生态文明试验区建设

福建以习近平生态文明思想统领生态省建设的国家试验，通过制度创新和体制机制改革，统筹发挥和运用市场机制和行政手段，实现生态环境领域国家治理体系和治理能力现代化。其主要措施有六点。

一是健全国土开发保护制度，制定出台《福建省级空间规划试点工作实施方案》，特别是福建全省海洋生态红线划定为全国海洋生态文明建设提供了经验借鉴。

二是全面推进环境权益交易，福建全省所有工业排污企业中全面推行排污权交易。探索构建绿色金融体系，率先开展绿色信贷业绩评价，林业金融创新走在全国前列。

三是全面建立与地方财力、受益程度、用水总量等因素挂钩，覆盖全省、统一规范的全流域市县横向补偿机制。

四是全面推行和完善河长制，由省市县乡四级党委或政府主要领导担任，建立村级河道专管员制度，实行"县聘用、乡管理、村监督"机制。

五是建立健全自然资源资产产权制度和生态司法制度。组建全国首个省级国有自然资源资产管理局，由一个部门统一行使所有权。

六是建立生态文明目标评价考核制度，完善党政领导干部政绩差别化考核的机制，把绿色发展指标和生态文明建设目标列为重点考核内容。

福建走出了一条经济发展与生态文明建设相互促进、人与自然和谐共生的绿色发展新路，总结福建生态文明建设的成功经验，让福建模式为全国所用。习近平在福建工作时的一系列重大创新理念、生动实践和重要讲话精神，与新时代习近平生态文明思想一脉相承，为构建生态文明制度体系贡献福建智慧。

（二）江西：生态激活发展新动能

江西作为首批国家生态文明试验区，牢固树立生态优先、绿色发展导向，扎实做好"治山理水、显山露水"文章。绿色生态是江西最大财富、最大优势、最大品牌，始终践行"两山"理念，坚持"一产利用生态、二产服从生态、三产保护生态"①，发展绿色产业、促进产业绿色化，加快打通绿水青山与金山银山的双向转化通道，走出了生态与经济协调发展的新路。

1. 积极推进生态融入经济发展

江西大力推进产业生态化、生态产业化，生态旅游、休闲康养等绿色产业快速发展，"生态＋"和"＋生态"融入经济发展全过程。江西深入推进婺源县等8个省级试点，加快探索生态产品价值核算、确权、抵押等模式，启动丰城、崇义等生态系统生产总值核算试点工作。深化绿色金融改革，率先建立绿色银行动态管理制度，绿色市政专项债、"畜禽洁养贷"等改革经验在全国推广，形成"产业强、生态美、百姓富、干劲足"的美丽江西新画卷。

2. 扎实做好碳达峰和碳中和工作

2019年，江西率先在崇义县和井冈山市开展碳中和试点，积极开展林业碳汇开发试点。探索金融支持手段，发行全国首单有色金属行业碳中和债，首批公交碳中和票据；建立应对气候变化统计报表制度，编制温室气体排放清单；节能增效方面，江西单位GDP能耗为0.4047吨标煤/万元，比全国平均水平低20%。江西把碳达峰、碳中和纳入经济社会发展和生态文明建设整体布局，作为江西生态文明建设中长期目标愿景，加快研究提出2030年、2035年、2050年等关键时间点的碳排放总量控制目标，并统筹设定相关的碳排放强度和能源强度目标、能源结构调整和产业结构调整目标、碳汇目标等，实施碳排放强度和总量双控制度，明确钢铁、有色金属、石化、电力等主要行业的碳达峰、碳中和目标，打造江西特色绿色低碳循环发展经济体系。

3. 践行"两山"理念，提升人民幸福生活体验

井冈山彰显红色资源"兴"起来，绿色优势"活"起来。

提升生态环境品质。井冈山坚持"红色引领，绿色崛起"的发展战略，连续十年通过国家重点生态功能区生态环境质量考核；2020年

---

① 《2020江西省生态环境状况公报》，江西省生态环境厅网站（http：//sthjt. jiangxi. gov. cn/art/2021/6/3/art_ 42073_ 3386449. html），2022年10月3日。

空气优良率达 99%，平均 PM2.5 浓度每立方米 18 微克，国考断面水质 100% 达标……井冈山积极推进城市功能与品质提升三年行动，农村人居环境整治和农村"厕所革命"三年行动均顺利收官，打造了 150 个美丽乡村建设点和 1500 户美丽示范庭院，荣获全省"美丽宜居示范县"。

完善生态保护制度。井冈山深入推进红色低碳旅游标准化建设，全面实施山水林田湖草沙生态保护和修复，落实生态环境保护"一票否决"和生态环境损害责任终身追究制度；完善环境监察机制，建立健全环境监管"网格化"体系。

发展绿色经济。井冈山坚定不移走生态工业之路，聚焦电子信息、智能制造、食品加工"1+2"产业持续发力，秀狐科技、耀发光电、银泰福智能终端产业园等一批有实力、无污染、有税收的项目陆续投产，2020 年总部企业纳税 1.29 亿元，引进投资基金 86 只、资金总规模超 35 亿元。"井冈山推动红色教育培训高质量发展的生动实践"入选国家发改委和文旅部的全国红色旅游发展典型案例，持续探索"红绿"融合建设，争创全国生态产品价值实现的示范区。

典型案例

绿色低碳发展

江西建立了控制温室气体排放目标考核评价机制，开展绿色低碳发展试点示范，2020 年全省 100 个县中有 43 个低碳试点县、6 个低碳示范县、5 个低碳产业园、3 个近零碳排放示范工程，以及 20 个低碳社区和 29 个低碳景区。江西省先后实施各级各类自主模式创新 200 多项，38 项重点改革顺利完成，35 项成果列入国家推广清单。江西省森林覆盖率稳定在 63.1%，空气优良天数比例达 94.7%，国考断面水质优良率 96%，万元国内生产总值能耗下降 18.3%，提前完成国家目标，社会各界积极参与绿色共建共享，人民群众的生态获得感、幸福感、安全感不断增强，为打造美丽中国江西样板奠定了坚实基础。

（三）贵州：环境质量实现历史性提升

2016 年，贵州获批国家生态文明试验区，瞄准目标和定位，努力打造长江珠江上游绿色屏障建设示范区，西部绿色发展示范区、生态脱贫攻坚示范区、生态文明国际交流示范区，率先出台首部省级层面生态文明地方性法规——贵州省《生态文明建设促进条例》，率先将河长制纳入水资源保护条例等地方性法规，实现所有河流、湖泊、水库河长制全覆盖。

贵州省多管齐下系统保护山水林田湖草生命共同体，实施绿色贵州的行动计划，县城以上城市空间质量优良比例达到 99.4%，主要河流出境断面水质优良率达 100%。"十三五"以来，贵州始终牢记习近平总书记殷切嘱托，坚决守好发展和生态两条底线，以建设"多彩贵州公园省"为总目标，生态文明建设取得了具有标志性意义的重大成果。

新征程上，贵州牢固树立"绿水青山就是金山银山"理念，深入打好污染防治攻坚战，统筹好山水林田湖草系统治理，加快形成绿色生产生活方式，让良好生态源源不断创造综合效益，实现经济社会高质量发展，努力打造青山常在、绿水长流、空气常新的美丽贵州。

（四）海南：生态文明建设再上新台阶

《国家生态文明试验区（海南）实施方案》，深入贯彻党的十九大和十九届二中、三中全会精神，全面贯彻习近平生态文明思想，坚持新发展理念，坚持改革创新，坚定不移走生产发展、生活富裕、生态良好的文明发展道路，推动形成人与自然和谐共生的美丽中国海南建设新格局。海南作为 4 个试验区最年轻的试验区，经过实践，优良天数比例达到了99.5%，PM2.5 浓度 13 微克/立方米，创 PM2.5 有监测记录以来的历史最好水平。近岸海域水质优良率 99.9%。海南构建了高效统一的规划管理体系：率先实施并持续深化省域"多规合一"改革；大力推进"三线一单"改革，构建生态环境分区管控体系。全省共划定陆生态保护红线面积占陆域面积 27.4%，近岸海域生态保护红线面积占近岸海域面积 35.1%。

四省国家生态文明试验区积极探索，取得了一系列改革成果，持续提质创新，在制度供给模式探索上大胆改革，努力在更高水平、更高层次上推进生态省和国家生态文明试验区的建设，为我国生态文明建设和

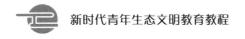

体制改革贡献宝贵经验。

第三节　绿色创建行动

生态文明建设需要社会力量参与，建设美丽中国需要全体人民自觉行动。通过开展绿色社区、绿色学校、绿色企业、绿色园区等绿色创建行动，充分调动人民群众参与建设美丽中国的积极性。

一　绿色社区

新时代人们期盼享有更加优美的人居环境，对美好生活的向往成为当前社区建设的宗旨与目标。党的十八大强调要坚持走中国特色新型城镇化道路，六部委联合发布《绿色社区创建行动方案》，党的二十大强调要进一步推动社区治理现代化。绿色社区示范创建标志着社区建设的理念和目标朝向生态文明迈进。

（一）绿色社区的内涵

社区一直是社会学家关注的领域，随着社区研究的深入及人类住区研究相关学科领域的介入，社区的地域性特征突显出来；社会学界有关邻里（neighborhood）和人与人之间交往的研究，是以一定地域为研究范围的社会组织形式和管理研究。社区被普遍认为是"一定地域内人类社会生活的共同体"。涵盖了人与自然、人与社会的关系，被看作社会—经济—自然三个子系统相结合的复合生态系统。

绿色社区（Green Community）的基本涵义可以理解为：在社区的概念基础上，以生态性能为主旨，以整体的环境观来组合相关的建设和管理要素，建设成为具有现代化环境水准和生活水准，可持续发展的人类居住地。绿色社区倡导"人与自然和谐共生"的思想，最终从自然生态和社会心理两方面去创造一种能充分融合技术和自然的人类生活居住地。在我国多以"绿色社区""生态社区""生态住区"命名，在欧美国家以"可持续社区""健康社区""生态村"等较为普遍。

《绿色社区创建行动方案》要求将绿色发展理念贯穿社区设计、建设、管理和服务等活动的全过程，以简约适度、绿色低碳的方式，推进社区人居环境建设。住房和城乡建设部把城乡社区作为人居环境建设和整治基本空间单元，打造宜居的社区空间环境；到 2022 年，基本实现城乡社区人居环境"整洁、舒适、安全、美丽"目标，初步建立"共同缔造"的长效机制，全力推进绿色社区建设。

相对于传统社区，绿色社区涉及的领域更加广泛，关注的层面更为深入，不仅考虑本社区人们的利益，也兼顾更大区域范围内人们的利益；当前人居环境建设是在现有的社会经济条件和技术水平下，对资源、能源节约与高效利用、对环境减少负面影响、对污染进行防治、对居民建设"美丽家园"需求充分考虑。绿色社区是以提高居民生活质量为目标，注重绿化布局层次，融合了建筑、植物和人类健康的富有亲情的小范围的聚居地；是我们构建生态文明社会所追求的理想人居环境目标，需要我们在理论和实践中进一步完善和思考。

（二）绿色社区创建内容

绿色社区核心内容强调居民家庭、建筑、基础设施、自然生态环境、社区社会服务等要素的有机融合，同时需要规划设计者、建设者、政府部门、社区居民和居委会等各利益相关主体的参与协调。创建内容具体如下。

1. 建立健全社区人居环境建设和整治机制

绿色社区创建要与加强基层党组织、居民自治机制、社区服务体系建设有机结合。坚持美好环境与幸福生活共同缔造理念，充分发挥社区党组织领导作用和社区居民委员会主体作用，统筹协调业主委员会、社区内的机关和企事业单位等，共同参与绿色社区创建。搭建沟通议事平台，利用"互联网＋共建共治共享"等线上线下手段，实现决策共谋、发展共建、建设共管、效果共评、成果共享。推动城市管理进社区，推动设计师、工程师进社区，辅导居民谋划社区人居环境建设和整治方案，有效参与城镇老旧小区改造、生活垃圾分类、节能节水、环境绿化等工作。

2. 推进社区基础设施绿色化

结合城市更新和存量住房改造提升，以城镇老旧小区改造、市政基础设施和公共服务设施维护等工作为抓手，积极改造提升社区供水、排水、供电、弱电、道路、供气、消防、生活垃圾分类等基础设施，在改造中采用节能照明、节水器具等绿色产品、材料。加大既有建筑节能改造力度，提高既有建筑绿色化水平。实施生活垃圾分类，完善分类投放、分类收集、分类运输设施。综合采取"渗滞蓄净用排"等举措推进海绵化改造和建设，结合本地区地形地貌进行竖向设计，逐步减少硬质铺装场地，避免和解决内涝积水问题。

3. 营造社区宜居环境

合理布局和建设各类社区绿地，增加荫下公共活动场所、小型运动场地和健身设施。整治小区及周边绿化、照明等环境，推动适老化改造和无障碍设施建设；合理配建停车及充电设施，优化停车管理；进一步规范管线设置，实施架空线规整（入地），加强噪声治理，提升社区宜居水平。针对新冠疫情等公共卫生危机事件暴露出的问题，加快社区服务设施建设，补齐在卫生防疫、社区服务等方面的短板，打通服务群众的"最后一公里"。结合绿色社区创建，探索建设安全健康、设施完善、管理有序的完整居住社区。

4. 提高社区信息化智能化水平

搭建社区公共服务综合信息平台，集成不同部门各类业务信息系统。整合社区安保、车辆、公共设施管理、生活垃圾排放登记等数据信息。推动门禁管理、停车管理、公共活动区域监测、公共服务设施监管等领域智能化升级。鼓励物业服务企业大力发展线上线下社区服务。

5. 培育社区绿色文化

运用社区论坛和"两微一端"等信息化媒介，定期发布绿色社区创建活动信息，开展绿色生活主题宣传教育，使生态文明理念扎根社区。依托社区内的中小学校和幼儿园，开展"小手拉大手"等形式的生态环保知识普及和社会实践活动，带动社区居民积极参与。贯彻共建共治共享理念，编制发布社区绿色生活行为公约，倡导居民选择绿色生活方式，节约资源、开展绿色消费和绿色出行，形成富有特色的社区绿色文化。加强社区相关文物古迹、历史建筑、古树名木等历史文化保护，展现社区特色，延续历史文脉。

创建绿色社区，寻求整合环境、社会和经济三方面因素的社区可持续发展之路，需要各方面、各阶层的广泛参与，随着生态文明示范创建进程的深入，会有更多的"绿色社区""生态社区"加入新时代生态文明实践的行列。

典型案例

万科绿色社区——零废弃行动

万科作为国内地产知名品牌，积极推动"绿色生态社区"建设，探索"零废弃"管理之路，在全国范围 3000 个社区践行垃圾分类、回收利用等零废弃社区活动，从源头实现垃圾有效分类，探索黑水虻、堆肥等厨余垃圾处理路径；开展试点小区园林垃圾堆肥方式促进社区内土壤改良，绿化垃圾在地资源化处理；试点小区完成简易堆肥箱制作，各地堆肥实践全面铺开。与 80 多家社会组织、企业和科研机构合作，举办社区废弃物管理论坛、"零废弃日"、"故宫零废弃"等标杆项目，开展120 多个项目，直接受益人群 32 万人，触及 4 亿中国人，通过"试点—总结—推广及人员培养"的探索路径，建立起万科在"绿色生态社区"的示范效应。

资料来源：万科网，《万科：做卓越的绿色企业》。

二　绿色学校

绿色学校创建起源于 20 世纪 90 年代，《全国环境宣传教育行动纲要（1996—2010 年）》首次提出绿色学校，2000 年《绿色学校指南》出台，全国表彰了一批中、小学绿色学校；1998 年，清华大学提出创建绿色大学设想；2007 年，高等院校持续推进节约型校园建设。随着我国经济、文化、社会发展进入新时代，绿色学校建设亟须重新梳理和思考。2013年，《绿色校园评价标准》（行业标准）颁布实施；2018 年，《创建中国绿色学校倡议书》向全国发出，绿色学校理念推广、重要论坛宣传等方面工作大量开展。2020 年 4 月，新版《绿色学校创建行动方案》出台，要求各地教育行政部门积极开展绿色学校创建行动，到 2022 年，60% 以上的学校达到绿色学校创建要求，有条件的地方要争取达到 70%。

（一）绿色学校及特征

绿色学校是指在实现学校基本教育功能的基础上，遵循教育规律和学生身心发展规律，以生态文明与可持续发展思想为指导，融生态文明教育、学校教学和管理于一体，并持续不断地改进，充分利用校内外一切资源和机会，全面提高育人质量的学校。

1. 绿色学校内涵

绿色学校的内涵包括绿色校园、绿色管理和绿色教育。绿色校园是基础，注重绿色环保校园的硬件文化建设；绿色管理是保障，注重花园式学校、智慧学校及学校制度文化建设，建设花园式绿色智慧校园；绿色教育是本质追求，注重包括生态文明在内的促进可持续发展的教育，注重学校精神文化的建设，推进绿色创新研究。

2. 绿色学校特征

在绿色学校创建行动中，各学校加强青少年生态文明教育，提升师生生态文明素养，同时推进绿色环保校园建设，提高校园绿化美化、建筑节能、新能源利用、垃圾分类回收、新技术应用等工作水平，实现校园全生命周期的绿色运行管理。

绿色学校具有以下特征：第一，绿色学校是自身资源节约、对环境友好的学校；第二，拥有和谐的人文环境和良好的物化环境；第三，生态文明教育与可持续发展教育融入学校教育；第四，学校全体成员参与创建并践行绿色生活方式；第五，带动家庭、社区积极参与环境保护；第六，遵循教育规律和学生身心发展规律，实施绿色教育，学校教育品质高。

绿色学校教育功能体现在素养提升，价值引领，社区辐射；最终实现整个社区、整个社会的生态文明与可持续发展教育。

（二）绿色学校创建内容与行动

《绿色学校创建行动方案》根据不同类型学校特点，分类制定创建指标，引导各级各类学校积极参与，形成共建绿色学校的生动格局。

1. 绿色学校创建内容

绿色学校创建包括五个方面内容。

（1）开展生态文明教育：构筑绿色教育体系，在相关课程教材中融入绿色知识，组织多学科教师共同研究开发绿色主题课程，开展研究性学习及主题实践活动，鼓励研发绿色教育地方教材；

（2）实施绿色规划管理：健全绿色组织管理，成立绿色学校建设领导小组，加大绿色学校建设和运行的资金投入，推进能源管理体系建设，开展能源审计和能效公示；

（3）建设绿色环保校园：打造绿色低碳校园，在校园建设和改造中充分体现节能减排理念，全面执行绿色建筑标准，建设海绵型校园，做好校园生活垃圾分类工作等；

（4）培养绿色校园文化：培养青少年健康向上的绿色生活方式，带动家庭和社会践行绿色发展，广泛开展绿色学校主题宣传活动，开展绿色学校国际交流与合作；

（5）推进绿色科技研究：鼓励科研人员进行多学科交叉课题研究和技术研发，推进产学研紧密结合，加快绿色科技成果转化。

2. 北京绿色学校创建

《北京市绿色学校创建标准》坚持实事求是的原则，从三个方面体现北京特色：一是系统性，围绕绿色校园创建要素，科学设置三级创建指标体系及评估标准；二是针对性，该标准强调绿色学校创建工作与教育教学、校舍建设、日常管理和节能减排的有机结合，同时，根据高校和中小学校的不同特点，区分为高校和中小学两套标准，便于分类推进；三是操作性，该标准在整体创建目标设计上，既体现首善标准，又充分考虑可行性，具体到每一项创建指标，都实现了可检查、可量化、可评估。

北京市高校绿色学校创建标准包括组织领导、制度建设、宣传教育、运行管理、创新研究、加分项和控制项等。要求各校从立德树人高度，做好绿色创建的表率，以首善标准落实落细各项工作，勇于开拓，实事求是因地制宜地开展首创性、特色化的建设；把绿色学校创建工作统筹纳入学校全局工作，确保整体工作进度。制定特色鲜明、具有实操性的实施方案；围绕创建标准，制定本校创建目标及相关制度；坚持问题导向，一切从实际出发，切实解决实际问题；注重广泛发动师生员工共同参与创建工作，整体提升绿色学校水平。北京市教委将对申报创建的高校开展评估验收工作，同步开展中小学绿色学校创建工作，为首都绿色学校创建工作打造示范标杆。

目前高校正处于绿色学校创建的低碳模式探索中，在高校办学规模不断扩大，招生量逐步增加，教学、科研投入不断增长的背景下，探索出一条符合高校自身特点的"零碳校园"之路，对于国家碳达峰碳中和整体目标实现具有深远的意义。

三　绿色企业

2019 年，中国生物多样性保护与绿色发展基金会、中国环境科学研究院共同编制《绿色企业评选标准》，从企业的绿色发展战略、绿色管理水平、绿色生产方式三方面进行量化。

青岛啤酒在绿色企业创建中流传一句话：确保每一瓶青岛啤酒，都有一个绿色基因。提升绿色技术，在生产环节实现节能突破，通过绿色生产方式，再将发酵过程中产生的二氧化碳进行有效收集、净化、干燥、液化处理，二次利用到啤酒罐装生产中，二氧化碳回收量相当于 460 万棵 30 年树龄的冷杉树二氧化碳吸收量，体现了绿色企业的"双绿"属性。中国石化启动绿色企业行动计划，将绿色文化理念纳入公司专项文化理念，引领公司全面可持续、高质量发展，教育、引导、鼓励员工把企业发展与生态保护紧密结合、协同思考，以"奉献清洁能源，践行绿色发展"为理念，提供清洁能源和绿色产品，提升绿色生产水平，将绿色低碳打造成中国石化的核心竞争力。中国石化绿色发展的行动纲领，是企业落实党的二十大精神、坚持绿色低碳发展理念、致力于成为生态文明实践者和美丽中国建设者的庄严承诺。

绿色企业创建推动了绿色产业园区发展，绿色产业园区是以循环经济学基本原理和产业生态学为理论指导，通过模拟自然系统的循环路径来建立产业系统中的循环途径，是新发展理念的"试验田"。2021 年 9 月在第六届中国国际绿色创新发展大会上，苏州工业园区、昆山经济技术开发区、苏州国家高新技术产业开发区等 12 家园区获评全国首批"绿色低碳示范园区"。创建绿色低碳示范园区，培育绿色产业，加快产业结构调整，成为我国经济发展的必由之路。

四　绿色冬奥园区

2022 年 2 月 4 日，北京冬奥开幕式在国家体育场"鸟巢"如期举行，标志着北京赛区和延庆赛区 8 个竞赛场馆、16 个非竞赛场馆、31 项配套基础设施全部实现投入使用。和奥运赛场上争金夺银一样，北京在冬奥绿色生态建设中也连夺"金牌"。

（一）绿色办奥

"绿色办奥"是北京、张家口申办冬奥会时作出的庄严承诺。北京冬奥会坚持生态优先、资源节约、环境友好、生态保护与场馆建设统筹规划一起推进，守护了赛区的绿水青山。

绿色办冬奥，以优美的生态环境迎接八方宾朋、体育健儿的到来；冬奥会的许多项目是以大自然为舞台展示体育精神和运动员风采的比赛活动，白雪皑皑、天空蔚蓝、林木苍翠往往成为比赛的经典背景画面，令人赏心悦目，良好的生态环境自然是开展冬奥会不可缺少的必要条件。运动员参加冬奥会，既是参与比赛的过程，也是享受冰雪、亲近自然、融入自然的过程。对于观众，冰雪运动具有独特的魅力，既能欣赏到力量、速度和身姿的美，也能领略大自然的美。这么美的运动，唯有用蓝天来映衬，用白雪来迎接，才能凸显冬奥本色，展示人与自然的和谐之美。

（二）绿色场馆

绿色建筑是北京冬奥场馆建设的目标。北京所有新建冬奥会场馆都达到最高等级的绿色三星标准，改造场馆通过更新改造达到绿色建筑标准。冰上比赛场馆充分体现低碳环保理念，除国家速滑馆外，首都体育馆、首体短道速滑训练馆、五棵松冰球训练馆均由夏奥遗产变身而来。北京2008年奥运会水上项目场馆"水立方"变身为冰壶场地，创造性地实现"水冰转换"；五棵松体育中心实现"陆冰转换"，成为冰球场地。在奥运历史上首次使用最清洁、最低碳的二氧化碳制冷剂，可实现节能30%以上。

绿色实践

生态修复工程——北京绿色冬奥最亮丽的名片

延庆赛区充分实践"山林场馆、生态冬奥"理念，生态建设与冬奥建设同步规划、同步建设、同步完工。通过建设容纳所有进入赛区市政设施管线的高山地区地下综合管廊，小海陀山的天际线风景依旧；100%使用绿电；造雪、生活用水全部实现回收再利用，赛区内3.5万棵珍贵、成材树木被原地或者迁地保护，实现了体育设施与自然和谐相融。延庆赛区建设是新时代、新理念、新科技在北京冬奥建设中的一个新的生动实践，张家口崇礼区被生态环境部命名为国家生态文明建设示范区，开辟出了"绿水青山就是金山银山""冰天雪地也是金山银山"成功转化的崇礼实践。

（三）绿色交通出行

筹办冬奥会，北京建设了一张"冬奥绿色低碳公共交通网"，观众在北京冬奥会期间完全可通过地铁、高铁、公交车等公共交通方式，快速、便捷抵达各个场馆，北京赛区所有场馆实现地铁覆盖。

通过京张高铁延庆支线从北京北站至延庆站不到 40 分钟，从延庆站乘摆渡车 30 分钟内即可直达延庆赛区各赛场。延庆赛区内 11 条索道，为运动员、观众提供高山交通网络，从小海陀山脚下的延庆冬奥村抵达海拔 2198 米的国家高山滑雪中心出发区仅需 30 分钟。

京礼高速公路彻底打通了北京市至张家口市崇礼区太子城赛区的高速通道，从北京西北六环出发到延庆约 50 分钟，从延庆到张家口市崇礼约 1.5 小时，为赛会出行提供安全、快速的交通服务。

交通设施无障碍升级改造，在"北京交通 App"上添加了无障碍信息，确保城区无障碍公交车配置率达 80% 以上。

举办绿色冬奥，与新时代生态文明建设提出的绿色发展理念高度契合。北京冬奥会建设了世界首创 500 千伏张北柔性直流电网，成为奥运历史上第一届 100% 使用绿色清洁电能的奥运会；北京成为首个大规模使用当今最环保的二氧化碳制冰技术的冬奥会主办城市……绿色冬奥会的筹办给绿色发展加油提速。当前京津冀一体化已上升为国家战略，三地利用协同发展的历史机遇，切实推进产业转型升级，治理环境问题。冬奥会不仅是展现京津冀一体化发展成效的契机，更是展现我国生态文明建设成就的窗口；为创造人类文明新形态贡献了中国智慧和中国方案，必将在人类生态文明建设史上作出更大的中国贡献。

思考题

1. 简述生态文明建设示范区及"两山"实践创新基地历程。
2. 结合实际谈谈国家生态文明试验区创建的背景及意义。
3. 结合实际论述人居环境提升与绿色社区建设的关系。
4. 谈谈绿色学校创建对传播生态文明思想的作用。
5. 谈谈绿色奥运对引领绿色发展的推动作用。

文献阅读

1. 卢风等:《生态文明:文明的超越》,中国科学技术出版社 2019 年版。

2. 〔美〕杰里米·里夫金:《零碳社会:生态文明的崛起和全球绿色新政》,赛迪研究院专家组译,中信出版集团 2020 年版。

3. 生态环境部:《"绿水青山就是金山银山"实践创新基地建设管理规程(试行)》(环生态〔2019〕76 号),2019 年 9 月 11 日。

第十一章

乡村生态振兴

自全国脱贫攻坚工作取得胜利以来,"三农"工作重心由脱贫攻坚转向全面推进乡村振兴,党的二十大报告指出,要全面推进乡村振兴,建设宜居宜业和美乡村。如何在生态文明时代背景下更好地实施乡村振兴战略、推进乡村生态振兴,是农业农村现代化发展需要思考的重要问题。为此,本章从介绍乡村振兴战略入手,明确乡村生态振兴在乡村振兴中的地位,聚焦乡村生态振兴的现实境遇,提出实现乡村生态振兴的路径选择。

第一节　乡村振兴战略概述

党的二十大报告指出,"加快建设农业强国,扎实推动乡村产业、人才、文化、生态、组织振兴"[①]。乡村生态振兴是实施乡村振兴战略的重要内容与实践目标。为此,需要从提出背景、总要求、重大意义等方面整体概述乡村振兴战略,以探求乡村生态振兴在其中的发展方位。

一　乡村振兴战略的背景

乡村振兴战略是 2017 年党的十九大报告中提出的解决好"三农"问题的发展战略。乡村振兴战略的提出,有其自身的历史逻辑与现实基础。

---

① 习近平:《高举中国特色社会主义伟大旗帜　为全面建设社会主义现代化国家而团结奋斗——在中国共产党第二十次全国代表大会上的报告》,人民出版社 2022 年版,第 31 页。

（一）中国乡村建设的经验总结

鸦片战争以来，西方工商文明渐入中国，中华农耕文明屡受重创，这使中国社会各界仁人志士走上了复兴乡村之路。从民国初期国民政府的乡村复兴计划，梁漱溟、晏阳初等人的乡村建设实践，到新中国成立初期乡村土地改革运动、乡村合作生产，再到改革开放以来的农村经济体制改革、社会主义新农村建设等，这条复兴乡村之路已走过百年历程。然而，城乡融合发展程度仍需提高，复兴乡村文明、推动乡村振兴、实现农业农村现代化逐渐成为乡村建设新的发展诉求。乡村振兴战略的提出，是对近代以来中国百年乡村建设经验的总结和升华，回应了新时代乡村建设的发展诉求，开启了新时代中国特色社会主义乡村振兴之路。

（二）"三农"发展取得历史性成就

乡村振兴战略的提出是基于"三农"发展取得的重大成就与工作经验。党的十八大以来，我国农业农村发展取得了诸多历史性成就。站在新时代的发展方位上，乡村粮食总产量逐年增加，农业生产能力显著提高。乡村居民人均可支配收入突破 16000 元，保持较快增长速度。脱贫攻坚取得实质性成果，消灭了绝对贫困人口，取得全面胜利。与此同时，党和国家开展的一系列"三农"工作铸就了"三农"发展的成功经验。如从 2004 年开始持续至今的中央一号文件，在农业税收补贴、乡村教育医疗、脱贫攻坚、精准扶贫等方面实施了一系列的惠农政策，这为党和国家提出实施乡村振兴战略奠定了坚实经验基础，充分证明中国有了实施乡村振兴战略的条件和能力。

（三）新时代催生乡村发展实现新变革

在乡村振兴战略具体实施过程中，还具有动态变化的时代背景。目前我国乡村发展处于第二个百年奋斗目标时代背景下的新时代新发展阶段，面临着国内大循环为主、国内国际循环相互促进的新发展格局。乡村发展整体进入脱贫攻坚与乡村振兴有效衔接的具体发展时期，处于城乡全面融合发展时期；乡村发展更处于生态文明时代的新高度；等等。针对这些乡村振兴战略实施的时代背景，我国需要具体问题具体分析，让乡村在国家现代化发展大局中更好发挥压舱石、稳定器的作用。

二 乡村振兴战略的总要求

根据 2018 年中央一号文件指示，实施乡村振兴战略有五个方面的总要求，即产业兴旺、生态宜居、乡风文明、治理有效、生活富裕。这五方面的内容相对于社会主义新农村建设的总要求内容更丰富、标准更高，尤其是生态宜居要求，契合了党和国家生态文明建设战略，对标实现乡村生态振兴。

（一）产业兴旺

产业兴旺是实施乡村振兴战略的经济前提。相较于社会主义新农村建设中的"生产发展"要求，产业兴旺更强调乡村第一、二、三产业的融合发展，以及农民在乡村产业发展中的增值收益，最终要实现"人产"两旺。实现产业兴旺，一方面要求解决农业供给侧结构性矛盾，坚持以质量为导向，以绿色发展理念为引导，提供符合消费市场需要的高质量、安全高效的农副产品与工业原料。实现产业兴旺，需要发挥农业多功能属性，使农业与物流运输、品牌营销、高新技术等产业领域实现深度融合。另一方面，实现产业兴旺还要求提升农民劳动技能、科学素养与终身学习能力，培养新型职业农民、新型农业生产经营主体、乡村特色产业发展带头人等。

（二）生态宜居

生态宜居是实施乡村振兴战略最基本的环境条件。相较于社会主义新农村建设中的"村容整洁"要求，生态宜居更强调村容村貌的美观，保护利用乡村自然生态环境，实现人与自然的和谐共处。生态振兴的价值取向是构建生态共同体，注重人与自然环境的双向给予关系构建，力求达到生态美与农民富相统一。为此，实现生态宜居需要树立整体的自然生态发展观，切实治理乡村面临的突出环境问题，为农民创造现代化生活条件与生存环境。同时，实现生态宜居也对农民的传统生产生活方式提出更高要求，需要农民秉持绿色生产、绿色生活的发展理念。另外，实现生态宜居更对基层政府的工作理念与方式提出新要求，需要地方领导干部树立自然资本理念，充分认识自然资源的可增值性与低替代性，协调好乡村经济发展与生态保护的关系。

（三）乡风文明

乡风文明是实施乡村振兴战略的精神保障。相较于社会主义新农村建设中的"乡风文明"要求虽然一字未改，但内涵却更加深刻。乡村振兴背景下要求实现的乡风文明，更具时代特色与国际视野，是为应对市场经济发展中乡村文化现代化问题的有力回应。在新的时代条件下加强乡风文明建设，体现了一种城乡平等发展的新型文明观念，是发展城乡中国的内在要求。实现乡风文明，要加强移风易俗、传承发展乡村优秀传统文化、加强公共文化建设、提升思想道德建设。

（四）治理有效

治理有效是实施乡村振兴战略的政治保证。相较于社会主义新农村建设中的"管理民主"要求，治理有效更注重治理主体的多元性、治理手段的多样化、治理结果的有效性，实现乡村社会振兴。治理是相对于管理而言的，治理更注重发挥政府、社会、农民等不同主体在基层社会利益关系处理中的积极作用，体现出"大家事情大家商量"的协商民主精神。在手段上，随着信息技术的广泛应用，乡村基层治理方式逐渐丰富多样，网格化治理、智慧社区等治理方式逐渐深入乡村社会。在结果导向上，治理更看重群众满意度与参与感。

（五）生活富裕

生活富裕是实施乡村振兴战略综合性的要求。相较于社会主义新农村建设中的"生活宽裕"要求，生活富裕是针对全面建成小康社会，扎实推动生活富裕下的农民生活水平而言的。实现生活富裕，需要通过乡村集体经济，将乡村经济社会发展成果共享给农民，提升乡村公共基础设施服务水平，在教育医疗等方面实现城乡融合发展。同时，实现生活富裕不仅指农民物质生活水平的提升，更包含了农民精神生活质量的提升，精神世界的富足。如农民在社会生活中的获得感、公平感，农民的科学文化水平、思想道德水平、社会审美能力、是非判断能力等方面的提升。

总之，乡村振兴战略总要求覆盖了乡村发展的各个方面，农业强、农村美、农民富，关系到"两个一百年"奋斗目标的实现。其中，乡村生态振兴不仅直接关系到农村美，更为产业兴旺提供了优良自然资源，为乡风文明提供了生态文化环境，为治理有效提供了自然伦理环境，为生活富裕提供了宝贵自然基础。

脱贫攻坚与乡村振兴有效衔接

2021 年 3 月，中共中央、国务院印发《关于实现巩固拓展脱贫攻坚成果同乡村振兴有效衔接的意见》指出：脱贫摘帽不是终点，而是新生活、新奋斗的起点。打赢脱贫攻坚战、全面建成小康社会后，要在巩固拓展脱贫攻坚成果的基础上，做好乡村振兴这篇大文章，接续推进脱贫地区发展和群众生活改善。做好巩固拓展脱贫攻坚成果同乡村振兴有效衔接，关系到构建以国内大循环为主体、国内国际双循环相互促进的新发展格局，关系到全面建设社会主义现代化国家全局和实现第二个百年奋斗目标。

在实现脱贫攻坚后，要聚力做好脱贫地区巩固拓展脱贫攻坚成果同乡村振兴有效衔接的重点工作，例如，支持脱贫地区乡村特色产业发展壮大、促进脱贫人口稳定就业、持续改善脱贫地区基础设施条件、进一步提升脱贫地区公共服务水平，等等。

资料来源：《中共中央　国务院关于实现巩固拓展脱贫攻坚成果同乡村振兴有效衔接的意见》，《人民日报》2021 年 3 月 23 日第 1 版。

三　乡村振兴战略的重大意义

实施乡村振兴战略在解决新时代社会主要矛盾、实现"两个一百年"奋斗目标、实现全体人民共同富裕等方面产生重大意义。

（一）解决新时代社会主要矛盾的必然要求

新时代中国社会主要矛盾是人民日益增长的美好生活需要和不平衡不充分的发展之间的矛盾，且在农业农村领域表现比较突出，具体表现为城乡发展不平衡和"三农"发展不充分。

城乡发展不平衡主要表现在城乡居民收入差距上，在城乡居民低收入户群体中表现尤为突出。无论从收入结构还是从收入增长潜力上看，乡村居民都存在着明显劣势，特别是相较于城市，乡村自然环境由资源向资本转化的能力较弱。因此，实施乡村振兴战略就是要健全城乡融合发展体制机制，从制度上解决城乡发展不平衡问题。

"三农"发展不充分突出表现为中国主要农产品在市场上处于劣势，市场份额占有不充分；乡村基础设施与公共服务发展存在地区间的较大差异；乡村自然环境保护效力不强，自然资源开发不充分；农民自我发展能力、农民文化消费能力发展不充分。因此，实施乡村振兴战略就是要建设以农业现代化为基础的农村现代化，实现城乡平衡发展、"三农"充分发展。

（二）实现"两个一百年"奋斗目标的必然要求

从党和国家现代化建设的历史经验看，"三农"发展关乎社会主义现代化强国建设，必须保证"三农"在实现"两个一百年"奋斗目标中不掉队。新时代，乡村是一个广阔的发展空间。做好"三农"工作，能够对缓解阶段性工业产能过剩、深化农业供给侧结构性改革，为实现社会主义现代化强国奋斗目标提供最深厚基础与最大潜力后劲。因此新时代，党和国家作出实施乡村振兴战略的重大决策是实现"两个一百年"奋斗目标的必然要求。

（三）实现全体人民共同富裕的必然要求

共同富裕是千百年来中华民族对未来美好生活的孜孜追求。共同富裕在不同时期的内涵有所差异，新中国成立初的共同富裕意指通过农民合作生产形式使农民脱贫。改革开放后，共同富裕内涵逐渐从物质富裕转变为兼顾物质富裕与精神富裕。新时代以来的共同富裕更突出解决不均衡的富裕状态，不仅是物质与精神的富裕，还囊括了社会、生态等领域的共同富裕。实施乡村振兴战略，首要的目标就是实现农民富，这是实现全体人民共同富裕的前提。实施乡村振兴战略可以通过优先发展农业农村，提升农民生活质量与精神风貌，促进城乡融合发展，实现城乡人民共同富裕。因此，实施乡村振兴战略是实现全体人民共同富裕的必然要求，确保"三农"在扎实推进共同富裕路上不掉队。

中央一号文件

中央一号文件原指中共中央每年发布的第一份文件。现在已成为中共中央、国务院重视农村问题的专有名词。中华人民共和国成立后发布的第一份中央一号文件是在 1949 年 10 月 1 日。改革开放后，中共中央在 1982 年至 1986 年连续五年发布以农业、农村和农民为主题的中央一号文件，对农村改革和农业发展作出具体部署。2004 年至 2023 年又连年发布以"三农"为主题的中央一号文件，强调了"三农"问题在中国社会主义现代化时期的基础性地位。

其中，2006 年中央一号文件、2018 年中央一号文件对推进中国乡村建设具有深远意义。特别是 2018 年中央一号文件，提出了要将"三农"问题作为全党工作重中之重，坚持农业农村优先发展，将百年乡村建设问题上升到国家战略布局的高度。无论是社会主义新农村建设还是实施乡村振兴战略，都是基于中国乡村发展实际需要提出的乡村建设思路方法，对推进中国农业农村现代化具有重大意义。

——参见百度百科"中央一号文件"，https：//baike. baidu. com/item/中央一号文件/10782180？ fr＝ge_ ala

第二节　乡村生态振兴的现实境遇

乡村生态振兴是实施乡村振兴战略、实现乡村振兴的重要基础与保障，关乎乡村产业振兴、文化振兴、人才振兴、组织振兴。乡村生态振兴主要表现在生态农业发展、乡村人居环境治理、乡村自然生态环境保护等三方面。目前，乡村生态振兴发展状况总体较好，但同时存在一些问题需要改进。

一　生态农业发展的挑战与机遇
生态农业发展是推进乡村生态振兴的重要内容。现阶段，农业生产方式绿色化是生态农业发展的主要内容。近年来，我国生态农业发展取得许多实质性进展，但仍处于起步阶段，发展过程中仍面临诸多挑战。展望新发展阶段，我国生态农业发展面临许多前所未有的现实机遇，为其实现高质量发展提供了有利的现实条件。主要表现在以下方面。

（一）生态农业发展成效显著

绿色发展是生态农业的鲜明价值取向。近年来，我国农业绿色发展状况有所改善，总体而言，2016—2020 年，农用化肥使用量、农用塑料薄膜使用量、农用柴油使用量、农药使用量均有下降（见表 11−1）。相较于 2019 年，2020 年节水灌溉类机械共有 254.9 万套，新增 6.1 万套。节水灌溉面积为 37796.0 千公顷，新增节水面积 1059.0 千公顷。

表 11−1　　　　　2016—2020 年我国农用物资使用量一览

年份 ＼ 类别（万吨）	农用化肥使用量	农用塑料薄膜使用量	农用柴油使用量	农药使用量
2016	5984.4	260.3	2117.1	174.0
2017	5859.4	252.8	2095.1	165.5
2018	5653.4	246.7	2003.4	150.4
2019	5403.4	240.8	1934.0	139.2
2020	5250.7	238.9	1848.2	131.3

数据来源：国家统计局农村社会经济调查司：《中国农村统计年鉴2021》，国家统计出版社2021 年版，第 42 页。

《中国农业绿色发展报告2020》相关调查结果显示：截至 2019 年，农业绿色发展指数升至 77.14，其中的资源节约、生态安全、绿色产品供给、美好生活等维度呈正向增长趋势。2019—2020 年中国农业绿色发展在基础理论研究中的思想渊源、核心要义、动力探析、路径选择、评价体系等方面取得重要进展。

农业生产绿色化水平持续推进，农产品质量显著提升。截至 2019 年，绿色食品、农产品地理标志获证产品和有机农产品已逾 4 万种，较

2018 年上涨了 15.2%。

农业生产方式绿色转型成果突出，农业资源用养结合水平提高，高标准农田建设得到推广，东北黑土地保护利用程度提高，启动了耕地酸化治理、耕地土壤盐碱化治理，节水农业和生物多样性保护工作得到进一步发展。

农业产地环境保护在农业投入品、秸秆综合利用、粪污资源化处理、农膜回收等方面成效突出。截至 2020 年底，全国主要农作物化肥和农药利用率分别提高至 40% 以上，秸秆综合利用率高达 86%，粪污综合利用率达 75% 以上，农膜回收率达 80%，部分白色污染较为严重地区得到有效防控。

农业绿色发展试验示范工作持续开展，并逐渐走向深入。2020 年，农业农村部等部门设立了首批国家级农业绿色发展长期固定观测试验站。

农业绿色发展技术集成效果提速升级。现已形成内蒙古自治区杭锦后旗小麦绿色生产集成技术模式、新疆生产建设兵团共青团农场棉花绿色种植技术模式等农业绿色发展技术集成模式。

农业绿色发展支农惠农效果明显。例如湖南省屈原管理区的三三工程、吉林省舒兰市的水稻绿色生产等发展典型。

（二）生态农业发展面临挑战

在生态文明时代背景下，生态农业发展在发展理念、生产方式、农产品供给、激励机制等方面面临一些现实挑战。

1. 贯彻绿色发展理念还不深入

对于生态文明发展的优先地位、绿色发展重要性认识不足，农业生产与环境保护仍存在对立现象，农业生产侧重于向质量方向发展上仍有待提高。特别是落实绿色发展理念时，农业生产向质量方向发展仍有待提高。落实绿色发展理念地区差异性较大，未兼顾不同乡村地区自然、社会、文化条件之间的差异，对粮食安全和乡村生态造成负面影响。

2. 农业生产方式仍较粗放

在农业生产组织形式上，由于我国的人口、土地资源分布在东西地区、南北地区存在较大不平衡现象，我国不同地区人均耕地分配不均，人地关系较为紧张，农业生产粗放经营方式从根本上还未转变；在农业生产技术改造方面，因农业生产带来的生态退化趋势尚未得到有效遏制。耕地方式用养结合程度还有待提高，农业绿色技术创新方面还不够；在农业生产主体素质上，传统农业生产主体占据农业发展大多数，而现代农业发展方向是大规模集约化经营，分散个体农户很难参与到现代化市场竞争中。乡村新型农业生产经营主体较为缺乏，部分农业经营组织尚处于初步发育状态。

3. 绿色优质农产品供给还不足

绿色优质农产品基地建设在政策设计、组织保障、服务体系、产业融合与品牌凝聚等方面仍存在一定问题，这直接制约了优质绿色农产品有效供给。随着人民生活水平的提高，消费市场对绿色优质农产品的需求逐步增大。高质量农产品欠缺，农产品品牌较多但品牌效应不强，农业绿色标准体系完善有待提高，农业生产全产业链的绿色转型任务较重，不能满足消费者消费结构升级优化的现实需要。

4. 绿色发展激励约束机制不健全

绿色发展需要的政策激励机制不够完善，乡村振兴与生态产品价值实现衔接机制尚未形成。现有农业绿色发展机制难以激发农业生产主体与消费者的积极性，以政府为主要推动力量的激励约束机制不完善。同时，现有农业绿色发展约束机制存在完备性与可操作性不足、农业绿色生产标准和操作规范缺乏、监督管理机制不健全等问题。

（三）生态农业发展的机遇

展望"十四五"时期的生态农业，"健康安全""绿色环保"将成为全党全社会的共识，宜居宜业和美乡村建设不断推进，这些都为生态农业发展带来了发展机遇，主要表现在以下方面。

1. 政策环境不断优化

在全面推进乡村振兴阶段，党和国家多次印发中央一号文件、农业绿色发展文件等，支持生态农业发展。2022年中央一号文件，特别突出了农业绿色发展的主题。文件指出，良好生态环境是农业可持续发展的重要基础，要积极推进农业面源综合治理与乡村生态振兴的实现。同时，在农业农村现代化加速发展阶段，更多的资源要素逐渐向乡村生态文明建设领域聚集，农业支持保障体系中的绿色发展导向更加突出，能够为农业绿色发展提供现实支撑。

2. 市场空间不断拓展

农业绿色发展的市场空间不断拓展，主要表现在国内超大规模市场优势逐步凸显，公平高效的市场机制更为完善，对高端农产品的绿色消费需求在逐步扩大，在绿色生态建设中的投资带动效应逐渐获得释放，这些都给生态农业发展提供了广阔、优质的市场空间。在农业发展的具体形式上，"企业＋基地＋农户"模式发展的市场空间逐步打开，形成了农业合作社、农民、企业三者的利益共同体，使绿色有机农业发展摆脱了规模小、技术含量低、市场狭窄的限制。

3. 科技革命迭代更新

在新一轮生物技术、信息技术发展背景下，生态农业发展需要的核心技术有望得到解决，不同类型的绿色发展技术模式大批量推广应用，例如，农业绿色发展形成的小麦节水生产技术、油菜毯状苗机械化高效移栽技术、蔬菜全程绿色高效生产技术、全生物降解地膜替代技术等，成为生态农业发展的一大动力。

4. 主体带动不断强化

家庭农场、农民专业合作社等新型经营主体日益使用先进绿色生产技术，为小农户个体生产提供专业服务的社会化组织加快发展，绿色生产技术走进乡村居民千家万户，为推广农业绿色发展技术，发展高效生态农业提供主体带动条件。

科普知识

衡量农业绿色发展水平的主要指标

表 11－2　　　　　"十四五"农业绿色发展主要指标

类别	主要指标	2020 年	2025 年	指标属性
农业资源	全国耕地质量等级（等级）	4.76*	4.58	预期性
	农田灌溉水有效利用系数	0.56	0.57	预期性

续表

类别	主要指标	2020 年	2025 年	指标属性
产地环境	主要农作物化肥利用率（%）	40.2	43	预期性
	主要农作物农药利用率（%）	40.6	43	预期性
	秸秆综合利用率（%）	86	＞86	预期性
	畜禽类污综合利用率（%）	75.9	80	预期性
	废旧农膜回收率（%）	80	85	预期性
农业生态	新增退化农田治理面积（万亩）		1400	预期性
	新增东北黑土地保护利用面积（万亩）		1	预期性
绿色供给	绿色、有机、地理标志农产品认证数量（万万个）	5	6	预期性
	农产品质量安全例行监测总体合格率（%）	97.8	98	预期性

注：标 * 的数据为 2019 年数据。参见《"十四五"全国农业绿色发展规划》（农规发〔2018〕号）。

二　乡村人居环境整治效果与问题

乡村人居环境是指适合农民生产生活的环境。改善农村人居环境，是实施乡村振兴战略的重点任务，是实现乡村生态振兴的重要内容，事关广大农民身心健康，事关宜居宜业和美乡村建设。

（一）乡村人居环境整治效果明显

自 2018 年全国乡村人居环境整治行动实施以来，党和国家积极推进乡村人居环境整治工作，主要开展了改厕项目、垃圾治理和污水治理等工作，取得了显著成果，使乡村环境卫生观念、乡村环境整洁程度发生了巨大变化。

1. 厕所革命

中国乡村厕所建设和粪污治理最早开始于 20 世纪中叶，直至 2015 年起正式提出乡村厕所革命。自乡村厕所革命启动实施以来，乡村厕所建设总体完成效果较好，项目资金得到有效保障，有效改善了乡村居民人居环境，改厕工作得到群众广泛支持。截至 2020 年底，全国乡村卫生厕所普及率已经达到约 70%，乡村人居环境整治工作实施以来，累计改造乡村户厕 4000 多万户，无害化卫生厕所普及率总体达到了 85% 以上。

2. 生活垃圾治理

中国乡村生活垃圾治理始于 20 世纪 50 年代，自 2018 年开展村庄清洁运动以来，截至 2020 年底，共动员 4 亿人次参加村庄清洁行动，全国 90% 以上的村庄开展了清洁行动，绝大多数的村庄已经实现干净、整洁、有序。总体上，行政村生活垃圾收集率和处理率显著提高，乡村生活垃圾处理基础设施条件有了较大改观，乡镇拥有环卫专用车辆设备、垃圾中转站数量都在逐步增长，乡村生活垃圾治理资金投入力度明显加大，体现出了乡村基层对垃圾处理问题的高度重视。

3. 生活污水治理

21 世纪以来，环境污染问题逐渐严重，并日渐成为全社会关注的焦点问题。2008 年以来，中央财政累计安排了 537 亿元用于乡村生活污水治理，共使 2 亿多乡村人口受益，17.9 万个村庄的污水得到有效整治。

近年来，生态环境部会同相关部门，规划编制相关政策，积极推广各地乡村生活污水治理经验，加快乡村生活污水治理体系建设，东中部地区已经能够建设集中的污水处理厂和污水管网，随着《关于开展 2022 年农村黑臭水体治理十点工作的通知》发布，乡村黑臭水体治理工作也已提上日程，广东省围绕黑臭水体治理工作展开部署，全省新增整治 30 个乡村面积较大黑臭水体，福建省 2022 年提出要在福清、云霄等 4 个县优先启动黑臭水体治理试点工作，形成一批治理模式。

（二）乡村人居环境整治存在的问题

目前，我国乡村人居环境总体质量不高，同时还存在着地区发展不平衡、基本生活设施与管护机制不完善等情况，村庄公共污水设施仍不完善，实施污水排放收费的村庄比例较低，距广大农民对美好生活的向往还存在一定差距。

1. 乡村人居环境整治效果地区差异较大

我国乡村地域广袤，自然条件千差万别，社会文化条件各有特色，作为在全国范围内实施的乡村人居环境整治行动，其实践成效在不同乡村存在较大差别。相关研究结果显示，改厕项目在河北、湖北、四川、陕西等地的实施效果较为明显。垃圾治理在湖北、河北、辽宁和广东等地的实施效果较为明显。污水治理在浙江和广东省取得显著治理成效。乡村人居环境整治效果地区差异较大，将影响后续治理工作水平的整体提升。

2. 乡村人居环境整治实践成效有待提升

在乡村厕所革命实践中，部分地区改厕质量仍有待提高。相关调查研究显示，部分乡村公厕覆盖率虽然达到86%—97%，但仍有个别自然村存在没有公厕的情况。同时，部分乡村旱厕比例较高，冲水厕所排水系统使用不便，有待提升；在乡村生活污水处理设施建设方面，部分乡村生活污水处理站建设进程缓慢，部分运行设施管网接户率未按计划全部实现，建设初期的污水处理设置设计和选址科学性欠缺，工艺选型也不尽合理。

3. 乡村人居环境整治工作长效机制未建立

乡村人居环境整治工作总体上存在着长效投入机制尚未建立、农民主体作用激发不够、农村资源筹集能力不足等问题。在投入机制方面，没有充分发挥企业、社会组织在参与基层环境治理中的支撑作用，缺乏常态化财政投入，内生支撑能力不足；在主体作用发挥方面，农民在乡村环境治理中的参与性有待提高，农民参与乡村环境治理机制不完善、乡村生态补偿利益保障机制不健全；在资源筹集方面，未能形成乡村人居环境治理资源开发与使用的合力。

延伸阅读

乡村生态振兴的意蕴

2018 年 3 月 8 日，在全国"两会"期间，习近平总书记在全国人大山东代表团参加审议时发表重要讲话，明确提出乡村生态振兴的科学论断。

关于乡村生态发展问题，党的十六届五中全会提出了"村容整洁"要求。党的十九大提出了"生态宜居"要求。"生态宜居"基于"村容整洁"提出了新的更高水平的要求，包括治理体系创新和生态文明进步。从理论建构和实践发展角度来讲，坚持协调发展，推进社会和谐，需要乡村生态振兴；为了让农业再发展、乡村更美丽以及农民更幸福，需要乡村生态振兴。在新时代下，乡村生态振兴是着力解决好发展不平衡不充分问题的战略选择，实施乡村生态振兴战略，不断加快实现农业农村生态现代化，为全域意义上的乡村振兴战略行动提供有力支撑和保障。

祁迎夏、刘艳丽：《整合与重建：西部乡村生态振兴的新轨迹》，《西安财经大学学报》2020 年第 3 期。

三　乡村自然生态保护成效与问题

自然生态环境是乡村生态振兴的必要前提和基础，通过社会主义新农村建设、和美乡村建设等一系列措施，乡村自然生态保护取得一定成绩，但由于乡村自然生态保护历史遗留问题较多，存在许多问题有待改善。

（一）乡村自然生态保护取得成效

经过党和国家多年实践，乡村自然生态保护成效逐渐显现出来，在乡村林业发展、乡村自然资源循环再生利用以及乡村生态治理能力方面得到显著提升。

1. 造林面积增加

在"两山"理论引领下，党和国家以满足人民美好生活需要为价值导向，不仅将林业发展看作生态保护与修复的重要工作，更积极地运用经济手段协调林业生态效益与经济效益之间的关系，通过构建制度体系增强林业发展的科学性、整体性。2018 年，在国土绿化方面，造林与森林抚育两项任务均超额完成。林业产业结构优化明显，二、三产业分别同比增长3.07%、19.69%。京津冀协同发展等区域重大战略下的林业发展迅速，其区域内的森林覆盖率较第八次全国森林资源清查数据相比，提高了3.66%。我国已在乡村建立完善了众多自然保护区和生态涵养区，"十三五"规划期间，全国林业重点生态工程完成造林面积显著增加，通过实施天然林保护工程、退耕还林工程、京津风沙源治理工程，累计共完成1266.67 万公顷。

2. 乡村可再生资源利用情况有所改善

乡村可再生资源利用水平逐渐提高。乡村可再生资源利用方法日渐科学，国家对乡村可再生资源利用的资金、政策支持力度不断加大，农业科技水平得到有效提高，乡村可再生资源利用率有所提高，生态农业项目建设工作稳步推进，乡村区域发展结构规划性增强，针对乡村可再生资源的管理服务体系相对完善。截至 2020 年，全国乡村累计使用沼气池 3007.7万户，建设沼气工程 93481 处，使用太阳能热水器 8420.7 万平方米，建造太阳房 1822. 3 万平方米，使用太阳灶 1706244 台。①

3. 乡村自然生态保护实践深入发展

乡村自然生态保护，重在实践。山东省政府坚持习近平生态文明思想，坚持山水林田湖草沙系统治理，全面实施了林长制、河长制、湖长制等，切实落实生态保护责任；修改了省级以上自然保护区生态补偿管理办法，制定地表水环境质量生态补偿暂行办法，积极推进了"绿满齐鲁·美丽山东"的国土绿化行动，大力实施造林绿化工程。截至 2020 年，全省累计完成造林面积 731. 1 万亩。

陕西省政府积极推进生态文明建设示范区建设，创建"两山"基地，在自然保护地监管、生物多样性保护等方面取得显著成效。截至 2020 年，省内多个县被评为国家生态文明建设示范县、"绿水青山就是金山银山"实践创新基地等。建立类型多样、功能多样的自然保护区 61 个，占全省面积的 5. 57%，在生物多样性保护、自然遗产保存、生态环境质量改善等方面取得重要进展。

（二）乡村自然生态环境保护存在的问题

虽然乡村自然保护已经取得一定进展，但生态环境问题始终没有得到根本扭转。受自然与人文条件影响，乡村生态问题较为突出，相较城市而言，环境被污染、生态系统出现退化情况、自然资源浪费等也使乡村自然生态保护面临重重问题。

生态破坏现象仍存在。在新农村建设与城镇化建设中，部分农民建造房屋随意搭建、乱建，部分乡村兴修水利时随意修建排灌沟和灌溉设施，部分村庄规划不科学，随意填塘、修路，不合理的矿山开发行为也极易造成泥石流、水土流失等生态问题，这些都造成了耕地、植被、水系等乡村生态破坏。

资源浪费时有发生。城镇化进程中，农民进城务工的同时使部分村内耕地出现集体撂荒情况。农业生产过程中产生的秸秆并未得到充分利用，乱堆乱放。农民生活"三废"、厕所粪污、畜禽粪便等并未得到有效处理。这些情况的发生都是因资源并未得到充分利用而造成的乡村资源浪费

---

① 国家统计局农村社会经济调查司：《中国农村统计年鉴（2021）》，国家统计出版社 2021 年版，第 55 页。

现象。

环境污染未得到根本遏制。大气、水、土壤、农产品等环境污染持续存在。例如，乡村居民焚烧秸秆、乡村周边工厂对乡村大气也造成了一定污染；乡村水污染呈现出面积广、体量大等问题，特别是耕地土壤环境质量堪忧。

综上，我国农业农村存在的突出生态环境问题，不但直接影响乡村生态振兴，更制约新发展阶段我国经济高质量发展。因此，乡村自然生态保护工作仍有待进一步加强。

经典文献

习近平关于"以绿色发展引领乡村振兴"的重要论述

·坚持人与自然和谐共生，走乡村绿色发展之路。

·以绿色发展引领乡村振兴是一场深刻革命。

·良好生态环境是农村最大优势和宝贵财富。要守住生态保护红线，推动乡村自然资本加快增值，让良好生态成为乡村振兴的支撑点。

·要突出村庄的生态涵养功能，保护好林草、溪流、山丘等生态细胞，打造各具特色的现代版"富春山居图"。

——参见中共中央党史和文献研究院《习近平关于"三农"工作论述摘编》，中央文献出版社2019年版，第111—115页

·要加快高标准农田建设，强化农业科技和装备支撑，深化农业供给侧结构性改革，加快发展绿色农业，推进农村三产融合。

——《习近平在吉林省考察时的讲话》，求是网，2020年7月22日至24日

第三节　乡村生态振兴的路径

实现乡村生态振兴，需要牢固树立和践行"绿水青山就是金山银山"

理念，坚持尊重自然、顺应自然、保护自然，通过推进生态农业发展、持续改善农村人居环境、加强乡村生态环境保护与修复、加强乡村生态文化建设等方式，建设生活环境整洁优美、生态系统稳定健康、人与自然和谐共生的宜居宜业和美乡村。

一　推进生态农业高质量发展

推进生态农业高质量发展，要以资源可持续利用为导向，强化资源保护与节约利用、推进农业清洁生产、集中治理农业环境突出问题，逐渐推动农业绿色生产方式的形成，提高农业可持续发展能力。

（一）坚持以"绿色生产"为内驱力

推进生态农业发展，要以"绿色生产"为内驱力，实现农业投入品在源头的减量，推广先进耕作技术，提高农药化肥使用率。以"循环模式"为主要策略，推进农业生产废弃物的可循环利用，如秸秆还田技术、种养结合模式等。以"品牌战略"为抓手，提高农业质量与经济效益。坚持生产优质、绿色农产品，打造绿色品牌、绿色食品等。以"科技创新"为保障，依靠农业技术推动农业生态化发展。以"政策扶持"为引领，通过绿色先行区建设形成典型示范，国家推广。同时，不同乡村地区需探索出适合自己的生态农业发展方式。

（二）重视长江经济带生态农业发展

推进长江经济带生态农业发展，需要积极完善顶层设计和机制构建，强化农业绿色发展制度保障。将农业补贴政策与实施绿色生产与保护环境结合起来，增加以农业生态环境治理为主要内容的补贴，发挥生态补偿促进各主体保护环境的积极作用；推进农村金融体系绿色化改造，积极探索金融服务长江经济带生态农业发展的有效方式。

强化以技术创新引领生态农业发展的内在驱动力。加强产学研资源整合，加大高校科研院所在农业绿色生产中的技术研发工作。培育农业科技中介机构，培植技术经济市场，建设一批富有绿色意识、创新意识的复合型农业科技人才队伍。

加强主体建设，促进多元主体推动生态农业发展。要坚持以长江经济带地方政府为主导，对生态农业发展进行全局把握，为生态农业经营者提供良好营商环境。农民作为生态农业发展的主要经营人员，要不断提高科学种田能力，提高自身的农业绿色生产经营能力，减少使用化肥，适当使用有机生物肥。要不断提高消费者农业绿色消费意识与理念。

二 持续改善乡村人居环境

建设宜居宜业和美乡村是全面推进乡村振兴阶段的重要任务。持续改善乡村人居环境，要以宜居宜业为导向，将处理农村垃圾、治理污水和提升村容村貌作为主要内容，加快补齐突出短板，着力提升村容村貌，科学规划村庄建筑布局，建立健全整治长效机制，建设生活环境和谐的和美乡村。

（一）补齐短板与发挥主体作用

改善乡村人居环境，要突出完成重点任务，积极推进乡村生活垃圾治理、开展厕所粪污治理、梯次推进乡村生活污水治理、提升村容村貌、加强村庄规划管理、完善建设和管护机制。

改善乡村人居环境，要坚持发挥农民主体作用，重点发挥好基层党组织在乡村人居环境治理中的核心作用，引导农村集体经济组织通过多渠道筹集人居环境整治资金，为广大农民营造整洁有序、健康宜居的生活环境。通过完善村规民约、培养农民文明健康意识，不断发挥农民参与人居环境治理的积极性。

（二）加大政策支持力度与保证组织实施

改善乡村人居环境，要加大政府投入力度，创新政府支持方式，提高资金使用效率。增加金融银行的支持力度和社会力量参与力度；创新人居环境治理技术，培养一批乡村规划设计与项目运营的技术管理人才，支持乡村人居环境改善。改善乡村人居环境，要整体上编制实施方案，因地制宜具体开展乡村人居环境治理试点示范工作，由点到面，总结经验并推广。

（三）借鉴推广江浙地区乡村人居环境整治经验

江浙地区在乡村人居环境整治实践中取得了显著效果。其中，可以借鉴的相关经验措施主要有：坚持科学发展，实施乡村环境的综合整治工作，处理好资源利用与循环再生的关系；充分利用地方特色建筑与自然条件优势，进行乡村人居环境建设；坚持差别化的生态保护政策，积极推动不同区域的乡村有序实现人居环境基础设施建设和开辟多元化筹资途径；

创新农村人居环境整治方式，探索新的乡村环境整治机制，完善农业生态补偿机制和相关配套政策，加强乡村环境保护法律体系建设。

三 加强乡村生态保护与修复

加强乡村生态保护与修复，要坚持系统理念，通过实施重大生态保护与修复工程，完善生态系统保护制度，健全生态保护补偿机制，发挥自然资源多重效益，以提升乡村生产生活环境、自然生态系统功能与生态产品供给能力，建设人与自然和谐共生的和美乡村。

（一）坚持系统化推进乡村生态保护与修复

良好生态环境是最普惠的民生福祉。"十三五"规划期间，财政部、自然资源部、生态环境部启动了山水林田湖草生态保护修复工程试点，从整体视角对乡村生态环境进行系统治理，将林业发展与治山、治水、护田工作进行系统性考虑。围绕矿山环境恢复、土地整治、生物多样性保护、流域水环境保护、全方位系统综合治理修复等内容统筹推进山水林田湖草生态保护修复工作。在此基础上，"十四五"将继续在全国19个省份推进工程项目有序实施，提高重点生态地区生态系统质量和碳汇能力。相关部门要继续开展造林绿化，管理好国家公园等各类自然保护地。

（二）重视西南地区乡村生态保护与修复

西南地区是我国十分重要的生态屏障区，独特的喀斯特地貌也是我国推进乡村生态振兴需要关注的重要地区。西南地区需要结合自身地域资源优势与生态系统服务功能，统筹规划生态功能、自然保护地与生态环境分区管控体系，分区整体布局，逐步优化生态安全屏障体系。比如，在高寒地区，建设水源涵养与生物多样性保护生态屏障；在四川盆地建设水土保持生态屏障；在秦巴山地建设生物多样性保护生态屏障；在地形崎岖破碎、岩溶地区建立水土保持生态屏障等。

通过发挥区域特色，以生态农业为突破口，助力乡村生态振兴。西南地区应主要走环境、资源、经济、社会发展相统一的大农业之路，以保护生态环境为前提，发展有区域品牌特色的农林牧复合型生态农业。

各级政府要创新生态治理模式，将本地区划分为生态、生产、生活三个空间，在不同类型区域空间，打造符合区域特色的产业链，整体提升生态环境治理的综合效益。积极培育生态产业集群，建立促进生态企业集群化发展的利益导向机制、政策支持系统、经济核算体系等。同时，西南地区要注重培育优势生态企业，在不同省区市之间进行旅游协作，挖掘各地生态旅游资源，增加生态产品市场价值，推动农民在生态旅游中实现脱贫致富。

四　加强乡村生态文化建设

乡村生态文化源于乡土、存于乡土，是乡村文化的重要组成部分。乡村生态文化获得资本形态后，表现为乡村生态文化能力、乡村生态文化产品、乡村生态文化制度三方面。乡村生态文化是生态农业发展的思想基础，也是乡村生态旅游产业发展的理论指导。乡村生态文化振兴，是推动乡村生态振兴、建设和美乡村的精神动力。

（一）提升乡村生态文化能力

生态文化能力内嵌于个体身体之中，表现为个人的生态文化知识、生态保护意识等。生态文化能力对经济社会发展具有直接作用，其积累对提升人力资本质量、增加生态文化产品数量及健全生态文化制度起着重要的作用。如何提升农民的乡村生态文化能力是一个长期性、综合性的实践活动。

大力开展生态文化教育，提升农民的生态文化能力，筑牢美丽生态乡村的基石。发挥新时代文明实践中心作用，通过召开村民代表会议、实地走访、对村民进行教育培训，解释说明乡村建设规划与方案中蕴含的生态文明新理念新思想，提高村民生态环保意识与能力。通过调动农民参与热情，以现实案例说法，对农民进行系统的生态文化能力提升培训。

向农民普及绿色科学技术，引导农民科学种田、绿色生活。因地制宜引进生态农业技术，让农民在增长增收中感受生态农业的优势。通过配置垃圾箱、建立垃圾分类中心、污水集中处理池，让农民体验清洁乡村和环境保护活动，改变不环保、不文明行为。

（二）丰富乡村生态文化产品

乡村生态产品价值提升是实现乡村生态振兴的关键因素，乡村生态文化则有效提升乡村生态产品价值的软实力。目前，我国已经发展的乡村生态文化产品主要有乡村生态旅游、乡村康养产业、乡村文旅产业等形式。乡村生态振兴实践深入发展，对乡村生态文化产品的种类与质量提出了新的要求。

林业文化发展不仅具有直接的经济价值，更能为人们提供公共产品与服务。在保护生物多样性、森林固碳方面具有重要生态价值，在促进社会可持续发展，改善民生，提高人民生活质量方面具有重要社会价值，在林业文化遗产传承发展方面具有重要文化价值。一是要以挖掘林业经济功能为基础，不断发展林木育种和育苗、营造林、经济林产品种植与采集等第一产业体系，木材生产与加工、林业机械制造、林产化工等第二产业体系。二是重视挖掘林业文化的生态功能与社会功能，以丰富林业生态文化产品为主要内容，挖掘具有当地特色的林业文化产品，并以多种文化形式加以宣传。三是积极发展林业文化生产服务、林业旅游与休闲服务、生态服务、专业技术服务等第三产业体系，创新林业文化产业新业态。

（三）完善乡村生态文化制度

乡村生态文化制度建设对生态文化发展具有重要引导作用、推动作用与约束作用，因此要逐渐完善乡村生态文化制度。

具体而言，要建立生态文化综合决策制度，充分发挥基层政府在生态文化发展规划方面的主导作用，协调乡村生态资源保护与乡村经济持续发展之间的关系；要不断完善生态文化发展法制法规，加强文化法制建设，推进生态法制体系不断完善，加强法律在协调人与自然和谐发展中的调节约束作用；坚持完善乡村生态补偿制度，通过财政转移支付、设立专项资金等方式形成对乡村生态环境资源开发与利用的综合补偿方式；重视对领导干部的生态保护考核制度，在基层领导干部政绩考核中将保护乡村生态环境作为重要考评指标；要完善乡村生态文化建设的培育制度，通过颁布相关教育行动政策，以制度化方式提高全社会的乡村生态文化保护素质。

典型案例

北京市延庆区聚焦特色园艺引领发展生态旅游

延庆依托"首都西北部重要生态保育及区域生态治理协作区、生态文明示范区、国际文化体育旅游休闲名区、京西北科技创新特色发展区"的功能定位，凭借独特的气候、丰厚的资源、优良的环境、多元文化的交融、世界级盛会的承办，以及多年来首都生态涵养区建设、生态文明建设示范创建，持续发展特色旅游产业，取得了诸多成效，形成了可复制的"绿水青山就是金山银山"理念转化模式——生态旅游。

主要做法：推进生态旅游业优化升级。首先，构建生态旅游发展大格局。其次，提升生态旅游基础设施。再次，推进精品民宿跨越式发展；做"强"全域旅游，打好三张金名片。一是构建全域旅游发展新格局。二是紧抓"冬奥"契机，保障推动冰雪园艺特色产业聚集。三是挖掘"长城"文化，引领全域旅游。最后，集聚"世园"资源，建设"园艺之都"。

经验启示：延庆紧紧围绕生态涵养区功能定位，紧抓周边地市带来的旅游发展潜力，通过制度建设推动精品民宿实现跨越式发展，依托冬奥会、世园会、长城的资源优势，不断优化产业布局，催生资源节约环境友好的新产业模式。其聚焦冰雪园艺特色产业发展生态旅游的模式，适用于生态环境优良，拥有如冰雪雪景、各类文化遗产等特色旅游资源的地区，通过依托其良好的自然生态环境和独特的人文生态系统，采取生态友好方式，开展生态体验、教育和认知，形成特色生态旅游品牌，实现旅游产业与生态环境保护共赢发展，将"冰天雪地""绿水青山"转化为"金山银山"。

参见生态环境部《"绿水青山就是金山银山"实践模式与典型案例（7）》（https：//baijiahao. baidu. com/s？ id = 1707192960081605601&wfr = spider&for = pc），2021 年 8 月 5 日。

思考题

1. 如何理解实施乡村振兴战略的重大意义？
2. 如何理解乡村生态产品价值的实现？
3. 如何实现巩固脱贫攻坚成果与乡村生态振兴有效衔接？
4. 如何以新发展理念推动乡村生态振兴？

文献阅读

1. 《美丽乡村建设指南》，中国标准化研究院，2015 年。

2. 中共中央办公厅　国务院办公厅：《关于创新体制机制推进农业绿色发展的意见》，中国政府网（http：//www. gov. cn/zhengce/2017-09/30/content_ 5228960. htm），2017 年。

3. 中共中央办公厅　国务院办公厅：《农村人居环境整治提升五年行动方案（2021—2025 年)》，中国政府网（http：//www. gov. cn/gong-bao/content/2021/content_ 5661975. htm），2021 年。

4. 吴良镛：《人居环境科学导论》，中国建筑工业出版社 2018 年版。

5. 国家乡村振兴局综合司：《图说中国特色减贫道路》，人民出版社 2021 年版。

6. 《中共中央　国务院关于做好 2022 年全面推进乡村振兴重点工作的意见》，人民出版社 2022 年版。

第十二章

"双碳"目标的大国担当

全球气候变化正在对人类社会构成巨大的威胁，以二氧化碳为主的温室气体排放量不断增长是造成气候变暖的主要原因。应对气候变化的关键在于"控碳"，其必由之路是先实现"碳达峰"，而后实现"碳中和"。中国宣布将加大国家自主贡献力度，采取有力政策和措施，努力争取于 2030 年前达到二氧化碳排放峰值，2060 年前实现"碳中和"。碳达峰碳中和明确了我国经济社会发展全面绿色转型的战略方向和目标要求，将成为生态文明建设的重要抓手。准确理解"碳达峰"与"碳中和"的科学涵义，全面分析我国"双碳"目标提出的背景、战略意义以及实现目标过程中面临的困难和挑战，在借鉴国际经验基础上探讨实现"双碳"目标的政策选择与具体路径，成为当前摆在我们面前的一项迫切需要。

新观点

要继续打好污染防治攻坚战，把碳达峰、碳中和纳入经济社会发展和生态文明建设整体布局，建立健全绿色低碳循环发展的经济体系，推动经济社会发展全面绿色转型。

——习近平：《解放思想深化改革凝心聚力担当实干
建设新时代中国特色社会主义壮美广西》，《人民日
报》2021 年 4 月 28 日第 1 版

第一节 "碳达峰"与"碳中和"的基本理论

大气中存在的二氧化碳、甲烷、水蒸气等温室气体形成"温室效应"。工业革命以来人为活动导致温室气体（主要是二氧化碳）排放增多，使全球气候明显变暖，给地球生态系统带来连锁效应。减缓全球变暖，必须减少二氧化碳的排放，把全球平均气温较工业化前水平升高幅度控制在2℃以内，否则，全球气候风险将急剧增加。减缓全球变暖，碳达峰是近期目标，碳中和则是中长期愿景目标，二者相辅相成。

一 "碳达峰"与"碳中和"的概念

近年来"碳达峰""碳中和"概念日益引人关注，"双碳"目标或"30·60"目标成为高频词，世界各国纷纷作出承诺。

（一）"碳达峰"

1. "碳达峰"概念

所谓"碳达峰"（Carbon Peaking），简单来说，就是二氧化碳排放量在某一个时间点达到峰值，即一国或地区碳排放量达到最高值后不再增长，并逐步下降的过程。"碳达峰"的目标包括达峰的年份和峰值（见图12-1）。具体而言，我国政府向世界作出庄重承诺，到2030年二氧化碳排放不再增长，达到峰值之后逐步降低。联合国政府间气候变化专门委员会（IPCC）将"碳达峰"定义为："某个国家或地区或行业年度二氧化碳排放量达到历史最高值，然后由这个历史最高值开始持续下降，即二氧化碳排放量由增转降的历史拐点。"

2. 世界各国实现"碳达峰"情况

"碳达峰"当年难以判断，必须事后确认。一般来说，实现碳排放峰值年后至少5年没有出现相比峰值年的增长，才能确认为达峰年。讨论"碳达峰"的意义主要是为了判断一个国家未来碳排放的趋势以及探寻经济社会低碳排放发展的实现路径。其前提是，实现"碳达峰"的国家已经历经济增长并实现较高水平的财富积累和社会福利。低发展水平和低收入水平的国家即便名义上实现"碳达峰"其实意义也不大，一来这些国家人均排放量本来就低，从排放公平角度看，应该有权增加排放；

某一时刻，二氧化碳排放量达到历史最高值，之后逐步回落。

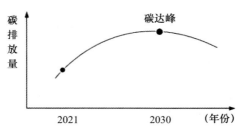

图 12 - 1　碳达峰示意

资料来源：永安研究。

二来这些国家未来发展具有较大不确定性，目前观察到的峰值，随着经济社会发展很可能只是一个阶段性的峰值。

根据 1950—2019 年全球各国和地区二氧化碳排放数据，对高于世界银行高收入标准的国家和地区的二氧化碳排放趋势进行分析发现，截至2019 年，全球共有 46 个国家和地区实现"碳达峰"，主要为发达国家，也有少量发展中国家。见表 12 - 1。

表 12 - 1　　实现"碳达峰"的国家和地区的达峰时间与峰值

达峰年份	国家/地区	峰值（万吨）	达峰年份	国家/地区	峰值（万吨）
1969	安提瓜和巴布达	126	2003	芬兰	7266
1970	瑞典	9229	2004	塞舌尔	74
1971	英国	66039	2005	西班牙	36949
1973	文莱	997	2005	意大利	50001
1973	瑞士	4620	2005	美国	613055
1974	卢森堡	1443	2005	奥地利	7919
1977	巴哈马	971	2007	爱尔兰	4816
1978	捷克	18749	2007	希腊	11459
1979	比利时	13979	2007	挪威	4623
1979	法国	53028	2007	加拿大	59422

续表

达峰年份	国家/地区	峰值（万吨）	达峰年份	国家/地区	峰值（万吨）
1979	德国	111788	2007	克罗地亚	2484
1979	荷兰	18701	2007	中国台湾	27373
1984	匈牙利	9069	2008	巴巴多斯	161
1987	波兰	46373	2008	塞浦路斯	871
1989	罗马尼亚	21360	2008	新西兰	3759
1989	百慕大三角	78	2008	冰岛	382
1990	爱沙尼亚	3691	2008	斯洛文尼亚	1822
1990	拉脱维亚	1950	2009	新加坡	9010
1990	斯洛伐克	6163	2010	特立尼达和多巴哥	4696
1991	立陶宛	3785	2012	以色列	7478
1996	丹麦	7483	2012	乌拉圭	859
2002	葡萄牙	6956	2013	日本	131507
2003	马耳他	298	2014	中国香港	4549

资料来源：联合国环境规划署（UNEP）。

（二）"碳中和"

1. "碳中和"概念

所谓"碳中和"（Carbon Neutral），简单说，"碳"即二氧化碳，"中和"即正负相抵。它是指在特定时间内，一个经济主体（可以是全球、国家、地区或企业等）甚至某个产品未来"排放的碳"与"吸收的碳"相等（见图12-2）。这里的碳排放狭义上是指二氧化碳排放，广义上是指所有温室气体的排放。实现"碳中和"的基本逻辑是指在一定时间内直接或间接产生的二氧化碳或温室气体排放总量通过植树造林、节能减排等形式，以抵消自身产生的二氧化碳或温室气体排放量，实现正负抵消，达到相对"零排放"（Net Zero Emission）。实现"碳中和"是减缓全球气候变暖的必要步骤，目前世界多国已通过法律规定、政策宣示等方式明确了碳中和目标。

从定义可以看出，实现碳中和有两条基本途径：一是减少排放途径。例如在日常生活中，人们可以通过一些日常行为的改变来减少二氧化碳

267

的排放。二是吸收二氧化碳途径。人们可以通过碳捕捉（Carbon Capture）、植树造林等方式吸收二氧化碳，如图 12 - 2 所示。

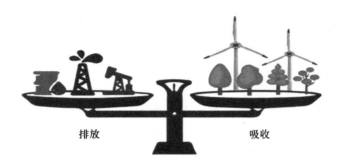

排放   吸收

图 12 - 2　碳中和示意

资料来源：永安研究。

2. 世界各国围绕"碳中和"目标作出的承诺

在 UNFCCC（联合国气候变化框架公约）和 UNDP（联合国开发计划署）的支持下，由英国、智利等国发起成立的"气候雄心联盟"（Climate Ambition Alliance）最早号召各国承诺 2050 年实现"碳中和"目标。根据英国非营利机构"能源与气候智能小组"（The Energy and Climate Intelligence Unit）统计，目前国际上已有 126 个国家和欧盟地区以立法、法律提案、政策文件等不同形式提出或承诺"碳中和"目标，其中苏里南、不丹两个国家由于低工业碳排放与高森林覆盖率已经实现了"碳中和"目标，全球范围有越来越多的国家将"碳中和"作为重要的战略目标，采取积极措施应对气候变化。

（三）"碳达峰"与"碳中和"的关系

"碳达峰"与"碳中和"二者联系密切，是一个目标的两个阶段。在我国，第一阶段 2030 年前实现"碳达峰"，与 2035 年我国现代化建设目标及美丽中国建设第一阶段目标相吻合，是我国 2035 年基本实现现代化的重要标志。第二阶段 2060 年前实现"碳中和"，与 2015 年世界各国达成的《巴黎协定》目标一致，并且与我国在 21 世纪中叶建成社会主义现代化强国和美丽中国的目标相契合。总的来说，2060 年实现"碳中和"的目标比 2030 年实现"碳达峰"目标更具约束力。"碳达峰"

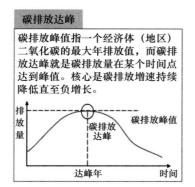

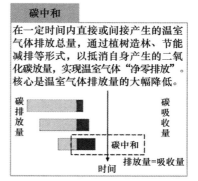

图 12 - 3 碳中和实现方式

资料来源：中国国家电网。

相对来说比较容易，因为可以把峰值定得很高，之后再往下降就行，但"碳达峰"不是冲高峰，而是走向"碳中和"的基础步骤。

"碳达峰"与"碳中和"是有机联系的两个目标，其实质都是实现低碳转型。我国只有先实现了"碳达峰"目标，才能够实现"碳中和"目标，而实现前者目标的时间越早，就越有利于实现后者的目标。

二 "双碳"目标提出的国际背景

全球气候变化日益成为人类社会实现可持续发展过程中面临的最大挑战之一，气候变暖促进了世界各国应对气候变化的政治共识和集体行动。鉴于全球气候变化对人类社会构成重大威胁，联合国政府间气候变化专门委员会（IPCC）于 2018 年 10 月发布的报告认为，为避免极端危害，世界必须将全球变暖幅度控制在 2℃目标以内。只有全球都在 21 世纪中叶实现温室气体净零排放，才有可能实现这一目标。要实现这一目标，全球温室气体排放需要在 2030 年之前减少一半，在 2050 年前后达到净零排放，即碳中和。为此很多国家、城市和国际大企业作出了碳中和承诺并展开行动，全球应对气候变化行动开始取得积极进展。

（一）国际社会应对气候变化行动的主要进展

第一，煤炭产能和投资下滑。在履行《巴黎协定》要求和推进能源

269

转型的双重背景下，各国增加了天然气和可再生能源在发电结构中的占比，全球煤炭产量自 2014 年开始加速下降，煤炭投资也持续收缩。目前全球有 80 个国家和地区政府及企业加入"燃煤发电联盟"，承诺逐步淘汰燃煤发电。

第二，可再生能源投资持续提升，其中海上风电投资创历史新高。截至 2019 年底，可再生能源占全球装机容量的 34.7%，高于 2018 年的 33.3%。2019 年可再生能源在全球净发电量增量中所占份额为 72%，其中 90% 来自太阳能和风能。全球能源消费已开始由石油为主要能源向多能源结构过渡转换。

第三，全球电动汽车年销量呈现指数级增长态势。根据国际能源署（IEA）发布的研究报告，2019 年电动汽车全球销量突破 210 万辆，占全球汽车销量的 2.6%，同比增长 40%。66 个国家、71 个城市或地区、48 家企业已宣布逐步淘汰内燃机、改用零排放汽车的目标。中国和挪威等国都将大幅度提高电动汽车生产和消费的比重。

第四，绿色及可持续金融市场发展迅速。全球绿色债券规模在 2019 年跃升至 2500 亿美元，约占发行总债券的 3.5%，而五年前这一数字还不到 1.0%。中国贴标绿色债券发行总量居全球第一。作为国际公共气候资金的主要提供者，多边开发银行的气候融资规模不断上升，2019 年达到 616 亿美元，其中 76% 用于气候变化减缓，近 70% 用于中低收入经济体。亚洲投资开发银行的气候融资规模在 2019 年占到其总运营资本的 39%。

第五，实行碳定价政策的辖区数量翻了一番。碳定价已成为减少全球温室气体排放并推动投资向更清洁、更高效替代品转移的关键政策机制。截至 2019 年底，已有 40 多个国家和 25 个地区的政府通过排放交易系统和税收政策对碳排放权进行定价，覆盖了全球超过 22% 的温室气体排放总量，各国政府从碳排放权定价中筹集了约 450 亿美元。

（二）实现"碳中和"的世界趋势

目前全球 200 个国家和地区中，已经有 28 个国家和地区确立了在 21 世纪中叶前后达成碳中和目标。从主要国家碳中和战略部署看，有四个方面的共同之处。值得关注的是，在百年未有之大变局下，全球"碳中和"之路任重道远。

第一，加快部署成熟的碳零排放解决方案。包括实施煤炭淘汰计划，逐步降低天然气供热，建造大容量零碳发电装机，推动发电低碳化，提升行业能效。能源的"可获得性、可支付性和环境友好性"已成为一些国家和跨国石油公司转型的主要驱动力。2022年7月，在国际能源署（IEA）清洁能源转型峰会上，占到全球能源消耗和碳排放总量80%的40个发达经济体和新兴经济体的各国部长们强调，要让清洁能源技术成为推动经济复苏的重要组成部分。

第二，推广零碳排放技术。包括引导公共部门和私营部门加大在关键技术上的研发力度，诸如储能、可持续燃料、氢能、碳捕获技术等。近年来清洁能源行业经历了显著的技术变革，已处于与化石燃料行业竞争的有利位置。一些大型科技公司不断加大对可再生能源、储能和燃料电池等领域的投资。

第三，全面激发对绿色产品和服务的需求。包括提供税收优惠，鼓励民众淘汰旧的汽油车，建设绿色社区，实施零排放车辆战略，加大植树造林力度，对垃圾进行分类回收和循环再利用，加大对屋顶太阳能的补贴、取消相关电力税费等。

第四，创造有利的政策与投资环境。包括取消化石燃料补贴，进行气候立法，制定碳定价政策，引入新的清洁燃料标准，投资清洁技术，加大政府绿色采购力度等；此外，在价格驱动力不足情况下，为脱碳提供额外激励，鼓励金融机构的绿色责任投资等。

（三）国际经验对中国的启示

我国应对气候变化的"双碳"目标意味着我们要用30年时间完成发达经济体60年完成的任务。可以预见中国"碳中和"与"碳达峰"之路将是艰巨的，这个过程不会是线性的，而是一个逐步加速的过程，为此我们需要充分借鉴国际经验。

第一，优化能源结构。能源电力行业承载着最先实现"碳中和"的重任和期望。未来必须加强智能电网建设、解决可再生能源消纳等措施，使清洁电力在总发电量中占比大幅提升。同时大力推动碳捕获、利用与封存（Carbon Capture Utilization and Storage，CCUS）技术的商业化应用，降低燃煤和天然气的碳排放强度。

第二，推动交通绿色化转型。实现交通领域的"碳中和"，就需要优化交通运输结构、提高交通运输工具效率和提升低碳能源的利用水平。为此要加大对交通电气化的投资，大力推广智慧交通，提升新能源汽车比重，同时积极推动航空和海洋领域生物燃料、氢燃料、电气化等技术创新和应用。根据《"十四五"节能减排综合工作方案》部署，到2025年，新能源汽车新车销量要占到汽车新车销售总量20%左右；到2035年，公共领域用车将全面实现电动化，纯电动汽车将成为消费主流。自2021年起，我国生态文明试验区、重点污染防治区域的公共领域新增车辆中新能源汽车比例不得低于80%。

第三，加快建筑领域绿色化和智能化。建筑部门应围绕提升能效、加大清洁能源利用、强化绿色标准等方面展开相关工作。加大照明、制冷等节能技术产品的应用，对现有建筑进行节能低碳改造，提高新建筑的绿色标准，鼓励建筑领域清洁、低碳电力和天然气的使用等。

第四，促进消费低碳化。从消费需求侧降低对高耗能产品的使用是实现"碳中和"的重要举措。为此需要加强节约型消费、绿色低碳消费、可持续消费等理念的宣传，出台相应的激励措施，引导和鼓励居民购买节能低碳产品和使用智能化技术。加强对企业排放的监督，建立气候环境信息自愿披露规范，引导企业生产低碳产品和采用低碳技术，并通过回购旧家电、鼓励节能家电消费等方式促进新的绿色产业的发展。

第五，加快金融绿色化布局。推动气候投融资与绿色金融的协同发展，扩大绿色金融试点范围，引导金融机构提前布局低碳经济，激发金融市场对低碳转型的支持力度，加强气候投融资的国际合作，通过国家绿色发展基金、绿色债券等形式引导社会资本投向低碳行业，这些措施都将是解决中国低碳融资缺口问题的有效手段。

第六，完善碳定价机制，推动碳金融产品创新。碳排放权交易市场首先在电力行业全面推开，不断纳入发电/供热行业企业数量。石化、化工、建材、钢铁、有色、造纸、电力、航空八大重点行业的碳排放报告与核查及排放监测计划制定工作应按计划尽快完成。未来需要逐步完善碳定价机制，扩大碳市场交易主体覆盖范围，并探索以碳期货为代表的碳金融衍生品交易和创新，加强中国碳市场参与国际合作的力度。

总的来看，新冠疫情为全球提供了加快向能源友好型社会过渡的契机。中国政府在疫情期间作出"碳中和"的承诺，有力地提振了全球应对气候变化的信心与决心，同时也对中国未来5—10年的减排行动提出了更高要求。要实现碳中和，需要中国当前经济结构和能源体系发生重大而迅速的转变，需要中国政府进行科学的顶层政策设计，充分考虑各行业、各地区的发展现状，绘制差异化的达峰和减排路线图，并辅以充分的激励和监管政策，激发地方政府和其他非政府行为体的减排潜力和积极性。

第二节 "双碳"目标的意义与面临的困难和挑战

"双碳"目标是生态文明建设的系统延续和深化，为我国提供了一个中长期愿景、综合性目标和系统实施平台，将成为生态文明建设和高质量发展的核心议题、关键目标与系统性抓手。目前，我国仍处于工业化发展阶段，工业化和城市化还将持续推进，二氧化碳排放量在今后一段时间里还会有所增加，为此必须予以高度重视。

一 实现"双碳"目标的意义

作为世界第二大经济体和二氧化碳总量第一大排放国，碳减排已成为衡量我国经济社会发展质量的一项硬指标。我国政府宣布"双碳"目标，主动作出减排承诺，对于加速我国经济、社会、产业、能源、技术等方面转型具有重大和深远的战略意义。

（一）降低并逐步摆脱能源对外依存度

当前我国处于经济中高速发展阶段，化石能源对外依存度依然偏高。我国石油净进口量位居全球首位，2021年进口依存度虽有下降，但仍高达72%。在工业化进程持续推进的预期下未来对于能源的需求还将有增无减。事实上我国可再生能源丰富，资源禀赋超过化石能源。大力发展可再生能源，提高清洁能源的消费比例，不仅能够降低对化石能源的依存度，逐步告别高能耗传统能源结构，而且有利于提高我国能源的自给率，保障我国能源安全，推动能源产业高质量发展。

（二）促进全球产业链重构

在"双碳"目标下为实现自身的"碳中和"，企业不仅要降低自身经营中可控的直接碳排放水平，也需要减少各类能源消耗带来的间接排放。为此，各国政府积极启动碳边境税的研究与试点工作。新的价值视角与监管要求必然催生新的竞争优势，改变现有产业链内各方的议价能力，进而引发产业链在全球范围内的分工格局进行重构。

（三）推动资产重新配置

伴随着绿色经济发展浪潮，资本市场的投资风口也在发生结构性转变。"双碳"目标的确立不仅会带来巨大的绿色低碳投资需求，而且将进一步收缩传统高耗能行业的投资限制。大量的金融工具将被用于实现"碳中和"，如绿色债券、专项绿色基金等。

（四）推动产业结构产业技术升级

技术研发与关键技术突破是实现温室气体净零排放的关键所在。绿色低碳科技发展的趋势必然带动一、二、三次产业的升级。为提升我国在全球经济的竞争力，相关行业特别是电力系统、工业行业原料燃料替代、交通电气化等领域，必须主动发力，开展多层次的探索，解决关键技术"卡脖子"的问题，这样不仅能确保我国在世界经济发展中抢占先机，而且能从更深层激发高质量发展的潜力。

（五）推动循环经济转型

构建绿色低碳循环发展体系需要生产体系、流通体系、消费体系协同转型。"碳中和"所推动的能源技术革命将向交通运输、工业、建筑以及其他行业传导，从而推动产业全面低碳化、现代化。"碳中和"还将促进生产方式、消费方式和商业模式的碳脱钩，促进低碳产业的可持续发展与进步，有效降低资源消耗强度，减少垃圾污染物、减少各类温室气体排放。依托循环经济最终可以实现经济、社会、生态效益三者之间的平衡，从而构建经济发展与环境有机融合的经济发展新模式。

（六）以气候外交提升国际话语权及国际形象

"碳中和"与"碳达峰"是一场深刻的能源替代行动，将重新定义21世纪大国竞争格局。长期以来在气候环境方面，经济发达国家一直掌控环保和低碳经济的主导权，包括大部分碳排交易规则的制定，它们力求通过制度性安排在碳交易、碳金融等方面掌握话语权。当前全球应对气候变化的集体行动是我国加强国际对话、提升国际话语权及国际形象的良好契机，我们应努力把握这一历史机遇。

二　实现"双碳"目标面临的困难

客观地讲，目前我国已具备实现"双碳"目标的基本条件，但从目前碳排放规模和行业结构看实现"双碳"目标愿景并非触手可及。未来30年我国实现"双碳"目标过程中面临的困难和挑战实质上是经济发展需求与节能减排约束下，一场速度与质量的博弈。

（一）减排速度快和减排力度大

对于欧美发达国家而言，"碳达峰"是一个伴随着国家经济和技术发展的自然过程，从"碳达峰"到"碳中和"的实现，通常需要50—70年的过渡期。未来十几年中国要基本实现现代化，能源需求还需继续保持合理增长。如果我们选择目前停止发展，全面主攻环保减排，经济形势势必大受影响。能源消费增长和节能减排的压力并存，我们如何用30年时间走完发达国家60年所走过的历程？能否再次向世界展现实现"双碳"目标的"中国奇迹"与"中国速度"？这必将是我们国家所面临的一场大考。

（二）不断创新科学技术

实现能源结构转型，需要科学技术支撑。构建新型低碳工业体系是"双碳"目标下的大势所趋，未来许多行业将面临不同程度的工艺技术及能源转型需求，然而实现能源结构转型并非易事。我国"双碳"目标实施起步较晚，"碳中和"技术面临滞后发展的难题，"碳中和"技术链条发展水平差距较大，尚未达到大规模商业化运作水平，技术成本较高，因此还需要加大创新研发力度。

`涨知识`

"碳中和"技术："靠天吃饭"的可再生能源技术

可再生能源技术：可再生能源是从诸如阳光、风、雨、潮汐、波和地热中获取的能量。可再生能源主要在四大领域提供能源：发电，空气和水的加热/冷却，运输和农村能源服务。除了氢能和核能具备资源消耗低、污染风险低等优点之外，生物能源被认为是保障国家能源安全、实现"碳中和"的重要战略手段。

太阳能：太阳能由于是一种可再生的、高能量的、无处不在的能源，故在世界范围内可再生能源方面扮演着举足轻重的角色。由于运行成本低，因此采用一套以太阳能为基础的高效方法，不仅可以降低二氧化碳的排放量，并将二氧化碳转化为洁净的能源。

海洋能源：海洋能是海洋中具有可再生和清洁的能源。一般可分为五种类型：潮汐能、波浪能、海流能、热能和渗透能。获取潮汐能和波浪能的技术即将商业化。收集海流能、热能和渗透能的技术仍处于早期发展阶段。

生物能源：生物质是一种可再生的能源，起源于植物。生物质的主要来源为农林残留物、城市固体废物、动物废物、人类污水和工业废物。其中有几个技术性难题是，生物能源的制造基地要经过不同的转换流程，成本高，并且要保证生物能量的可持续发展。

风能：风的形成是因为太阳在地球表面上不均匀的受热温度而引起的空气运动而产生的。也就是说，风能可以被看作一种间接的太阳能。风力发电在达到"碳达峰和碳中和"的过程中扮演着至关重要的角色。虽然世界上拥有丰富的风能资源，但是风能资源的非均质性致使风能发电成为一个难题。

（三）"双碳"目标下社会观念需要转变

可再生能源的发展不仅象征着一个时代的进步，更是一场社会认知的革命，是对能源本质和价值潜能的全新理解与认识。社会观念的转变需要全社会共同发力，上至国家、中到企业、下到公民个体，只有具备正确理念并积极主动参与其中，才有可能顺势迎来"双碳"目标下能源发展的新时代。

（四）处理碳排放权与均衡发展的关系

由于我国不同地区经济发展水平、资源配置和产业结构等方面存在较大差异，碳排放权分配不公平等问题可能会进一步加剧地区和行业之间不均衡发展。

在生产者责任视角下（碳排放量计入生产者），碳排放量较高的地区多为重工业或化石能源比较丰富的地区，而在消费者责任视角下（碳排放量计入消费者），碳排放量较高的地区多为经济发达的地区。在跨地区贸易中，能源密集或重工业地区实际上承担了经济发达地区的部分碳排放，而经济发达地区不仅将部分碳排放转移到其他地区，同时还获取了经济利益，从而形成了地区间碳排放分配不公平的现象。这些重工业地区由于过度依赖化石能源，在碳市场可能会面临更高的"碳减排"成本，对人员就业、居民生活、经济收入等都会带来负面影响，从而进一步拉大各地区间发展差距。

三 实现"双碳"目标面临的挑战

我国作为世界上最大的发展中国家，在 2060 年前实现"碳中和"目标面临严峻挑战，时间紧、任务重。

第一，从排放量看，我国碳排放总量巨大，约占全球的 28%，是美国的 2 倍多、欧盟的 3 倍多，实现"碳中和"所需要的碳减排量远高于其他发达经济体。

第二，从发展阶段看，欧美各国经济发展成熟，已实现经济发展与碳排放的脱钩，碳排放进入稳定下降通道。然而我国经济总量虽位居世界第二，但人均 GDP 刚突破 1 万美元，发展不充分、不均衡问题较突出，发展的能源需求不断增加，碳排放尚未达峰。要统筹协调社会经济发展、经济结构转型、能源低碳转型以及"碳达峰""碳中和"目标，难度较大。

第三，从重点行业和领域看，我国能源结构以煤炭为主，2019 年煤炭消费占能源消费总量比重约为 58%，非化石能源占比约为 15%，规模以上发电厂发电量中火电占比约为 72%。达到"碳中和"目标，这绝非简单的节能减排可以实现的转型，而是一场真正意义上的能源革命。

总之，我国面临的碳排放挑战巨大。中国人口约占全球人口的 1/5，GDP 占全球 GDP 17% 多，人均碳排放和单位 GDP 碳排放量都是比较高的。过去五年中国碳排放总量年均增速约为 1.25%。中国单位 GDP 二氧化碳排放量约为 0.75 公斤/美元，约为美国的 3 倍、欧盟地区的 5 倍。尽管中国人均二氧化碳排放量仅为 6.84 吨（见图 12-4），只相当于美国的一半，但还在逐年增长。随着中国居民收入水平持续提高和消费需求升级，人均能源消费水平和能源消费总量还会进一步提高。可见，即便是按期实现"碳达峰"，对中国来说也不是一件容易的事情。

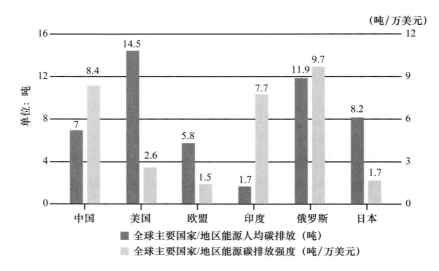

图 12 – 4　2019 年全球主要国家/地区能源人均碳排放及碳排放强度对比

资料来源：根据国网能源研究院、前瞻产业研究院相关资料整理。

第三节　实现"双碳"目标的中国方案

党的二十大报告提出，积极稳妥推进碳达峰碳中和，立足我国能源资源禀赋，坚持先立后破，有计划分步骤实施"碳达峰"行动，深入推进能源革命，加强煤炭清洁高效利用，加快规划建设新型能源体系，积极参与应对气候变化全球治理。这是党中央对我国"双碳"目标的最新战略部署，显示我国在"双碳"目标上更加坚定、更加自信。充分展现了我国积极应对全球气候变化、推动世界可持续发展的责任担当，增强了我国在全球气候治理中的主动权和影响力。此外，"碳达峰""碳中和"是引领创新、倒逼改革、促进转型的重要途径。

一 实现"双碳"目标遵循的原则

实现"双碳"目标是一项复杂的系统工程,需要谋划实施最优战略路径。因此,我国要实现"双碳"目标应遵循一系列原则。

(一)把握好"降碳"与发展二者的关系

实现"碳达峰"与"碳中和"的时间节点与全面建设社会主义现代化国家的两个阶段基本一致。一方面,"降碳"要求我国在世界经济"绿色复苏"背景下优选国际间比较优势影响最小、对我国发展势头影响最小、最可持续发展的低碳发展方向,探索建立碳排放预留机制;另一方面,注重发展则要求我们对于充分参与国际竞争的行业和产品,特别是"卡脖子"关键技术、核心技术在其发展突破初期,要从有限的碳排放空间中预留部分容量,避免丧失发展机遇。

(二)把握好"碳达峰"与"碳中和"的节奏

碳排放高质量达峰和尽早达峰是实现"碳中和"的前提,但不能脱离我国所拥有的各种生产要素,不能超越社会主义经济发展阶段,而过分追求提前"碳达峰",这样不仅会大幅增加成本,还可能会给国民经济带来负面影响。国家"十四五"规划明确了实施"以碳强度控制为主、碳排放总量为辅"的制度,支持有条件的地区和领域率先达到"碳排放"峰值。因此,我国应根据"2030 碳达峰/2060 碳中和目标"制定科学的发展时间表,对于条件成熟的地区、领域达峰时间可以稍有提前,但不宜过早,更不能不考虑客观条件而全部提前,尤其要防止各地区出现层层加码的现象。

(三)把握好不同行业的"降碳"路径

受产品性质差异、技术路线、用能方式、碳排放基数等因素影响,不同行业、不同领域在"双碳"目标实现过程中发挥作用也不同,因此要在总量达峰框架下测算出具体行业、具体领域"碳达峰"的时间表,具体行业、具体领域减排对社会影响的大小和减排成本高低,然后制定出最经济有效的降碳顺序和路径。

(四)把握好公平与效率二者的关系

要实现"双碳"目标,应采用市场手段与行政手段相结合的方式提升碳减排工作效率。同时要考虑不同领域、不同行业之间的碳排放差异，避免"一刀切"，还要对同一行业内的国有、民营、外资企业一视同仁，在统一标准和规则下开展降碳减排工作，以体现公平原则。

涨知识

什么是数字"碳中和"

5G、大数据与云计算、人工智能、物联网、数字孪生、区块链等数字技术在支撑我国"碳达峰"与"碳中和"目标实现过程中发挥重要的力量。数字技术与能源电力、工业、交通运输、建筑等重点碳排放领域深度融合，有利于提升能源与资源的使用效率，实现生产效率与碳效率的双提升，数字化正成为我国实现"碳中和"的重要技术路径。

数字技术赋能"碳达峰"与"碳中和"总体思路包括四个步骤：数据摸底、情景预测、明确路径和实施调整。

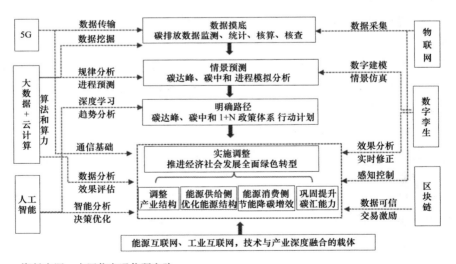

资料来源：中国信息通信研究院。

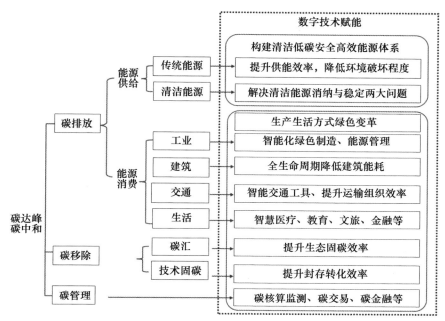

来源：中国信息通信研究院

典型案例

数字"碳中和"经典落地——北京海淀"城市大脑"

城市是碳排放的主要来源，中国85%能源相关的碳排放来自城市地区，而不断提高的城市化水平将进一步扩大能源消费需求。

北京海淀"城市大脑"致力于打造城市治理的中枢系统，提升城市各环节运行效率，服务政府减碳决策与监管，开启政府节能减排精细化管理新思路。

"城市大脑"基于海量数据积累和行业沉淀构建了全流程、知识图谱解决方案，提供城市减碳智能决策辅助。例如：海淀区交通指挥中心依托"城市大脑"，实时感知交通态势，分析各类交通事件原因，一方面应急调整交通运行状态，降低交通拥堵产生的碳排放；另一方面结合长时间运行数据，优化调整已有交规政策，提高道路运输效率。

二 实现"双碳"目标的政策举措

（一）加强统筹协调

"双碳"是一场广泛而深刻的经济社会系统性变革，加强顶层设计，处理好发展和减排、整体和局部、中央和地方、短期和中长期的关系，统筹协调各职能部门共同发力、有机配合。统筹协调能源绿色低碳转型相关战略、发展规划、行动方案和政策体系。建立跨部门、跨区域的能源安全与发展协调机制，协调开展跨省、跨区电力、油气等能源输送通道及储备等基础设施和安全体系建设，加强能源领域规划、重大工程与国土空间规划以及生态环境保护等专项规划衔接，及时研究解决实施过程中的问题。

（二）推动能源革命

立足我国能源资源禀赋，坚持通盘谋划，传统能源逐步退出必须建立在新能源安全可靠的替代基础上。加大力度规划建设以大型风、光电基地为基础，以其周边清洁高效先进节能的煤电为支撑，以稳定、安全、可靠的特高压输变电线路为载体的新能源供给体系。大力推动煤电节能降碳改造、灵活性改造、供热改造"三改联动"。把促进新能源和清洁能源发展放在更加突出的位置，积极有序发展光能源、硅能源、氢能源、可再生能源。推动能源技术与现代信息、新材料和先进制造技术深度融合，探索能源生产和消费新模式。加快发展有规模、有效益的风能、太阳能、生物质能、地热能、海洋能、氢能等新能源，统筹水电开发和生态保护，积极安全有序发展核电。

（三）推进产业优化升级

紧紧抓住新一轮科技革命和产业变革带来的机遇，推动互联网、大数据、人工智能、第五代移动通信（5G）等新兴技术与绿色低碳产业深度融合，建设绿色制造体系和服务体系，提高绿色低碳产业在经济总量中的比重。下大气力推动钢铁、有色、石化、化工、建材等传统产业优化升级，加快工业领域低碳工艺革新和数字化转型。加大垃圾资源化利用力度，大力发展循环经济，减少能源资源浪费。统筹推进低碳交通体系建设，提升城乡建设绿色低碳发展质量。推进山水林田湖草沙一体化保护和系统治理，巩固和提升生态系统碳汇能力。

（四）加快绿色低碳科技革命

狠抓绿色低碳技术攻关，加快先进适用技术研发和推广应用。建立和完善绿色低碳技术评估、交易体系，加快创新成果转化。创新人才培养模式，鼓励高等学校加快相关学科建设。在国家重点研发专项基础上增设子专项，支持面向工业应用的首发场景、示范推广、流程再造、共性支撑等技术突破。突破技术创新资金基础是关键，为此要加快成立国家低碳转型基金，以基金形式为主带动更多市场化机构参与，撬动社会资金投向清洁低碳能源各环节的关键技术研究领域。设立"碳中和"技术创新引导基金，鼓励有条件的重点企业与政府共同设立科技计划。注重基础研究成果转化，以市场应用带动技术研发加速。

（五）完善绿色低碳政策体系

进一步完善能耗"双控"制度，健全"双碳"标准，构建统一规范的碳排放统计核算体系，推动能源"双控"向碳排放总量和强度"双控"转变。健全法律法规，完善财税、价格、投资、金融政策。充分发挥市场机制作用，完善碳定价机制，加强碳排放权交易、电力交易衔接协调。

（六）积极参与和引领全球气候治理

继续秉持人类命运共同体理念，以更加积极姿态推动构建公平合理、合作共赢的全球气候治理体系。持续优化贸易结构，大力发展高质量、高技术、高附加值的绿色产品贸易。加快共建"一带一路"投资合作的绿色转型，支持"一带一路"沿线国家开展清洁能源开发利用，深化与各国在绿色技术、绿色装备、绿色服务、绿色基础设施建设等方面的交流与合作。积极参与应对气候变化国际谈判，主动参与气候治理国际规则和标准制定。

总之，要不断加强党对"双碳"工作的领导，加强统筹协调，严格监督考核，推动形成工作合力。要实行党政同责，压实各方责任，将"双碳"工作相关指标纳入各地区经济社会发展综合评价体系，各级领导干部须把"双碳"工作作为干部教育培训体系的重要内容，以增强推动绿色低碳发展的本领。

北京绿色交易所蓬勃发展，
碳交易推动实现"双碳"目标

作为"双奥之城"的首都北京，评估显示，2013 年以来北京市碳排放出现大幅下降，碳排放达峰目标已顺利完成。目前北京市的经济主要增长点，来自金融、科技等产业，具有能耗低、技术先进、附加值高等特点。2021 年，万元 GDP 能耗和"碳排放"分别下降至 0.21 吨标准煤和 0.42 吨二氧化碳，为全国最优水平。2022 年冬奥会和冬残奥会期间，为碳中和工作提供支持。各类碳资产交易价格及活跃程度在国内碳市场居于前列。北京提出的"碳中和"时间为 2050 年，将比全国目标提前 10 年，即经过 30 年奋斗，首都将率先实现碳中和。未来北京将逐步实现终端能源"电气化"和电力供应"脱碳化"，持续推进机动车"油换电"，到 2050 年，城市交通实现近零排放，建筑领域基本实现近零排放。

北京绿色交易所的前身是成立于 2008 年 8 月的北京环境交易所，发展至今已是全国最具影响力的综合性环境权益交易市场之一。2021 年 11 月，《国务院关于支持北京城市副中心高质量发展的意见》（国发〔2021〕15 号）明确提出，推动北京绿色交易所在承担全国自愿减排等碳交易中心功能的基础上，升级为面向全球的国家级绿色交易所，建设绿色金融和可持续金融中心。自北京绿色交易所成立以来，在碳定价、碳量化及碳金融方面开展了卓有成效的市场创新。目前已覆盖全市 843 家年碳排放量超过 5000 吨的企业，包括电力、热力、水泥、石化等传统耗能产业，高校、医院、政府机关等公共机构以及服务业。各类碳排放权产品累计成交约 6923 万吨，成交额超过 19.92 亿元，成交均价稳居全国之首。

一是提供全流程碳中和服务。国家碳中和愿景的实现离不开企业、园区和个人的努力，北京市碳排放交易平台致力于碳中和机制创新和项目实践，提供温室气体排放源、排放种类、排放量核查、减排量购买信息搜集等全流程碳中和服务，已先后为国内首个实现碳中和的县级政府办公区、工业园区、游轮航次出具碳中和认证证书。

二是加快淘汰老旧机动车辆。2011 年 8 月北京市实施老旧机动车淘汰更新政策，依托碳交易市场平台，对北京市老旧机动车淘汰更新提供办理服务。累计淘汰老旧车辆超过 96 万辆，实现年减排一氧化碳、氮氧化物、碳氢化合物和颗粒物共计 80 余万吨。

三是联合企业推出"蚂蚁森林"项目。北京市与相关企业联合推出"蚂蚁森林"项目，提供碳减排计算模型开发服务，覆盖绿色出行、减少出行、减少纸塑、高效节能、循环利用等领域共计 30 余个场景。用户通过多个低碳生活场景累积绿色能量，可申请在西部地区种植树木，2016 年至今，参与"蚂蚁森林"的消费者已经超过 5.5 亿人次，累计种植的树木超过 2.23 亿棵，"蚂蚁森林"种植总面积超过 306 万亩，累计减少碳排放 1200 万吨。

四是牵头制定绿色金融行业标准。目前北京市还在加快推进绿色金融的相关工作，积极承接全国自愿减排交易中心建设，研究设计北京绿色项目库、碳账户体系、金融机构环境信息披露三合一的气候投融资服务平台建设方案，同时加快绿色债券交易中心建设，围绕绿色非标债务融资工具和跨境绿色信贷资产证券化等进行研讨和对接，积极推动相关业务落地。此外，北京市碳交易平台作为中国人民银行绿色金融标准工作组成员，牵头起草了我国首批绿色金融行业标准中的《环境权益融资工具》（JR/T 0228—2021），并由中国人民银行正式发布。

五是积极吸引企业参与。运行八年多来，北京的碳交易激发了企业主动开展清洁能源转换工作，如北京排水集团、北京公交集团等企业，通过节能改造、公交车"油换电"等方式持续推动减污降碳工作。在碳交易体系中，北京绿色交易所正在主管部门指导下积极搭建北京绿色项目库及企业碳账户，为本市所有企业及项目建立碳账户，进行碳排放和碳减排核算。

此外，实现"碳达峰"与"碳中和"离不开个人参与，通过参与碳市场交易影响碳定价或通过参与碳普惠量化活动推广行为进行碳减排，前者社会关注度高，后者社会影响力大。目前北京绿色交易所在主管部门指导下研究设计个人碳账户，争取能够早日推出，为个人践行低碳生活方式积极探索更多的激励方式。

资料来源：根据《新京报》2022 年 6 月 15 日"对话北京绿交所董事长王乃祥：碳量化、碳定价与碳金融是双碳利器"整理得来。

结　语

实现"碳达峰"与"碳中和"目标，是贯彻新发展理念、构建新发展格局、推动高质量发展的内在要求，是党中央统筹国内、国际两个大局作出的重大战略决策。我们必须深入分析推进"碳达峰"与"碳中和"工作面临的形势和任务，充分认识实现"双碳"目标的紧迫性和艰巨性，研究需要做好的重点工作，统一思想和认识，扎扎实实把党中央决策部署落到实处。

思考题

1. 我国提出"双碳"目标的背景和意义是什么？
2. 我国在实现"双碳"目标过程中面临哪些挑战和困难？
3. 我国为实现"双碳"目标需要付出哪些方面的努力？
4. 做好"双碳"工作与生态文明建设是什么关系？
5. 实现"双碳"目标与我国参与全球气候治理是什么关系？
6. 实现"双碳"目标过程中新时代大学生应发挥什么作用？

文献阅读

1. 《中共中央 国务院关于完整准确全面贯彻新发展理念做好碳达峰碳中和工作的意见》，中国政府网（http：//www. gov. cn/zhengce/2021-10/24/content_ 5644613. htm），2021 年 10 月 24 日。

2. 生态环境部对外合作与交流中心编著：《碳达峰与碳中和国际经验研究》，中国环境出版集团 2021 年版。

3. 陈迎、巢清尘等编著：《碳达峰、碳中和 100 问》，人民日报出版社 2021 年版。

第十三章

共谋全球生态文明建设

共谋全球生态文明建设是习近平生态文明思想中为应对全球生态问题，促进世界生态治理提出的中国方案。本章主要阐述"人与自然和谐共生""人与自然是生命共同体""地球生命共同体"等面向世界的生态文明建设理念，重点介绍中国努力构建绿色"一带一路"、关注全球气候变化、保护生物多样性等生动实践，以及始终注重加强与其他国家间的生态文明建设国际合作，为全球生态安全与可持续发展作出的贡献。通过学习，了解新时代生态文明建设的国际意义和相关举措，理解中国在共谋全球生态文明建设中体现出的大国担当，并进一步思考中国在未来全球生态治理中的发展方向。

第一节 面向世界的生态文明建设理念

习近平生态文明思想不仅是指导新时代生态文明建设的新思想、新理念、新策略，在中国生态文明建设理论与实践两个方面都产生了丰富的优秀成果，也是面向世界的生态文明建设理念，为建设清洁美丽世界贡献了中国思路。

一 "人与自然和谐共生"是核心理念

人与自然的关系是人类认识世界、改造世界的一对基本关系，生态文明建设中最为核心的问题就是如何处理人与自然的关系问题。"人与自然和谐共生"这一理念为全球生态文明建设提供了思路借鉴。

（一）共谋全球生态文明建设的基本遵循

坚持"人与自然和谐共生"是习近平生态文明思想中的重要原则，是坚持和发展中国特色社会主义的基本方略之一，也是中国式现代化的重要内涵之一。同时，"人与自然和谐共生"还是共谋全球生态文明建设的基本遵循和基本思路，是世界环境治理背景下要努力推动形成的一种全新大格局。也就是说，我们要建设的清洁美丽世界是一种人与自然和谐共生的世界。

"人与自然和谐共生"渗透全世界全人类共生共荣的全新哲学观，体现了人与自然的辩证统一关系。在辩证唯物主义哲学中，和谐作为矛盾的特殊状态，意味着矛盾双方的对立统一。人与自然的关系既对立又统一，人与自然的对立性体现在人根据主观意愿利用自然改造自然，在不尊重自然规律时会破坏自然遭到自然的报复；其统一性体现在人来源于自然依赖于自然，自然是人的根，是生命的摇篮，人类无法离开自然而生存，人与自然构成了生机勃勃的有机的大自然。

（二）现代人类构建的全新文明观

"人与自然和谐共生"体现了现代人类要努力构建的全新文明观。人类文明的发展史其实就是一部人与自然关系的发展史，体现了人类认识世界、改造世界，以及处理人与自然关系能力的提升。但无论何时，人类都从自然中来，而且始终要回到自然中去。恩格斯指出："我们决不像征服者统治异族人那样支配自然界，决不像站在自然界之外的人似的去支配自然界——相反，我们连同我们的肉、血和头脑都是属于自然界和存在于自然界之中的"①。人类不仅生活生产需要依赖于自然，而且正是因为自然的生机勃勃不断给予人类养分，才使人类可以生存得更好。

（三）全世界树立的生态价值观

坚持"人与自然和谐共生"要求人类树立人与自然和谐共生的生态价值观。"保护自然就是保护人类，建设生态文明就是造福人类。必须尊重自然、顺应自然、保护自然。"② 人善待自然，就是善待自己，保护自然，就是保护自己，只有人与自然和谐相处，才能够共生共存共同繁

---

① 《马克思恩格斯选集》第 3 卷，人民出版社 2012 年版，第 998 页。
② 《中共中央国务院关于全面加强生态环境保护　坚决打好污染防治攻坚战的意见》，《人民日报》2018 年 6 月 25 日第 1 版。

荣发展。人与自然的作用是相互的。"你善待环境，环境是友好的；你污染环境，环境总有一天会翻脸，会毫不留情地报复你。这是自然界的客观规律，不以人的意志为转移。"[1] 人类与自然一荣俱荣、一损俱损，和谐相处才是共生之道。为了维护人与自然这个生命共同体可持续发展，人类就必须竭尽全力善待自然，与自然和谐相处，进行良性互动，走和谐共生之路。

价值观对人的行为起着规范和导向作用。随着全球生态环境系统的恶化，公众对形势日趋严重的生态现实问题愈加关注，生态文明建设只有在正确的生态价值观的引领下才能够实现预期目标，这自然离不开符合生态文明建设的生态道德规范。树立"人与自然和谐共生"生态价值观能够为引导人类树立生态道德观，为共谋全球生态文明建设提供实践路径，最终将全人类从世界生态危机的生存境遇中拯救出来，生活在有绿水青山环绕的健康美丽的地球之中。

经典文献

坚持人与自然和谐共生。构筑尊崇自然、绿色发展的生态体系，解决好工业文明带来的矛盾，以人与自然和谐相处为目标，把人类活动限制在生态环境能够承受的限度内，实现世界的可持续发展和人的全面发展。

——中共中央宣传部、中华人民共和国生态环境部编：《习近平生态文明思想学习纲要》，学习出版社、人民出版社 2022 年版，第 101 页

二　"人与自然是生命共同体"是基本理念

"人与自然是生命共同体"回答了与全人类生存和发展息息相关的一个基本问题，即人与自然究竟是一种怎样的实然关系。

---

① 习近平：《之江新语》，浙江人民出版社 2007 年版，第 141 页。

（一）解决世界环境问题的本体论基础

"人与自然是生命共同体"为全球生态文明建设提供了一种全新世界观。"人与自然是生命共同体"将人与自然看作一个相互依存、相互促进、共同繁荣、互利互惠的有机统一体。马克思指出："自然界，就它自身不是人的身体而言，是人的无机的身体。人靠自然界生活。这就是说，自然界是人为了不致死亡而必须与之处于持续不断的交互作用过程的、人的身体。"① "人与自然是生命共同体"继承并发展了马克思主义的自然观，并进一步强调了人与自然之间的共生关系。面对全球环境问题，全世界所有人都要承认并深刻领悟人与自然是生命共同体，保护环境就是在保护我们的生命共同体。

人作为自然界的一部分，如果忽视自然界的客观规律，肆意对待自然界，终将破坏人与自然共生共存的统一体，也终将毁掉人自身。人与自然是唇亡齿寒的关系，二者具有同一性，其中任何一方受到威胁和破坏，这个生命共同体都会遭受危机。反之，当人类将自然看作与自身利益休戚与共的生命共同体中的伙伴时，就会尊重自然、善待自然，从而保全自然、促进自然，整体上也有利于人与自然这个生命共同体的繁荣与发展。

（二）促进世界环境治理的系统论方案

"人与自然是生命共同体"为世界环境治理提供了一种全新方法论。面对全球环境治理，国际社会要携手提升系统治理能力。在坚持"人与自然和谐共生"理念的同时，我们还要树立山水林田湖草沙是生命共同体的理念，这是系统解决世界环境治理的方法论。"这个生命共同体是人类生存发展的物质基础。一定要算大账、算长远账、算整体账、算综合账，如果因小失大、顾此失彼，最终必然对生态环境造成系统性、长期性破坏。"② 山水林田湖草沙之间既相互依存又相互促进，并有机地构成一个生命共同体，各个要素之间通过相互作用达到一种稳定的状态，使得生命共同体保持生机和活力。要想使得生态系统保持稳定，人与自然的生命共同体得到维护，就必须将生态系统中的各个要素视为一个生命共同体。

① ［德］马克思：《1844年经济学哲学手稿》，人民出版社2018年版，第52页。
② 习近平：《推动我国生态文明建设迈上新台阶》，《求是》2019年第3期。

"人与自然是生命共同体"这一重要论述，作为新时代生态文明建设理念之一，已经成为面向世界的中国方案和中国智慧，是具有中国特色的关于人与自然关系高度凝练的时代论断。这一理念不仅为中国生态文明建设奠定了本体论基础，也为全球生态治理提供了全新思考。

三　"地球生命共同体"是重要理念

解决世界环境问题，取决于如何看待我国与其他国家之间的关系，取决于不同国家之间如何看待彼此之间的关系。

（一）"地球生命共同体"理念的国际视野

随着经济全球化、社会信息化的极大发展，世界格局正处在一个加快演变的历史性进程之中，面对这一新的国际形势，各个国家都是机遇与挑战并存。在这一过程中，各国关系越发密切，相互依存、休戚与共。因此，中国提出构建以合作共赢为核心的新型国际关系，打造人类命运共同体应成为人类的共同追求。在生态环境方面，人类同样处于一个命运共同体之中，生态问题关系全人类的生存和未来。

"地球生命共同体"理念囊括于"人类命运共同体"理念之中，是"人类命运共同体"理念在生态环境领域的具体表达。"地球生命共同体"理念从全球视野和世界眼光出发，非常生动地将全世界人类看作一个同呼吸共命运的共同体，因为"宇宙只有一个地球，人类共有一个家园……地球是人类唯一赖以生存的家园，珍爱和呵护地球是人类的唯一选择"①。

经典文献

国际社会应该携手同行，共谋全球生态文明建设之路，牢固树立尊重自然、顺应自然、保护自然的意识，坚持走绿色、低碳、循环、可持续发展之路。

——《习近平谈治国理政》第 2 卷，外文出版社 2017 年版，第 525 页

---

① 《习近平谈治国理政》第 2 卷，外文出版社 2017 年版，第 538 页。

因此，各个国家都应该认识到在全球生态环境问题面前，没有国别之分，没有我赢你输，而是你中有我、我中有你，共同追求共赢和共享。为了世界的可持续发展和人的全面发展，需要全人类共同面对问题，团结协作去解决。

（二）地球生命共同体理念落实于实践

在生态建设方面，各国应坚持绿色低碳，建设一个清洁美丽的世界。各国要坚持对话协商、共建共享、交流互鉴，倡导绿色、低碳、循环、可持续的生产生活方式，共同寻求走生产发展、生活富裕、生态良好的永续发展之路。构建人类命运共同体体现了中国维护世界和平、谋求共同发展、打造伙伴关系和支持多边主义的决心，"世界好，中国才能好；中国好，世界才更好"[①]。中国将履行自身义务，担负自身职责，发达国家也应承担历史性责任，兑现承诺，共同致力于全球生态治理，构建美丽地球家园。

"人类命运共同体"理念作为新时代中国特色社会主义思想和基本方略之一，旨在建设一个持久和平、普遍安全、共同繁荣、开放包容、清洁美丽的世界，这一理念一经提出就受到国际社会的欢迎并逐渐成为国际共识。正是在"地球生命共同体"理念的引领下，我国的生态文明建设才能在满足人民日益增长的优美生态环境需要的同时，面向世界和全人类，积极在世界环境治理中贡献出中国智慧，彰显我国负责任大国形象。我国已经成为全球生态文明建设的重要参与者、贡献者和引领者。

第二节 参与全球环境与气候治理

进入新时代，中国更加主动作为，积极参与全球环境与气候治理，倡导绿色"一带一路"，引导和参与气候变化国际合作，在全球生态治理上与其他各国相互合作取得了阶段性成就。

一 构建绿色"一带一路"

"一带一路"倡议是我国在主动积极顺应经济全球化过程中提出的

---

① 《习近平谈治国理政》第 2 卷，外文出版社 2017 年版，第 545 页。

方案，自提出以来，已得到国际社会的认可，为世界提供了治理方案，推动了各国一道解决环境、贫困等全球性问题。绿色"一带一路"是将我国绿色发展思路融入与沿线国家互联互通的交往合作之中，把绿色发展理念传播到世界。这是我国追求与世界上其他国家互通互利、互利共赢的重要表现。

（一）绿色"一带一路"理念

绿色生态理念是我国在构建"一带一路"建设中的突出理念。绿色"一带一路"理念是指在构建"一带一路"的过程中，必须"把绿色作为底色，推动绿色基础设施建设、绿色投资、绿色金融，保护好我们赖以生存的共同家园"①。通过"践行绿色发展的新理念，倡导绿色、低碳、循环、可持续的生产生活方式，加强生态环保合作，建设生态文明，共同实现 2030 年可持续发展目标"②。这表明，中国要努力将生态文明理念传播到其他国家，共同达成生态环保共识，共同谋求世界可持续、安全健康发展。

（二）绿色"一带一路"内涵

建设绿色家园是人类共同的梦想，构建绿色"一带一路"是我国积极推动全球环境治理的重要措施，是中国与世界各国共谋共享生态文明建设所提供的中国智慧，是中国为维护全球生态安全作出的贡献。绿色"一带一路"的主要内容为政策沟通、设施联通、贸易畅通、资金融通和民心相通，将"绿色发展"融入沿线国经济、文化和社会建设，涉及生态环境、生物多样性、应对气候变化合作、可再生能源合作、公益慈善活动等诸多方面。

丝绸之路不仅以绿色为底色，还强调健康、智力与和平。一是着力深化环保合作，践行绿色发展理念，加大生态环境保护力度，携手打造"绿色丝绸之路"；二是着力深化医疗卫生合作，加强在传染病疫情通报、疾病防控、医疗救援、传统医药领域互利合作，携手打造"健康丝绸之路"；三是着力深化人才培养合作，中方倡议成立"一带一路"

①　习近平：《齐心开创共建"一带一路"美好未来——在第二届"一带一路"国际合作高峰论坛开幕式上的主旨演讲》，《人民日报》2019 年 4 月 27 日第 3 版。

②　习近平：《携手推进"一带一路"建设——在"一带一路"国际合作高峰论坛开幕式上的演讲》，人民出版社 2017 年版，第 10 页。

职业技术合作联盟，培养培训各类专业人才，携手打造"智力丝绸之路"；四是着力深化安保合作，践行共同、综合、合作、可持续的亚洲安全观，推动构建具有亚洲特色的安全治理模式，携手打造"和平丝绸之路"。

（三）建设绿色"一带一路"

中国与联合国环境规划署签署了关于建设"一带一路"谅解备忘录，与30多个"一带一路"沿线国家签署了生态环境保护的合作协议。建设绿色丝绸之路已经成为落实联合国《2030年可持续发展议程》的重要路径，100多个来自相关国家和地区的合作伙伴共同成立了"一带一路"绿色发展国际联盟。在2016年担任二十国集团主席国期间，中国首次把绿色金融议题引入二十国集团议程，成立绿色金融研究小组，发布《二十国集团绿色金融综合报告》。中国积极实施"绿色丝路使者计划"，已培训"一带一路"沿线国家2000余人。中国发布《关于推进绿色"一带一路"建设的指导意见》《"一带一路"生态环境保护合作规划》等文件，推动落实共建绿色"一带一路"的责任和标准等。中国正积极推进"一带一路"绿色发展国际联盟和生态环保大数据服务平台建设。这些作为表明中国坚持合作共赢，共享发展思路，帮助沿线各国一起解决生态环境问题，推动全球环境治理，坚持美美与共，与各国人民一起建设清洁美丽世界。

（四）绿色"一带一路"的效果和挑战

1. 绿色"一带一路"的效果

绿色丝绸之路为我国和沿线国家提供战略对接和优势互补，拓宽了发展空间，带来了重大机遇。在这一过程中，对于共建"一带一路"的国家来说，提升了自身生态环境治理能力。比如，推动环保公众意识提升，减少资源消耗，促进绿色产业和低碳生活方式；帮助共建"一带一路"沿线国家可持续发展目标融入国家、区域规划和具体项目开发过程中；在"一带一路"项目中推广较严格的生态环境标准；在促进可持续发展的同时为"一带一路"倡议打造一体化的生态环境风险防范和治理体系；与共建"一带一路"国家的政策制定者合作，共建可持续"一带一路"基础设施投资激励框架，推动建立"一带一路"可持续设施项目开放数据库，在基础设施规划过程中落实最佳实践；建立跨领域的绿色

"一带一路"学习与领导力平台，提高官员及公众对环境风险、发展机遇及其应对方法的关注和认知；为创造开放的、完善的政策环境以及持续推动透明度提升提供支持。

2. 绿色"一带一路"的挑战

伴随着机遇的是挑战，绿色理念在沿线国家的传播效果由于当地自身发展速度和水平的限制而受到影响；不同国家规划、建设与评估的标准和流程较难统一，从而使投资积极性和效果大打折扣；跨国项目在实施过程中的信息公开和透明度有待提升；绿色金融与绿色投资关注度还不够；共建国家生态环保能力不足、国际合作项目复杂性等。

绿色"一带一路"是我国推动国家交流与合作的生动表现，顺应世界历史发展潮流，近些年的成功实践印证了这一思路的真理性。这一举措为我国和世界沿线国家带来了更多合作的平台和机会，使得整个世界走向绿色化的发展潮流逐渐得到全球共识，成为引领国家生态治理的标志性倡导。在未来，绿色"一带一路"还将继续向世界推广，完善布局和发展规划，加大绿色环保力度，讲好绿色"一带一路"故事，推动人类命运共同体建设。

典型案例

绿色"一带一路"发展案例

中国—马来西亚钦州产业园区

位于中国广西壮族自治区钦州市的中国—马来西亚钦州产业园区（以下简称中马钦州产业园）是"一带一路"绿色发展的典型案例之一。广西是"一带一路"重要节点和中国绿色发展优势地区。钦州市地处广西壮族自治区南部，是"一带"与"一路"的交汇点，是中国—东盟交往合作的最前沿地区。钦州市近年来高度重视生态文明建设和绿色发展，尤其注重中马钦州产业园的绿色发展。中马钦州产业园在国际产业园建设合作中的绿色理念、绿色制度、绿色规划和绿色措施等，对其他国家和地区共建绿色"一带一路"有着重要的参考价值。

——周国梅等：《绿色"一带一路"与 2030 年可持续
发展议程——有效对接与协同增效共谋全球生态文明
建设》，中国环境出版集团 2021 年版，第 39—45 页

二　关注全球气候变化

近年来，气候变化、极端气候事件频发给人类的生存与发展带来了严峻挑战。关注全球气候变化，积极应对、引导、参与气候变化国际合作，是我国参与全球环境治理、共建全球生态文明建设、建设清洁美丽世界的又一重要举措。

（一）全球气候变化关乎人类福祉

气候变化关乎人民福祉和人类未来，有效应对气候变化成为全人类亟待解决的难题。"气候变化是大自然对人类敲响的警钟。世界各国应该采取实际行动为自然守住安全边界，鼓励绿色复苏、绿色生产、绿色消费，推动形成文明健康生活方式，形成人与自然和谐共生的格局，让良好生态环境成为可持续发展的不竭源头。"[1] "气候变化带给人类的挑战是现实的、严峻的、长远的。但是，我坚信，只要心往一处想、劲往一处使，同舟共济、守望相助，人类必将能够应对好全球气候环境挑战，把一个清洁美丽的世界留给子孙后代。"[2]

2016 年 11 月 4 日正式生效的《巴黎协定》是具有法律约束力的国际条约，符合全球发展趋势，为全球合作应对气候变化指明了方向，它标志着合作共赢、公正合理的全球气候治理体系正在形成。目前，共有 193 个缔约方（192 个国家加上欧盟）加入了《巴黎协定》。"《巴黎协定》的达成是全球气候治理史上的里程碑。我们不能让这一成果付诸东流。各方要共同推动协定实施。中国将继续采取行动应对气候变化，百

---

① 习近平：《在中华人民共和国恢复联合国合法席位 50 周年纪念会议上的讲话》，《人民日报》2021 年 10 月 26 日第 2 版。

② 习近平：《共同构建人与自然生命共同体——在"领导人气候峰会"上的讲话》，《人民日报》2021 年 4 月 23 日第 2 版。

分之百承担自己的义务。"① 世界各国应以《巴黎协定》为重要契机，共同携手积极有效应对气候变化带来的全新挑战。

在《巴黎协定》达成、签署和生效过程中，中国是积极参与者、倡导者和制定者，主张"共同但有区别"原则，有力维护了发展中国家的利益；主张根据各自国情作出减排承诺的"国家自主决定贡献"模式，为《巴黎协定》的顺利通过和签署奠定了基础，发挥了关键性的作用。同时，中国还是落实《巴黎协定》的积极践行者，在协定达成后一如既往地以身作则，持续自主提高气候行动力度，主动承担与国情相符合的国际责任，推动《巴黎协定》全面平衡有效落实。在国内通过立法和政策积极行动以落实承诺，务实实施《应对气候变化国家方案》，为推动《巴黎协定》落实贡献了中国力量，彰显了积极应对气候变化、引领全球气候治理的大国风范。

拓展阅读

《巴黎协定》

气候变化是一项跨越国界的全球性挑战。要解决这一问题，则需要在各个层面进行协调，需要国际合作，帮助各国向低碳经济转型。

为应对气候变化，197 个国家于 2015 年 12 月 12 日在巴黎召开的缔约方会议第二十一届会议上通过了《巴黎协定》。协定在一年内便生效，旨在大幅减少全球温室气体排放，将本世纪全球气温升幅限制在 2℃ 以内，同时寻求将气温升幅进一步限制在 1.5℃ 以内的措施。

《巴黎协定》包括所有国家对减排和共同努力适应气候变化的承诺，并呼吁各国逐步加强承诺。协定为发达国家提供了协助发展中国家减缓和适应气候变化的方法，同时建立了透明监测和报告各国气候目标的框架。《巴黎协定》提供了持久的框架，为未来几十年的全球努力指明了方向，即逐渐提高各国的气候目标。为了促进这一目标的实现，该协定制定了两个审查流程，每五年为一个周期。《巴黎协定》标志着向低碳

---

① 《习近平谈治国理政》第 2 卷，外文出版社 2017 年版，第 544 页。

世界转型的开始，但我们依然任重道远。《巴黎协定》的实施对于实现可持续发展目标至关重要，该协定为推动减排和建设气候适应能力的气候行动提供了路线图。

《巴黎协定》的主要内容包括：

1. 将全球气温升幅限制在比工业化前水平高2℃（3.6℉）以内，并寻求将气温升幅进一步限制在1.5℃以内的措施；

2. 每五年审查一次各国对减排的贡献；

3. 通过提供气候融资，帮助贫困国家适应气候变化并改用可再生能源。

——联合国官网（https：//www.un.org/zh/climatechange/paris-agreement）

面对人类共同的气候变化挑战，只有团结协作、持之以恒，才有可能逐步形成有效持久的解决框架和方案。在这一过程中，各国之间只有共商共建共享，树立合作共赢的全球气候治理观，创造一个"各尽所能、合作共赢""奉行法治、公平正义""包容互鉴、共同发展"的未来①，才能够保护好我们的人类命运共同体。气候变化与各个国家经济发展方式有关，应对气候变化的过程其实也是提升技术转变生产发展方式，塑造可持续发展模式的契机，追求的是经济价值和环境价值的统一。对于应对气候变化路径，我国立足全球视野，提倡创新举措，以关键创新技术突破重点行业的战略性减排。

（二）应对全球气候变化的中国方案

我国为应对气候变化作出重要贡献，并呼吁世界各国一道共同为全球环境治理而努力，互信合作，落实行动，共同承担减排责任。中国是负责任的发展中大国，是全球气候治理的积极参与者。

实现"双碳"目标。"中国将落实创新、协调、绿色、开放、共享的发展模式，坚持尊重自然、顺应自然、保护自然，坚持节约资源和保

---

① 习近平：《携手构建合作共赢、公平合理的气候变化治理机制——在气候变化巴黎大会开幕式上的讲话》，人民出版社2015年版，第4—5页。

护环境的基本国策，全面推进节能减排和低碳发展，迈向生态文明新时代。"① 2020 年，中国向世界承诺在 2030 年前实现碳达峰、2060 年前实现碳中和。此外，中国还将逐步构建碳达峰、碳中和 "1 + N" 政策体系。这是我国在推动全球气候治理中立足当下、放眼未来的承诺和大国担当，是构建人类命运共同体，助力实现世界生态环境可持续发展的重要战略决策。这意味着中国作为世界上最大的发展中国家，对于碳排放的降幅有着极大的决心。

贯彻绿色发展。中国不仅履行本国在应对气候变化的国际义务，还把中国生态文明建设的绿色理念与实践经验同世界分享。中国始终把应对全球气候变化作为生态文明建设的重要板块，并将绿色发展的理念向世界推广，"将应对气候变化作为实现发展方式转变的重大机遇，积极探索符合中国国情的低碳发展道路。中国政府已经将应对气候变化全面融入国家经济社会发展的总战略"②。中国将绿色发展作为生态文明建设的基础理念和发展道路，并融入经济社会发展的各方面和全过程，基本目标在于实现人与自然的和谐共生，其中就包含适应气候变化能力和空气质量的提升。

三　保护生物多样性

生物多样性是保持地球生机勃勃、构成人类生存和社会发展的重要前提。当前，全球物种灭绝速度加快，生物多样性丧失和生态系统退化，对人类的生存和发展构成了重要风险。中国提倡国际社会共同携手，构建地球生命共同体，在发展中注重寻求对生物多样性的保护，共建万物和谐的美丽家园。

（一）保护生物多样性的中国行动

中国是世界上生物多样性最丰富的国家之一，也是生物多样性受威胁最严重的国家之一。保护生物多样性是习近平生态文明思想中的重要内容，是追求人与自然和谐共生的应有之义，是生态文明建设的重大工程之一。保护生物多样性就是保障人类的可持续发展。中国坚持绿色发

---

① 《习近平二十国集团领导人杭州峰会讲话选编》，外文出版社 2017 年版，第 18—19 页。
② 《习近平出席联合国气候变化问题领导人工作午餐会》，《人民日报》2015 年 9 月 29 日第 1 版。

展、人与自然是生命共同体的生态文明理念，与世界协同推进生物多样性治理。为加强生物多样性保护，中国"加快国家生物多样性保护立法步伐，划定生态保护红线，建立国家公园体系，实施生物多样性保护重大工程，提高社会参与和公众意识"①。

中国始终高度重视野生动物保护事业，认真履行野生动物保护国际义务，积极参与野生动物保护国际合作。多年来，在保护生物多样性的努力推进下，我国生物多样性保护取得一定成效。比如，野生动物栖息地保护和拯救繁育工作，严厉打击野生动物及象牙动物产品非法贸易等，云南大象的北上及返回之旅，就是生动的案例。在生态环境保护与修复上，我们的成绩显著，"过去 10 年，森林资源增长面积超过 7000 万公顷，居全球首位。长时间、大规模治理沙化、荒漠化，有效保护修复湿地，生物遗传资源收集保藏量位居世界前列。90% 的陆地生态系统类型和 85% 的重点野生动物种群得到有效保护"②。

中国行动

建立国家公园体系

中国正加快构建以国家公园为主体的自然保护地体系，逐步把自然生态系统最重要、自然景观最独特、自然遗产最精华、生物多样性最富集的区域纳入国家公园体系。中国正式设立三江源、大熊猫、东北虎豹、海南热带雨林、武夷山等第一批国家公园，保护面积达 23 万平方公里，涵盖近 30% 的陆域国家重点保护野生动植物种类。同时，本着统筹就地保护与迁地保护相结合的原则，启动北京、广州等国家植物园体系建设。

> ——习近平：《共同构建地球生命共同体——在〈生物多样性公约〉第十五次缔约方大会领导人峰会上的主旨讲话》，2021 年 10 月 12 日

---

① 习近平：《在联合国生物多样性峰会上的讲话》，《人民日报》2020 年 10 月 1 日第 3 版。
② 习近平：《在联合国生物多样性峰会上的讲话》，《人民日报》2020 年 10 月 1 日第 3 版。

（二）与世界携手推进生物多样性保护

生物多样性保护是构建绿色"一带一路"的重要一环，要以绿色"一带一路"为统领，建立合作治理机制，推动完善共建全球生物多样性治理体系。促进绿色技术在生物多样性保护运用上的研发与交流，以及绿色投资、绿色贸易和绿色金融体系在生物多样性保护领域的发展，助力"一带一路"，实现生物多样性保护和经济社会发展的协同进步。

在《生物多样性公约》第十五次缔约方大会上，以"生态文明：共建地球生命共同体"为主题，我国同各方共商全球生物多样性治理新战略，构建全面有效的行动框架，为未来全球生物多样性保护设定目标、明确路径。会议达成的《昆明宣言》极大地提振了全球生物多样性保护的信心和决心，为推动达成兼具雄心与务实平衡的"2020年后全球生物多样性框架"奠定了坚实基础。会议还达成了历史性的成果文件——"昆明—蒙特利尔全球生物多样性框架"，为今后更长一段时间的全球生物多样性治理擘画新蓝图。

我国在生物多样性保护国际合作中发挥了重要作用，已成为全球环境基金最大发展中国家捐资国，成立"一带一路"绿色发展国际联盟，宣布率先出资15亿元成立昆明生物多样性基金，与多个国家建立合作与对话机制。中俄跨境自然保护区内物种数量持续增长，野生东北虎在保护地间自由迁移。中老跨境保护区面积达20万公顷，有效保护了亚洲象等珍稀濒危物种及其栖息地。中国科学院西双版纳热带植物园致力于生态学和生物多样性保护，目前有外籍研究人员超过100人，该园不断吸收国际智慧，为生物多样性保护事业提供智力支撑。

保护生物多样性需要全球的参与，需要全人类的重视，统筹考虑人类需求和自然需求。保护生物多样性能够留给自然休养生息的空间，实现自然的自我修复，从而能够为人类提供源源不断的生活资源。生物多样性保护渗透人与自然和谐共生的理念，是尊重自然规律，促进自然可持续发展的重要举措。世界各国对生物多样性的关注度不断增加，未来生物多样性保护不仅会走向中国的城市和乡村，还会走向国际，成为全人类的共同选择。

第三节 推动生态文明建设的国际合作

面对人类共同的地球家园，生态环境治理已经成为全世界的一个共同话题，需要全人类共同团结起来。中国呼吁"建设生态文明关乎人类未来。国际社会应该携手同行，共谋全球生态文明建设之路"[①]。

一 基本原则

推动生态文明的国际合作任重道远，需要世界各国的全面广泛参与，不仅包括发展中国家，还包括发达国家，各国在履行自身国际义务的同时如何互帮互助，实现合作共赢，是一个在实践中不断探索的课题。在面向构建人类命运共同体的大背景下，中国以实际行动诠释着共谋全球生态文明建设的中国态度、中国方案和中国智慧。

（一）坚持多边主义

在生态领域加强国际合作是构建清洁美丽世界的必由之路。因此，中国倡导国际社会坚持多边主义，不搞单边主义；奉行双赢、多赢、共赢的理念。走和平发展道路、共同发展道路、合作发展道路。在互动中坚持对话协商，共建共享，交流互鉴，共同保护好地球家园，维护好人类命运共同体。为了维护世界和平，无论是发达国家还是发展中国家，需要践行多边主义，打造伙伴关系，促进共同发展。各国在谋求自身发展的同时，应该积极促进其他国家共同发展，让自己的发展成果惠及更多的人民。这不仅有利于各国发挥各自优势，还能够推动完善全球环境治理体制机制的构建，让全球共同迎接环境治理的风险和挑战。

我们要"坚持以国际法为基础、以公平正义为要旨、以有效行动为导向，维护以联合国为核心的国际体系，遵循《联合国气候变化框架公约》及其《巴黎协定》的目标和原则，努力落实二〇三〇年可持续发展议程；强化自身行动，深化伙伴关系，提升合作水平，在实现全球碳中和新征程中互学互鉴、互利共赢。要携手合作，不要相互指责；要持之

---

① 《习近平谈治国理政》第 2 卷，外文出版社 2017 年版，第 525 页。

以恒，不要朝令夕改；要重信守诺，不要言而无信"①。我国倡导并践行多边主义，努力推动构建公平合理、合作共赢的全球环境治理体系。

（二）坚持共同但有区别的责任原则

共同但有区别的责任已经成为国际环境法的一项重要原则。面对世界环境治理，全球每一个国家都有着共同的责任，都要认真履行本国国际义务，为世界环境的可持续发展作出贡献。

坚持共同但有区别的原则，要客观面对不同国家自身的国情。发达国家应该展现更多雄心与行动，帮助发展中国家，为其提供资金、技术、能力等支持，避免设置绿色贸易壁垒，帮助发展中国家加速绿色低碳转型，为发展中国家深入参与融入全球环境可持续发展治理提供了便利和机遇。对于发展中国家，国际社会要肯定其所作出的贡献，也要照顾其困难给予关心提供帮助。发展中国家也要紧抓机遇，将国际社会提供的帮助化作提升自身的动力，将生态文明国际合作纳入本国经济社会发展规划之中，促进绿色发展和绿色增长，为全球环境治理作出符合其自身能力的贡献。

中国坚持共同但有区别的责任原则，主张公平和各自能力原则，坚定维护多边主义，始终倡导以国际法为基础，维护公平合理的国际治理体系。新型国际关系追求和平发展与互利共赢，"在国际关系中弘扬平等互信、包容互鉴、合作共赢的精神，共同维护国际公平正义"②。在谋求全球生态环境治理方面，中国倡导的是合作共赢理念，积极引导国际秩序变革方向，这一理念渗透于互助合作行动之中，有效推动了全球生态文明建设和国际新秩序的建立。

二　提升生态文明国际话语权和影响力

国际话语权是一个国家综合实力的重要体现，展现了一个国家在国际社会权力结构中的地位和影响力，已越来越成为大国博弈的焦点所在。中国要致力加强国际传播能力建设，形成同我国综合国力和国际地位相

---

① 中共中央宣传部、中华人民共和国生态环境部编：《习近平生态文明思想学习纲要》，学习出版社、人民出版社 2022 年版，第 102 页。

② 习近平：《共同谱写中非人民友谊新篇章——在刚果共和国议会的演讲》，《人民日报》2013 年 3 月 30 日第 2 版。

匹配的国际话语权，为我国改革发展稳定营造有利外部舆论环境，为推动构建人类命运共同体作出积极贡献。

（一）生态文明国际话语权的基本条件

国家生态文明国际话语权应涵盖一国在国际生态治理及相关领域的话语影响力、感召力、塑造力等系列软实力的集合。因此，生态文明国际话语权的构建及提升需要具备基本条件。

一是要有获得一定国际化认同的生态文明建设实践与成果。国际话语权是以国家综合实力为基础的，强大的话语能力产生于丰富有效的实践成果中。能否拥有及增强生态文明国际话语权，取决于国家自身的生态文明建设成效，并与其是否能获得一定程度的国际认同、对世界生态文明建设的贡献大小相关。

二是要基于自身实践构建具有原创特色的生态文明话语体系。生态文明话语权要建立在具有原创特色的生态文明话语体系之上，即依托生态文明建设实践来构建相关的话语和叙事体系，打造具有国际传播能力的概念、范畴和表述，从而在国际社会展现宣传生态文明建设的本土故事。

三是要将生态文明话语体系以及建设实践理念进行广泛有效的国际传播。只有基于强力有效的国际传播效能，生态文明话语体系及相关理念才能获得国际影响力，并得以有效开展国际舆论引导和舆论斗争。

以上三方面既是生态文明国际话语权构建的基本条件，也是内在的构成要素，更是提升的逻辑方向。

（二）提升生态文明国际话语权和影响力

中国生态文明建设取得了丰硕的成果，为提升世界生态环境治理水平提供了中国智慧、中国方案，中国生态文明国际话语权和影响力也随之显著增强，在获得机遇的同时也面临新的挑战。

中国始终将生态文明话语体系和实践理念构建与大国责任担当相结合，以推动构建人类命运共同体为基本理念，弘扬全人类共同价值、引领人类进步潮流。2016年5月联合国环境规划署发布了《绿水青山就是金山银山：中国生态文明战略与行动》报告，向国际社会介绍了中国推动生态文明建设的做法和经验，表明生态文明的中国智慧和中国方案的世界影响日趋增强。依托于越发被重视、不断增强的国际传播能力，中国生态文明话语呈现出全方位、立体式的国际传播态势，话语体系构建、传播策略与传播层次也日趋丰富。联合国生物多样性公约第十五次缔约方大会首次以"生态文明"为主题召开全球性会议，不仅彰显了我国生态文明建设理念的世界意义，还成为中国将主场外交与有效传播相结合实践展现的平台。

当前国际格局下，国际话语权的争夺日趋激烈，中国的生态文明国际话语权仍然受到一定程度的限制。西方一些国家和媒体对中国生态文明话语呈现出十分关注但并非完全认同的状态。这主要表现在两个方面，一是西方社会对我国的一些环境污染个案夸大其词，所谓"中国环境威胁论"等霸权话语仍然存在，对我国的生态文明建设成果并不认同甚至视而不见；二是将中国生态文明话语体系进行政治化理解，并从意识形态层面进行负面渲染。两者背后实际上都反映了一些西方国家的霸权主义以及少数西方媒体和个人对中国的意识形态偏见。

未来，我国仍然要坚持全方位巩固提升生态文明话语权。要巩固并增强生态文明国际话语权，就必须在做好自身生态文明建设、构建成熟完备的生态文明话语基础上，增强国际传播能力建设，依靠专业化、多层次的传播渠道、传播队伍、传播方法等将中国的生态文明建设故事、智慧和方案进行有效国际传播，展示丰富多彩、生动立体的中国生态文明形象，增强话语说服力、国际舆论引导力。此外，还要展现出中国的生态文明建设成就本身就是对世界的最大贡献、为解决人类问题贡献了智慧等世界意义。因此，我国不断呼吁世界各国共同承担起人类生态文明建设的责任，不断展现自身在世界生态环境保护和治理上的能力，最终形成同我国综合国力和国际地位相匹配的生态文明国际话语权。

三 加强国际多边合作

人类是一荣俱荣、一损俱损的命运共同体，唯有并肩同行才能让世界实现绿色发展，全球生态文明之路才能够行稳致远。要坚定人类命运共同体信念，以国际法为基础，坚持共商共建共享，不能有以邻为壑、隔岸观火的行为。唯有合作才能实现共赢，否则只会两败俱伤。

（一）国际合作是建设清洁美丽世界的必然选择

加强国家之间的合作是构建人类命运共同体、推动全球生态文明建设的唯一选择，团结合作共建清洁美丽世界是全人类的责任。

中国是全球生态文明建设重要的参与者、贡献者和引领者。深入推动全球生态文明建设，履行国际义务，推动成果共享。始终保持与其他国家在应对气候变化、海洋污染治理、生物多样性保护等领域的国际合作，充分借鉴国际上的先进技术和体制机制建设的有益经验，积极参与全球环境治理，承担并履行发展中国家的国际责任。"中国将继续承担应尽的国际义务，同世界各国深入开展生态文明领域的交流合作，推动成果分享，携手共建生态良好的地球美好家园。"① 这体现了中国的大国担当，体现了中国共产党推动世界环境保护和可持续发展的全球视野和世界眼光以及为全人类事业而奋斗的远大胸怀。

（二）推动南南合作和周边国家的合作

南南合作是全球合作的重要组成部分，为发展中国家的生存和发展提供了广泛平台，有助于建立公平正义的全球治理新秩序，也是推动全球环境治理合作的重要内容。

中国主动担当，愿意与世界各国共同追求持久和平、共同繁荣、和谐美丽的世界，展现了我国负责任大国的形象。中国持续在减贫、教育、卫生、基础设施、农业生产等领域对发展中国家给予绿色援助，帮助许多国家改善了环境。以中非合作为例，中国以保护非洲生态环境和长远利益为合作基础，始终强调把可持续发展放在合作的第一位，帮助非洲提升绿色、低碳、可持续发展能力。"我们将为非洲国家实施应对气候变化及生态保护项目，为非洲国家培训生态保护领域专业人才，帮助非洲走绿色低碳可持续发展道路。"②

以往南南合作的主题是减贫，新时期南南合作的主要任务包括探索多元发展道路、促进各国发展战略对接、实现务实发展成效、完善全球发展架构。要"扩大发达国家沟通交流，构建多元伙伴关系，打造各方利益共同体"③，以南南合作推动全球治理格局多极化。

中国秉持"授人以渔"理念，通过多种形式的南南务实合作，尽己所

---

① 《习近平谈治国理政》，外文出版社 2014 年版，第 212 页。
② 习近平：《携手共进，谱写中非合作新篇章——在中非企业家大会上的讲话》，《人民日报》2015 年 12 月 5 日第 3 版。
③ 潘家华等：《生态文明建设的理论构建与实践探索》，中国社会科学出版社 2019 年版，第 213 页。

能帮助发展中国家提高应对气候变化能力。从非洲的气候遥感卫星，到东南亚的低碳示范区，再到小岛国的节能灯，中国应对气候变化南南合作成果看得见、摸得着、有实效，这些举措帮助发展中国家提高其应对环境变化的能力，逐渐提升发展中国家的环境治理能力和水平。南南合作在未来要继续深化，采取有力行动，为全球生态文明建设作出更大贡献。

共谋全球生态文明建设是面向世界、面向全人类的新思路新观点新提法，是中国共产党胸怀天下，以世界眼光解决人与自然关系的世界观和方法论，为全球生态治理提出了一系列追求共生、共建、共享、共赢的实践路径，表达了打造人类命运共同体、实现人与自然和谐共生的中国话语和中国倡议。事实证明，中国积极承担国际责任与义务，体现出了大国担当，充分说明面对全球环境治理，中国愿意引领、能够引领，而且引领得好。未来，各国人民应该携手同行，共谋全球生态文明建设之路，推动绿色"一带一路"建设，积极应对气候变化，保护生物多样性，全面深入落实联合国 2030 年可持续发展议程，实现生态环境的可持续发展，共同构建我们的绿色家园。

思考题

1. 如何理解新时代生态文明建设的理念也是面向世界的生态文明理念？

2. 我国积极参与全球环境与气候治理的主要途径有哪些？

3. 共谋全球生态文明建设的意义是什么，未来的发展方向将会怎样？

文献阅读

1. 习近平：《共同构建人类命运共同体——在联合国日内瓦总部的演讲》，《人民日报》2017 年 1 月 20 日。

2. 习近平：《在联合国生物多样性峰会上的讲话》，《人民日报》2020 年 10 月 1 日。

3. 习近平：《共同构建人与自然生命共同体——在"领导人气候峰会"上的讲话》，《人民日报》2021 年 4 月 23 日。

参考文献

一 经典文献

《马克思恩格斯选集》第4卷，人民出版社2012年版。

《马克思恩格斯文集》第9卷，人民出版社2009年版。

《马克思恩格斯全集》第3卷，人民出版社1995年版。

《马克思恩格斯全集》第20卷，人民出版社1971年版。

《马克思恩格斯全集》第25卷，人民出版社1974年版。

《马克思恩格斯全集》第42卷，人民出版社1979年版。

《毛泽东哲学著作学习文件汇编》（下册），中央文献出版社1958年版。

《邓小平文选》第3卷，人民出版社1993年版。

《江泽民文选》第3卷，人民出版社2006年版。

《胡锦涛文选》第2卷，人民出版社2016年版。

胡锦涛：《高举中国特色社会主义伟大旗帜 为夺取全面建设小康社会新胜利而奋斗——在中国共产党第十七次全国代表大会上的报告》，人民出版社2007年版。

《习近平谈治国理政》，外文出版社2014年版。

《习近平谈治国理政》第2卷，外文出版社2017年版。

《习近平关于社会主义生态文明建设论述摘编》，中央文献出版社2017年版。

习近平：《决胜全面建成小康社会 夺取新时代中国特色社会主义伟大胜利——在中国共产党第十九次全国代表大会上的报告》，人民出版社2017年版。

习近平：《高举中国特色社会主义伟大旗帜 为全面建设社会主义现代化国家而团结奋斗——在中国共产党第二十次全国代表大会上的报

告》，人民出版社 2022 年版。

习近平：《论坚持人与自然和谐共生》，中央文献出版社 2022 年版。

习近平：《携手推进"一带一路"建设》，人民出版社 2017 年版。

习近平：《习近平二十国集团领导人峰会讲话选编》，外文出版社 2017
　　年版。

习近平：《之江新语》，浙江人民出版社 2007 年版。

《中共中央关于坚持和完善中国特色社会主义制度　推进国家治理体系
　　和治理能力现代化若干重大问题的决定》，人民出版社 2019 年版。

《中共中央关于实施乡村振兴战略的意见》，人民出版社 2018 年版。

《中共中央关于制定国民经济和社会发展第十四个五年规划和二〇三五
　　年远景目标的建议》，人民出版社 2020 年版。

《中共中央国务院关于"三农"工作的一号文件汇编》，人民出版社
　　2014 年版。

《中国共产党第二十次全国代表大会文件汇编》，人民出版社 2022 年版。

中共中央、国务院：《关于完整准确全面贯彻新发展理念做好碳达峰碳
　　中和工作的意见》。

中共中央办公厅、国务院办公厅印发：《关于进一步加强生物多样性保
　　护的意见》。

中共中央办公厅、国务院办公厅印发：《关于推动城乡建设绿色发展的
　　意见》。

中共中央党史和文献研究院：《习近平关于"三农"工作论述摘编》，中
　　央文献出版社 2019 年版。

中共中央文献研究室：《习近平关于社会主义生态文明建设论述摘编》，
　　中央文献出版社 2017 年版。

中共中央文献研究室、国家林业局：《毛泽东论林业》（新编本），中央
　　文献出版社 2003 年版。

中共中央文献研究室编：《十八大以来重要文献选编》（上），中央文献
　　出版社 2014 年版。

中共中央文献研究室编：《十七大以来重要文献选编》（上），中央文献
　　出版社 2009 年版。

中共中央宣传部：《习近平新时代中国特色社会主义思想三十讲》，学习出版社 2018 年版。

中共中央宣传部：《习近平总书记系列重要讲话读本》，学习出版社、人民出版社 2016 年版。

中共中央宣传部、中华人民共和国生态环境部编：《习近平生态文明思想学习纲要》，学习出版社、人民出版社 2022 年版。

［德］马克思：《1844 年经济学哲学手稿》，人民出版社 2000 年版。

二　著作

《乡村振兴战略规划（2018—2022 年）》，人民出版社 2018 年版。

安永碳中和课题组：《一本书读懂碳中和》，机械工业出版社 2021 年版。

陈迎、巢清尘等编著：《碳达峰、碳中和 100 问》，人民日报出版社 2021 年版。

但新球、但维宇：《森林生态文化》，中国林业出版社 2012 年版。

樊小贤：《生态文明建设的基本伦理问题研究》，人民出版社 2021 年版。

高敏雪：《环境统计与环境经济核算》，中国统计出版社 2000 年版。

高培勇：《现代化经济体系建设理论大纲》，人民出版社 2019 年版。

国家发展改革委经济体制与管理研究所：《生态文明统筹协调机制研究》，2021 年。

国家林业和草原局规划财务司：《2018 年全国林业和草原发展统计公报》，2019 年。

国家统计局农村社会经济调查司：《中国农村统计年鉴 2020》，中国统计出版社 2020 年版。

国家统计局农村社会经济调查司：《中国农村统计年鉴 2021》，中国统计出版社 2021 年版。

黄承梁：《新时代生态文明建设思想概论》，人民出版社 2018 年版。

雷毅：《深层生态学思想研究》，清华大学出版社 2001 年版。

刘涤源：《凯恩斯经济学说评论》，武汉大学出版社 1998 年版。

刘国光：《改革·稳定·发展　稳中求进的改革与发展战略》，经济管理出版社 1991 年版。

潘鸿、李恩：《生态经济学》，吉林大学出版社 2010 年版。

潘家华等：《生态文明建设的理论构建与实践探索》，中国社会科学出版社 2019 年版。

秦书生：《中国共产党生态文明思想的历史演进》，中国社会科学出版社 2019 年版。

任平主编：《当代中国马克思主义哲学研究》，中央编译出版社 2013 年版。

生态环境部对外合作与交流中心编著：《碳达峰与碳中和国际经验研究》，中国环境出版集团 2021 年版。

石敏俊：《资源与环境经济学》，中国人民大学出版社 2021 年版。

王灿、张九天编著：《碳达峰、碳中和迈向新发展路径》，中共中央党校出版社 2021 年版。

王登山：《中国农村人居环境发展报告（2021）》，社会科学文献出版社 2021 年版。

王立胜：《乡村振兴方法论》，中共中央党校出版社 2021 年版。

王松霈：《自然资源利用与生态经济系统》，中国环境科学出版社 1992 年版。

王正平：《生态、信息与社会伦理问题研究》，复旦大学出版社 2013 年版。

温铁军：《解构现代化：温铁军演讲录》，东方出版社 2020 年版。

吴忠观：《经济学说史》，西南财经大学出版社 1995 年版。

严耕等主编：《中国生态文明建设发展报告（ECI 2014）》，北京大学出版社 2015 年版。

严耕等主编：《中国省域生态文明建设评价报告（ECI 2010）》，社会科学文献出版社 2010 年版。

严耕等主编：《中国省域生态文明建设评价报告（ECI2011）》，社会科学文献出版社 2011 年版。

杨建初、刘亚迪、刘玉莉：《碳达峰、碳中和知识解读》，中信出版集团 2021 年版。

余谋昌：《生态文明论》，中央编译出版社 2010 年版。

余谋昌、王耀先：《环境伦理学》，高等教育出版社 2004 年版。

张岱年：《文化与哲学》，教育科学出版社 1988 年版。

张燕龙主编：《碳达峰与碳中和实施指南》，化学工业出版社 2022 年版。

张颖：《绿色 GDP 核算的理论与方法》，中国林业出版社 2004 年版。

张颖：《绿色核算》，中国环境科学出版社 2001 年版。

张颖：《生态系统服务价值评估与资产负债表编制及管理》，人民日报出版社 2018 年版。

张云飞、任铃：《新中国生态文明建设的历程和经验研究》，人民出版社 2020 年版。

周国梅等：《绿色"一带一路"与 2030 年可持续发展议程——有效对接与协同增效　共谋全球生态文明建设》，中国环境出版集团 2021 年版。

周国文：《西方生态伦理学》，中国林业出版社 2017 年版。

周黎鸿：《农村生态文明建设实践问题研究》，中国社会科学出版社 2021 年版。

［奥］庞巴维克：《资本实证论》，陈端译，商务印书馆 1997 年版。

［法］维克多·孔西得朗：《社会命运》第一卷，李平沤译，商务印书馆 1986 年版。

［美］戴斯·贾斯丁：《环境伦理学》，林官明等译，北京大学出版社 2002 年版。

［美］罗尔斯顿：《环境伦理学》，杨通进译，中国社会科学出版社 2000 年版。

［美］迪恩·卡尔兰、［美］乔纳森·默多克：《认识经济》，贺京同等译，机械工业出版社 2018 年版。

［美］菲利普·克莱顿、贾斯廷·海因泽克：《有机马克思主义——生态灾难与资本主义的替代选择》，孟献丽、于桂凤等译，人民出版社 2015 年版。

［英］阿瑟·塞西尔·庇古：《福利经济学》，金镝译，华夏出版社 2017 年版。

三　期刊论文

《"两江四山"山水林田湖草生态保护修复工程试点》，《生态学报》2019 年第 23 期。

本刊评论员：《以系统观念推进山水林田湖草沙综合治理》，《中国土地》2022年第8期。

卞素萍：《美丽乡村建设背景下农村人居环境整治现状及创新研究——基于江浙地区的美丽乡村建设实践》，《南京工业大学学报》（社会科学版）2020年第6期。

蔡莉、张玉利、路江涌：《创新与创业管理》，《科学观察》2019年第1期。

蔡庆华、吴刚、刘健康：《流域生态学：水生态系统多样性研究和保护的一个新途径》，《科技导报》1997年第5期。

操建华：《乡村振兴视角下农村生活垃圾处理》，《重庆社会科学》2019年第6期。

陈凯、高歌：《绿色生活方式内涵及其促进机制研究》，《中国特色社会主义研究》2019年第6期。

陈阳等：《基于生态系统服务理论内涵的山水林田湖草生态保护修复实践——以河南省南太行地区试点工程为例》，《环境工程技术学报》2021年第11期。

陈宇等：《北京市平原地区造林工程总体规划》，《风景园林》2015年第1期。

成金华等：《"山水林田湖草是生命共同体"原则的科学内涵与实践路径》，《中国人口·资源与环境》2019年第29期。

邓红兵等：《流域生态学——新学科、新思想、新途径》，《应用生态学报》1998年第4期。

樊卓思：《生态文化建设助推乡村振兴的实践与反思——以湖北省桃源村为例》，《环境保护》2020年第21期。

高吉喜、韩永伟：《关于"生态环境损害赔偿制度改革试点方案"的思考与建议》，《环境保护》2016年第2期。

高敏雪、刘茜、黎煜坤：《在SNA-SEEA-SEEA/EEA链条上认识生态系统核算——〈实验性生态系统核算〉文本解析与延伸讨论》，《统计研究》2018年第7期。

管鹤卿、秦颖、董战峰：《中国综合环境经济核算的最新进展与趋势》，《环境保护科学》2016年第2期。

韩宇：《艰苦奋斗、勤俭节约的思想永远不能丢》，《红旗文稿》2019 年第 8 期。

何娟：《社会主义生态文明视域下的绿色生活方式》，《哈尔滨工业大学学报》（社会科学版）2019 年第 7 期。

洪尚群、马丕京、郭慧光：《生态补偿制度的探索》，《环境科学与技术》2001 年第 5 期。

胡鞍钢、周绍杰：《绿色发展：功能界定、机制分析与发展战略》，《中国人口·资源与环境》2014 年第 1 期。

胡卫华、康喜平：《构建科学的生态文明建设绩效评价考核制度》，《中国党政干部论坛》2017 年第 10 期。

华启和：《中国提升生态文明建设国际话语权的基本理路》，《学术探索》2020 年第 10 期。

黄承梁：《树立和践行绿水青山就是金山银山的理念》，《求是》2018 年第 13 期。

黄承梁、黄茂兴：《论福建是习近平生态文明思想重要的孕育地与发源地》，《东南学术》2021 年第 6 期。

黄国勤：《论乡村生态振兴》，《中国生态农业学报》（中英文）2019 年第 2 期。

黄溶冰、赵谦：《自然资源资产负债表编制与审计的探讨》，《审计研究》2015 年第 1 期。

季正聚：《习近平生态文明思想理论贡献的多维度研究》，《环境与可持续发展》2019 年第 6 期。

姜德文：《山水林田湖草系统治理之水土保持要义》，《地学前缘》2021 年第 28 期。

姜霞等：《山水林田湖草生态保护修复的系统思想——践行"绿水青山就是金山银山"》，《环境工程技术学报》2019 年第 9 卷第 5 期。

蒋洪强、王金南、程曦：《建立完善生态环境绩效评价考核与问责制度》，《环境保护科学》2015 年第 5 期。

柯布、刘昀献：《中国是当今世界最有可能实现生态文明的地方——著名建设性后现代思想家柯布教授访谈录》，《中国浦东干部学院学报》2010 年第 3 期。

雷明、赵欣娜：《可持续发展下的绿色投入产出核算应用分析——基于中国 2007 绿色投入产出表》，《经济科学》2011 年第 4 期。

李春华等：《山水林田湖草思想的理论内涵及生态保护修复实践——以广西左右江流域工程试点为例》，《环境工程技术学院》2019 年第 5 期。

李冬青、侯玲玲：《农村人居环境整治效果评估——基于全国 7 省农户面板数据的实证研究》，《管理世界》2021 年第 10 期。

李根蟠：《从生命逻辑看农业生活特点及相关问题——农业生命逻辑丛谈之三》，《中国农史》2017 年第 4 期。

李宏伟：《深刻把握习近平生态文明思想的基本要义》，《党建》2019 年第 7 期。

李华晶：《绿色技术与创新创业管理：企业如何促进人与自然和谐共生》，《研究与发展管理》2021 年第 4 期。

李华晶、倪嘉成：《绿色创业生态系统的概念内涵与研究进路》，《研究与发展管理》2021 年第 4 期。

李开明：《寻根究底量体裁衣推陈出新——山水林田湖草生态保护修复的三个重要环节》，《中国生态文明》2019 年第 1 期。

李庆旭、刘志媛等：《我国生态文明示范建设实践与成效》，《环境保护》2021 年第 13 期。

李戎、刘璐茜：《绿色金融与企业绿色创新》，《武汉大学学报》（哲学社会科学版）2021 年第 6 期。

李杨：《"两山"理念的理论贡献与实践路径研究》，《理论研究》2021 年第 1 期。

林圣玉、莫明浩、王凌云：《赣州市山水林田湖草生态保护修复问题识别和技术探析》，《中国水土保持》2021 年第 1 期。

刘建伟：《国家生态环境治理现代化的概念、必要性及对策研究》，《中共福建省委党校学报》2014 年第 9 期。

刘乃刚：《习近平关于绿色生活方式的重要论述研究》，《南京工业大学学报》（社会科学版）2021 年第 5 期。

刘鹏举等：《山水林田湖草生态保护修复工程第一批试点区 NDVI 时空分布与影响因素分析》，《生态经济》2019 年第 35 卷第 7 期。

刘学涛：《习近平生态文明体制改革的主要内容及推进路径》，《决策与信息》2020 年第 12 期。

刘扬等：《国家生态文明试验区（江西）推进碳达峰、碳中和的进展、挑战及对策分析》，《环境保护》2021 年第 Z2 期。

路晓玮、乔兆颖：《再论环境与经济综合核算体系（SEEA）框架下的绿色 GDP 核算》，《价值工程》2007 年第 3 期。

吕指臣、胡鞍钢：《中国建设绿色低碳循环发展的现代化经济体系：实现路径与现实意义》，《北京工业大学学报》（社会科学版）2021 年第 6 期。

罗明等：《山水林田湖草生态保护修复试点工程布局及技术策略》，《生态学报》2019 年第 39 卷第 23 期。

马旭东、史岩：《福利经济学：缘起、发展与解构》，《经济问题》2018 年第 2 期。

马振兴等：《中、外文"生态学"一词之最初起源及定义考证》，《生物学通报》2017 年第 11 期。

彭涛、吴文良：《绿色 GDP 核算——低碳发展背景下的再研究与再讨论》，《中国人口·资源与环境》2010 年第 12 期。

齐红倩、王志涛：《生态经济学发展的逻辑及其趋势特征》，《中国人口·资源与环境》2016 年第 7 期。

秦宣：《习近平生态文明思想产生的历史逻辑背景》，《环境与可持续发展》2019 年第 6 期。

邱琼、施涵：《关于自然资源与生态系统核算若干概念的讨论》，《资源科学》2018 年第 10 期。

任海等：《恢复生态学的理论与研究进展》，《生态学报》2014 年第 15 期。

商迪、李华晶、姚珺：《绿色经济、绿色增长和绿色发展：概念内涵与研究评析》，《外国经济与管理》2020 年第 12 期。

尚晨光、赵建军：《生态文化的时代属性及价值取向研究》，《科学技术哲学研究》2019 年第 2 期。

邵上等：《广东粤北南岭山区山水林田湖草生态保护修复研究与实践》，《环境工程技术学报》2020 年第 10 期。

沈满洪、何灵巧：《外部性的分类及外部性理论的演化》，《浙江大学学报》（人文社会科学版）2002 年第 1 期。

沈钰仟等：《赣州市山水林田湖草修复工程生态保护效益研究》，《生态学报》2023 年第 43 卷第 2 期。

施晴、黄燕军等：《皖南地区农村生活污水处理设施现状调查》，《净水技术》2022 年第 3 期。

石炼、秦嘉琦等：《中部地区某县农村"厕所革命"转向规划实践研究》，《给水排水》2019 年第 16 期。

孙波、李惠：《环境库兹涅茨曲线研究述评及启示》，《哈尔滨商业大学学报》（社会科学版）2009 年第 4 期。

孙涵、胡雪原：《健全环境治理和生态保护市场体系》，《中国环境监察》2019 年第 10 期。

孙金龙、黄润秋：《加强生物多样性保护　共建地球生命共同体》，《求是》2021 年第 21 期。

汪涛、包存宽：《生态文明建设绩效评价要更精准》，《环境经济》2017 年第 Z2 期。

王波等：《"山水林田湖草是生命共同体"的内涵、特征与实践路径——以承德市为例》，《环境保护》2018 年第 46 卷第 7 期。

王金南等：《"绿水青山就是金山银山"的理论内涵及其实现机制创新》，《环境保护》2017 年第 45 卷第 11 期。

王全权：《加勒特·哈丁的生态思想及其启示》，《合肥工业大学学报》（社会科学版）2013 年第 5 期。

王振波、梁龙武、王新明等：《环京津山水林田湖草多目标跨区联动保护修复模式》，《生态学报》2019 年第 23 期。

邬国强：《生态环境教育与绿色学校创建行动》，《环境教育》2019 年第 Z1 期。

邬晓燕：《新时代生态文明制度体系建设：进展、问题与多维路径》，《北京交通大学学报》（社会科学版）2020 年第 4 期。

吴兵、刘艳君、李贺：《吉林省长白山区山水林田湖草生态保护修复思路探讨》，《环境与发展》2019 年第 9 期。

吴钢等：《山水林田湖草生态保护修复的理论支撑体系研究》，《生态学报》2019 年第 39 卷第 23 期。

吴明红、严耕：《新时代中国的生态文明建设：进展、挑战与展望》，《人民论坛·学术前沿》2019 年第 15 期。

吴舜泽：《试论习近平生态文明思想的系统整体性、逻辑结构性、发展演进性、哲学突破性与实践贯通性——在深入学习贯彻习近平生态文明思想研讨会上发表的报告》，《环境与可持续发展》2019 年第 6 期。

吴贤静：《国土空间开发保护的制度应对》，《学习与实践》2019 年第 2 期。

吴志强：《国土空间规划的五个哲学问题》，《城市规划学刊》2020 年第 6 期。

习近平：《全面提高依法防控依法治理能力，健全国家公共卫生应急管理体系》，《求是》2020 年第 5 期。

习近平：《深入理解新发展理念》，《求是》2019 年第 10 期。

习近平：《推动我国生态文明建设迈上新台阶》，《求是》2019 年第 3 期。

肖小虹、田庆宏、王站杰：《利益相关者环保导向能促进绿色创新吗？——一个被调节的中介效应模型》，《科研管理》2021 年第 12 期。

谢高地、曹淑艳、王浩、肖玉：《自然资源资产产权制度的发展趋势》，《陕西师范大学学报》（哲学社会科学版）2015 年第 5 期。

谢海燕、程磊磊：《国土空间开发保护制度建设现状、问题及建议》，《中国经贸导刊》2020 年第 19 期。

谢海燕、刘婷婷：《资源总量管理和全面节约制度改革进展、问题及若干建议》，《中国经贸导刊》2021 年第 19 期。

谢兴龙：《保护生物多样性，促进人与自然和谐共生——以云南北移亚洲象群安全南返为例》，《创造》2021 年第 11 期。

徐梦佳、顾羊羊等：《全面推进乡村振兴背景下西南喀斯特地区加强生态保护工作的对策建议》，《环境保护》2021 年第 22 期。

严耕：《生态环境是双重生产力》，《中国三峡》2013 年第 11 期。

严金明等：《重塑自然资源管理新格局：目标定位、价值导向与战略选择》，《中国土地科学》2018 年第 32 卷第 4 期。

杨文杰、赵信如、巩前文：《北京"百万亩造林"对浅山区生物多样性的影响评价》，《中国农业资源与区划》2020 年第 4 期。

杨志：《对我国绿色 GDP 核算的思考》，《合作经济与科技》2014 年第 9 期。

杨志华、刘薇、彭思雯：《为什么说生态文明建设站在了新起点》，《领导之友》2017 年第 24 期。

杨志华、严耕：《中国生态文明建设的六大类型及其策略》，《马克思主义与现实》2012 年第 6 期。

姚珺、李华晶、商迪：《绿色技术创新研究评述与实践启示》，《生态经济》2020 年第 8 期。

叶琪、黄茂兴：《习近平生态文明思想的深刻内涵和时代价值》，《当代经济研究》2021 年第 5 期。

叶世昌：《中国古代的农时管理思想》，《江淮论坛》1990 年第 5 期。

叶艳妹等：《山水林田湖草生态修复工程的社会—生态系统（SES）分析框架及应用——以浙江省钱塘江源头区域为例》，《生态学报》2019 年第 39 卷第 23 期。

俞海：《准确把握习近平生态文明思想的逻辑体系和内在实质》，《环境与可持续发展》2019 年第 6 期。

张海滨：《略论习近平生态文明思想的世界意义》，《环境与可持续发展》2019 年第 6 期。

张秋红：《关于自然资源资产有偿使用制度改革的思考》，《海洋开发与管理》2016 年第 9 期。

张三元：《绿色发展与绿色生活方式的构建》，《山东社会科学》2018 年第 3 期。

张文明：《"多元共治"环境治理体系内涵与路径探析》，《行政管理改革》2017 年第 2 期。

张颖：《黑龙江大兴安岭森林绿色核算研究》，《自然资源学报》2006 年第 5 期。

张颖、李鹏恒：《绿色 GDP 的森林核算内容、方法与发展趋势》，《绿色中国》2004 年第 7 期。

张颖、杨桂红：《生态价值评价和生态产品价值实现的经济理论、方法探析》，《生态经济》2021 年第 12 期。

张永亮、俞海、夏光、冯燕：《最严格环境保护制度：现状、经验与政策建议》，《中国人口·资源与环境》2015 年第 2 期。

张云飞、李娜：《习近平生态文明思想对 21 世纪马克思主义的贡献》，《探索》2020 年第 2 期。

张云飞、王凡：《最严格的生态环境保护制度》，《绿色中国》2018 年第 15 期。

章爱先、朱启臻：《基于乡村价值的乡村振兴思考》，《行政管理改革》2019 年第 12 期。

赵建军：《习近平生态文明思想的科学内涵及时代价值》，《环境与可持续发展》2019 年第 6 期。

赵泽林：《绿色 GDP 绩效评估算法的探索、比较及其优化路径》，《统计与决策》2019 年第 3 期。

钟骁勇、潘弘韬、李彦华：《我国自然资源资产产权制度改革的思考》，《中国矿业》2020 年第 4 期。

周宏春：《新时代推进生态文明建设的重要原则》，《求是》2018 年第 13 期。

周静：《长江经济带农业绿色发展评价、区域差异分析及优化路径》，《农村经济》2021 年第 12 期。

周生贤：《中国特色生态文明建设的理论创新和实践》，《求是》2012 年第 19 期。

周妍等：《山水林田湖草生态保护修复技术框架研究》，《地学前缘》2021 年第 4 期。

周杨：《美好生活视域下的绿色生活方式构建》，《中国特色社会主义研究》2019 年第 1 期。

邹长新、王燕、王文林等：《山水林田湖草系统原理与生态保护修复研究》，《生态与农村环境学报》2018 年第 11 期。

邹长新等：《山水林田湖草系统原理与生态保护修复研究》，《生态与农村环境学报》2018 年第 11 期。

［美］辛格：《所有的动物都是平等的》，江娅译，《哲学译丛》1994 年第 5 期。

四 报纸文章

《中共中央国务院关于全面加强生态环境保护 坚决打好污染防治攻坚战的意见》，《人民日报》2018 年 6 月 25 日第 1 版。

《中国为世界提供了绿色转型方案》，《光明日报》2020 年 12 月 23 日第 12 版。

班娟娟：《农村生活污水和黑臭水体治理攻坚提速》，《经济参考报》2022 年 4 月 7 日第 7 版。

段承甫：《陕西省自然生态保护工作取得显著成效》，《陕西日报》2021 年 2 月 18 日第 2 版。

宫玉泉：《发挥自然资源管理在生态文明建设中的基础性作用》，《中国自然资源报》2018 年 7 月 19 日第 5 版。

黄润秋：《共建地球生命共同体 为全球生物多样性保护贡献中国方案》，《光明日报》2022 年 5 月 23 日第 5 版。

黄珊、陈思：《习近平同志率先启动了福建的生态省建设——习近平在福建（十九）》，《学习时报》2020 年 7 月 29 日第 A4 版。

李海生：《新时代生态文明建设呼唤生态环境科技创新体系》，《中国环境报》2022 年 3 月 7 日第 3 版。

陆军、秦昌波：《生态环境"根本好转"要有六个特征》，《中国环境报》2020 年 11 月 6 日第 3 版。

人民日报评论部：《正确认识和把握实现共同富裕的战略目标和实践途径》，《人民日报》2022 年 2 月 7 日第 5 版。

史小静：《绿色发展成就绿色冬奥》，《中国环境报》2015 年 12 月 18 日第 1 版。

魏靖宇、刘晓勇：《生态文明建设的"三个转型"》，《光明日报》2016 年 8 月 3 日第 15 版。

习近平：《福建是我的第二故乡》，《福建日报》2019 年 10 月 31 日第 1 版。

习近平：《共谋绿色生活，共建美丽家园》，《人民日报》2019 年 4 月 29 日第 2 版。

习近平：《共同创造亚洲和世界的美好未来——在博鳌亚洲论坛 2013 年

年会上的主旨演讲》，《人民日报》2013 年 4 月 8 日第 1 版。

习近平：《共同构建地球生命共同体》，《人民日报》2021 年 10 月 13 日第 2 版。

习近平：《共同构建人与自然生命共同体》，《人民日报》2021 年 4 月 23 日第 2 版。

习近平：《共同谱写中非人民友谊新篇章》，《人民日报》2013 年 3 月 30 日第 2 版。

习近平：《关于〈中共中央关于全面深化改革若干重大问题的决定〉的说明》，《人民日报》2013 年 11 月 16 日第 1 版。

习近平：《齐心开创共建"一带一路"美好未来》，《人民日报》2019 年 4 月 27 日第 3 版。

习近平：《携手共创丝绸之路新辉煌》，《人民日报》2016 年 6 月 23 日第 2 版。

习近平：《携手共进，谱写中非合作新篇章》，《人民日报》2015 年 12 月 5 日第 3 版。

习近平：《在联合国生物多样性峰会上的讲话》，《人民日报》2020 年 10 月 1 日第 3 版。

习近平：《在中华人民共和国恢复联合国合法席位 50 周年纪念会议上的讲话》，《人民日报》2021 年 10 月 26 日第 2 版。

杨燕玲：《全力打造山水林田湖草沙冰保护和系统治理新高地》，《青海日报》2021 年 10 月 27 日第 1 版。

中国社会科学院邓小平理论和"三个代表"重要思想研究中心：《论生态文明》，《光明日报》2004 年 4 月 30 日第 A1 版。

中国社会科学院宏观经济研究智库课题组：《把科技创新作为促进共同富裕关键支撑》，《经济日报》2022 年 3 月 2 日第 10 版。

五　学位论文

冉鸿雁：《我国生态文化建设及其机制研究》，博士学位论文，东北大学，2014 年。

尚晨光：《生态文化的价值取向及其时代属性研究》，博士学位论文，中共中央党校，2019 年。

吴明红：《中国省域生态文明发展态势研究》，博士学位论文，北京林业大学，2012年。

六 网站文献

曹国厂、于佳欣：《绿色发展——塞罕坝精神述评》（http：//m. news. cn/2021-11/17/c_ 1128074191. htm），2021年11月8日。

《八一学校这些"绿"科技，让专家频频点赞》，北京八一学校（https：// byxx. bjhdedu. cn/xyfc/xndt/202109/t20210924_ 44874. shtml），2022年2月24日。

《北京市教委日前召开北京高校绿色学校创建工作部署及交流会》，北京市教育委员会网站（http：//jw. beijing. gov. cn/gxhq/xwdt_ 15515/ 202111/t20211123_ 2542984. html），2021年11月23日。

段李俊：《践行绿色发展 创建绿色企业》，新湖南（https：//baijia hao. baidu. com/s？id = 1678814569091150430&wfr = spider&for = pc），2022年9月25日。

《关于印发〈国家生态文明建设示范市县管理规程〉，〈"绿水青山就是金山银山"实践创新基地建设管理规程（试行）〉的通知》，生态环境部网站（https：//www. mee. gov. cn/xxgk2018/xxgk/xxgk03/201909/t2019 0919_ 734509. html），2022年2月27日。

《关于印发〈副省级城市创建国家生态文明建设示范区工作方案〉的通知》，生态环境部网站（http：//www. mee. gov. cn/xxgk2018/xxgk/xxg k06/202102/t20210220_ 821745. html），2022年6月20日。

李干杰：《十八大以来我国生态环境保护实现五个"前所未有"》，人民网（http：//env. people. com. cn/n1/2017/1023/c1010-29604306. html），2022年4月2日。

《绿色企业评选标准》，中国生物多样性保护与绿色发展基金会网站（http：//www. cbcgdf. org/NewsShow/4936/1433. html #_ Toc403051531），2022年3月3日。

《绿色宜居！山东亮出乡村生态振兴"答卷"》，山东环境保护厅网站（http：//sthj. shandong. gov. cn/dtxx/mykhb/202006/t20200629_ 314878 7. html），2022年10月26日。

缪超、罗婕：《中国携手"全球智慧"守护生物多样性》，北青网（https://t. ynet. cn/baijia/33029426. html），2022 年 7 月 7 日。

《工业和信息化部关于印发〈"十四五"工业绿色发展规划〉的通知》，中国政府网（http：//www. gov. cn/zhengce/zhengceku/2021-12/03/content_ 5655701. htm），2022 年 2 月 22 日。

《国家发展改革委 科技部关于构建市场导向的绿色技术创新体系的指导意见》，中国政府网（http：//www. gov. cn/zhengce/zhengceku/2019-09/29/content_ 5434807. htm），2022 年 2 月 25 日。

国家发展改革委、自然资源部：《全国重要生态系统保护和修复重大工程总体规划（2021—2035 年）》（http：//www. gov. cn/zhengce/zhengceku/2020-06/12/5518982/files/ba61c7b9c2b3444a9765a248b0bc334f. pdf. ），2022 年 6 月 12 日。

国家发展改革委：《国家生态文明试验区改革举措和经验做法推广清单》，中国政府网（http：//www. gov. cn/zhengce/zhengceku/2020-11/29/content_ 5565697. htm），2022 年 1 月 13 日。

《国家发展改革委关于印发〈绿色产业指导目录（2019 年版）〉的通知》，贵州发展改革委网（http：//fgw. guizhou. gov. cn/zwgk/xxgkml/zcfg/zcwj/201903/t20190311_ 62138469. html），2022 年 2 月 26 日。

国家市场监督管理总局、国家标准化管理委员会：《森林生态系统服务功能评估规范》，中国绿化网（http：//www. forestry. gov. cn/chinagreen/49/20210903/151956149968742. html），2022 年 6 月 12 日。

高志民：《农业绿色发展在九方面取得重大进展》，人民政协网（http：//www. rmzxb. com. cn/c/2021-07-29/2916949. shtml），2022 年 2 月 25 日。

贵州省统计局：《贵州"自然资本核算与生态系统服务估价"项目试点工作情况报告》（http：//www. stats. gov. cn/english/pdf/202010/P020201012518386445166. pdf），2021 年 11 月 2 日。

《环境保护部关于印发国家生态建设示范区管理规程的通知》，中国政府网（http：//www. gov. cn/gongbao/content/2012/content_ 2210101. htm），2022 年 2 月 26 日。

《环境保护部关于印发国家生态文明建设示范区管理规程（试行）的通知》（http：//www. gov. cn/gongbao/content/2016/content_ 5076991. htm），

2022 年 2 月 26 日。

落霞：《2020 中国绿色企业 100 强》（https：//baijiahao. baidu. com/s？id = 1679803363306967974&wfr = spider&for = pc），《互联网周刊》2022 年 11 月 2 日。

农业农村部等 6 部门联合印发《"十四五"全国农业绿色发展规划》，中国政府网（http：//www. gov. cn/xinwen/2021-09/09/content_ 563634 5. htm），2021 年 12 月 27 日。

《十三部门联合发文支持新业态新模式健康发展》，光明网（https：// m. gmw. cn/baijia/2020-07/16/33998035. html），2022 年 2 月 26 日。

《生态文明体制改革总体方案》，国家发改委网站（https：//www. ndrc. gov. cn/fggz/tzgg/ggkx/201509/t20150917_ 1078161. html？code = &state = 123），2021 年 12 月 25 日。

唐颖侠：《气候变化〈巴黎协定〉签署的意义及中国贡献（2）》，人民网（http：//env. people. com. cn/n1/2016/0428/c1010-28310701. html），2023 年 1 月 26 日。

《万科：做卓越的绿色企业》，万科网（http：//www. vankeweekly. com/？ s = % E7 % 94 % 9F % E6 % 80 % 81 % E7 % A4 % BE % E5 % 8C % BA），2021 年 12 月 22 日。

王毅、顾佰和：《将碳达峰碳中和纳入经济社会发展和生态文明建设整体布局》，国家发展和改革委员会网站（https：//www. ndrc. gov. cn/ xxgk/jd/jd/202110/t20211029_ 1302188. html），2022 年 12 月 27 日。

《习近平出席全国生态环境保护大会并发表重要讲话》，中国政府网（http：//www. gov. cn/xinwen/2018-05/19/content_ 5292116. htm），2022 年 3 月 16 日。

吴舜泽：《生态文明制度建设的里程碑》，人民网（http：//theory. peo- ple. com. cn/n1/2020/0313/c40531-31629989. html），2022 年 3 月 3 日。

向定杰：《国家生态文明试验区贵州"绿色经济"持续增长》，新华网（http：//m. xinhuanet. com/gz/2021-07/11/c_ 1127643958. htm），2021 年 12 月 22 日。

严赋憬、安蓓：《正式启动！"东数西算"工程全面实施》，中国政府网（http：//www. gov. cn/xinwen/2022-02/17/content_ 5674322. htm），2022

年 11 月 16 日。

《中共中央政治局第三十次集体学习：加强我国国际传播力建设》，共产党员网（https：//www. 12371. cn/2021/06/01/ARTI1622531133725536. shtml），2022 年 10 月 26 日。

中共中央办公厅、国务院办公厅印发《国家生态文明试验区（海南）实施方案》，新华网（http：//www. xinhuanet. com/2019-05/12/c_ 1124483815. htm），2022 年 1 月 12 日。

中共中央办公厅、国务院办公厅印发《农村人居环境整治三年行动方案》（http：//www. gov. cn/zhengce/2018-02/05/content_ 5264056. htm），2022 年 10 月 26 日。

中共中央办公厅、国务院办公厅印发《关于设立统一规范的国家生态文明试验区的意见》，《国家生态文明试验区（福建）实施方案》，中国政府网（http：//www. gov. cn/gongbao/content/2016/content_ 5109307. htm），2022 年 1 月 13 日。

周宏春：《准确把握习近平生态文明思想的深刻内涵》，求是网（http：//www. qstheory. cn/zhuanqu/bkjx/2019-08/27/c _ 1124926855. htm），2022 年 12 月 27 日。

《住房和城乡建设部等 6 部门印发绿色社区创建行动方案》，中国政府网（http：//www. gov. cn/xinwen/2020-08/01/content_ 5531813. htm），2022 年 2 月 22 日。

《2018 年度中国林业和草原发展报告》，国家林业和草原局政府网（http：//www. forestry. gov. cn/main/62/20200427/150949147968678. html），2022 年 10 月 26 日。

《2019 年中央财政山水林田湖草生态保护修复工程试点资金已全部下达》，中国政府网（http：//www. gov. cn/xinwen/2019-09/21/content_ 5431892. htm），2022 年 6 月 16 日。

《2020 江西省生态环境状况公报》，江西省生态环境厅网站（http：//sthjt. jiangxi. gov. cn/art/2021/6/3/art _ 42073 _ 3386449. html），2022 年 10 月 3 日。

七　外文文献

Adi Wolfson, Dorith Tavor, Shlomo Mark, "Sustainable Services: The Natural Mimicry Approach", *Journal of Service Science and Management*, Vol. 4, 2011.

Costanza, R., Daly, H. E., "Toward an Ecological Economics", *Ecological Modelling*, Vol. 38, No. 1, 1987.

Costanza, R. and Daly, H. E., "Natural Capital and Sustainable Development", *Conservation Biology*, Vol. 6, 1992.

Davis, G. A., Moore, D. J., "Valuing Mineral Reserves When Capacity Constraints Production", *Economic Letters*, Vol. 60, 1998.

Dittmer, K. Robert Scott, "Kenneth Boulding: A Voice Crying in the Wilderness (Great Thinkers in Economics)", *Ecological Economics*, Vol. 117, 2015.

Dong, R. C., Liu, X., Liu, M. L., et al., "Landsenses Ecological Planning for the Xianghe Segment of China's Grand Canal", *International Journal of Sustainable Development & World Ecology*, Vol. 23, No. 4, 2016.

Eatwell, J., Millgate, M., *The Fall and Rise of Keynesian Economics*, New York: Oxford University Press, 2011.

H. Wenlong, S. H. I. Dan, Guo Chaoxian, "The Framework System of Natural Resource Statement of Assets and Liabilities: An Idea Based on SEEA 2012, SNA 2008 and National Statement of Assets and Liabilities", *Journal of Resources and Ecology*, Vol. 6, No. 6, 2015.

Pocock, M. J. O., Evans, D. M., Memmott, J., *The Robustness and Restoration of a Network of Ecologicalnetworks*, *Science*, Vol. 335, No. 6071, 2012.

Stephanie, M., "From Landscape Ecology to Forest Landscape Restoration", *Landscape Ecology*, No. 36, 2021.

United Nations, European Union, Food and Agriculture Organization of the United Nations Organization for Economic Co-operation and Development, World Bank Group, System of Environmental-Economic Accounting 2012-Central Framework, New York: United Nations, 2014.

Vincent Jeffrey, "Net Accumulation of Timber Reserves", *The Review of Income and Wealth*, Vol. 45, 1999.

Zhao, J. Z., Liu, X., Dong, R. C., et al., "Landsenses Ecology and Ecological Planning Toward Sustainable Development", *International Journal of Sustainable Development & World Ecology*, Vol. 23, No. 4, 2016.

八 其他

北京市园林绿化局:《北京市平原造林工程技术实施细则(修订版)》,2014 年 1 月。

生态环境部:《"绿水青山就是金山银山"实践创新基地建设管理规程(试行)》(环生态〔2019〕76 号),2019 年 9 月 11 日。

附   件

国家山水林田湖草沙生态保护修复工程项目

序号	省份	工程名称	试点批次
1	陕西	黄土高原山水林田湖草生态保护修复工程	
2	江西	赣州市山水林田湖草生态保护修复工程	
3	河北	京津冀水源涵养区山水林田湖草生态保护修复工程	第一批5个
4	甘肃	祁连山（黑河流域）山水林田湖草生态保护修复工程	
5	青海	祁连山山水林田湖草生态保护修复工程	
6	云南	抚仙湖流域山水林田湖草生态保护修复工程	
7	福建	闽江流域山水林田湖草生态保护修复工程	
8	广西	左右江流域山水林田湖草生态保护修复工程	第二批6个
9	山东	泰山区域山水林田湖草生态保护修复工程	
10	吉林	长白山区山水林田湖草生态保护修复工程	
11	四川	广安华蓥山区山水林田湖草生态保护修复工程	
12	内蒙古	乌梁素海流域山水林田湖草生态保护修复工程	
13	河北	雄安新区山水林田湖草生态保护修复工程	
14	新疆	额尔齐斯河流域山水林田湖草生态保护修复工程	
15	山西	汾河中上游山水林田湖草生态保护修复工程	
16	黑龙江	小兴安岭—三江平原山水林田湖草生态保护修复工程	
17	重庆	长江上游生态屏障（重庆段）山水林田湖草生态保护修复工程	
18	广东	粤北南岭山区山水林田湖草生态保护修复工程	第三批14个
19	湖北	长江三峡地区山水林田湖草生态保护修复工程	
20	湖南	湘江流域和洞庭湖山水林田湖草生态保护修复工程	
21	浙江	钱塘江源头区域山水林田湖草生态保护修复工程	
22	宁夏	贺兰山东麓山水林田湖草生态保护修复工程	
23	贵州	乌蒙山区山水林田湖草生态保护修复重大工程	
24	西藏	拉萨河流域山水林田湖草保护修复试点工程	
25	河南	南太行地区山水林田湖草生态保护修复工程	

续表

序号	省份	工程名称	试点批次
26	河南	河南秦岭东段洛河流域山水林田湖草沙一体化保护和修复工程项目	
27	云南	云南洱海流域山水林田湖草沙一体化保护和修复工程项目	
28	湖北	湖北长江荆江段及洪湖山水林田湖草沙一体化保护和修复工程项目	
29	广西	广西桂林漓江流域山水林田湖草沙一体化保护和修复工程项目	
30	四川	四川黄河上游若尔盖草原湿地山水林田湖草沙一体化保护和修复工程项目	第四批9个
31	重庆	重庆三峡库区腹心地带山水林田湖草沙一体化保护和修复工程项目	
32	江苏	江苏南水北调东线湖网地区山水林田湖草沙一体化保护和修复工程项目	
33	陕西	陕西秦岭北麓主体山水林田湖草沙一体化保护和修复工程项目	
34	湖南	湖南长江经济带重点生态区洞庭湖区域山水林田湖草沙一体化保护和修复工程项目	

后　　记

　　本书由团中央全国青少年生态文明教育中心和北京林业大学共同发起编写。

　　党的二十大报告指出，我国生态环境保护已发生历史性、转折性、全局性变化。尊重自然、顺应自然、保护自然，是全面建设社会主义现代化国家的内在要求，必须牢固树立和践行绿水青山就是金山银山的理念，站在人与自然和谐共生的高度谋划发展，坚定不移走生产发展、生活富裕、生态良好的文明发展道路，实现中华民族永续发展。生态文明教育是素质教育的重要内容，加强青年生态文明教育，为国家培养生态文明建设需要的人才是教育者义不容辞的责任。编写此书的主要目的是为了引导广大青年全面学习领会习近平新时代中国特色社会主义思想，深刻把握习近平生态文明思想的核心要义，充分了解新时代生态文明建设的理论创新、制度创新和实践创新，激励青年学生为建设美丽中国增长本领、钻研绿色科技文化，提升生态文明素养，在岗位上为生态文明建设建功立业。

　　本书以纵横两条线多视角阐述党的十八大以来我国生态文明建设理论与实践取得的伟大成就。纵向线，主要以历史视角溯源我国生态文明建设的背景及中国共产党生态文明建设的理念和实践探索，以现实视角概述习近平生态文明思想的核心要义、理论体系、创新价值和实践路径，以未来视角展现中国生态文明建设实现的"双碳目标"和对全球环境治理提供的中国方案；横向线，主要围绕生态文明五大体系，即生态文化体系、生态经济体系、目标责任体系、生态文明制度体系、生态安全体系，展现习近平生态文明思想在中华大地上的伟大实践和取得的重大成果。

　　本书集合了具有马克思主义理论、马克思主义中国化、生态文明建设管理与实践、哲学、生态学、林业经济管理、水土保持与荒漠化治理等多学科背景的学者共同编写。参与人员有：郗汀洁撰写第一章；苏静、张伟东撰写第二章；杨志华撰写第三章；吴明红撰写第四章；张颖撰写第五章；李华晶撰写第六章；高广磊撰写第七章；徐保军撰写第八章，樊阳程撰写第九章；宁艳杰撰写第十章；刘欢撰写第十一章；张宁撰写第十二章；蔡紫薇撰写第十三章。全书由陈丽鸿负责统稿。刘广超、林震、张秀芹、巩前文、周国文、吴守蓉以及团中央社会联络部等专家为本书提出了宝贵建议。

　　本书在编撰期间，得到了北京林业大学党委书记王洪元的悉心指导。参加本书审阅的人员有：中国人民大学张云飞教授、生态环境部环境与经济政策研究中心副主任俞海研究员、生态环境部中央生态环境保护督察办公室王锋专员、中国高等教育学会姜恩来副秘书长、中国生态文明研究院与促进会研究部胡勘平主任、湖南团省委社联部吴小慧部长，他们为本书提出了许多宝贵的意见和建议。本书的出版获得北京林业大学中央高校基本科研业务费"习近平生态文明思想研究专项"（项目编号：2021STWM09）的支持与资助，是 2022 年度教育部哲学社会科学研究重大专项"习近平生态文明思想的学科体系、学术体系和话语体系研究"（项目编号：2022JZDZ006）阶段性成果。中国社会科学出版社给予了大力支持。在此，谨对所有给予本书帮助支持的单位和同志表示衷心感谢。

　　本书可作为马克思主义理论学科教师和研究生学习习近平生态文明思想的参考书，也可作为高校面向各专业大学生开设生态文明教育课程的教材，抑或面向各行业青年开展生态文明教育培训的教材。

　　由于水平有限，书中难免有疏漏和错误之处，敬请广大读者对本书提出宝贵意见。

编　者

2022 年 12 月 31 日